新一代信息技术系列教材

U0187221

区块链导论

主　编　陈　钟　单志广
副主编　袁煜明
参　编　邓建鹏　方　军　洪学敏　李　慧　刘志毅　卢　军
　　　　马天元　马文洁　孟　岩　裴庆祺　孙　毅　谭　敏
　　　　王　蕊　相里朋　许志锋　杨　霞　詹　阳　郑子彬
　　　　赵文琦

火链科技研究院　组编

机械工业出版社
CHINA MACHINE PRESS

本书重点阐述区块链的发展路径、技术原理以及其在不同领域的应用落地。

全书共分为 10 章，第 1 章为绪论；第 2 章为区块链的基础概念；第 3~6 章为技术章节，介绍了区块链的分层模型、比特币、智能合约以及联盟链；第 7 章为区块链的应用案例；第 8 章为区块链的安全问题；第 9 章为区块链的治理机制；第 10 章为区块链的监管问题。

本书主要面向本科理工类、管理类专业高年级学生，可以作为计算机科学与技术、电子信息、自动化、人工智能、管理科学等相关学科的导论类教材，也可以作为其他专业学生的区块链选修课教材，还可以作为区块链从业者、爱好者的基础入门参考书。

图书在版编目（CIP）数据

区块链导论 / 陈钟，单志广主编 . —北京：机械工业出版社，2021.5（2024.6 重印）
新一代信息技术系列教材
ISBN 978-7-111-68166-3

Ⅰ.①区…　Ⅱ.①陈…②单…　Ⅲ.①区块链技术—教材
Ⅳ.① TP311.135.9

中国版本图书馆 CIP 数据核字（2021）第 084194 号

机械工业出版社（北京市百万庄大街 22 号　邮政编码 100037）
策划编辑：路乙达　　责任编辑：路乙达
责任校对：朱继文　　封面设计：张　静
责任印制：常天培
北京机工印刷厂有限公司印刷
2024 年 6 月第 1 版第 7 次印刷
184mm×260mm · 12.25 印张 · 305 千字
标准书号：ISBN 978-7-111-68166-3
定价：39.80 元

电话服务　　　　　　网络服务
客服电话：010-88361066　机 工 官 网：www.cmpbook.com
　　　　　010-88379833　机 工 官 博：weibo.com/cmp1952
　　　　　010-68326294　金 书 网：www.golden-book.com
封底无防伪标均为盗版　机工教育服务网：www.cmpedu.com

序

信息技术的发展正在深刻而长远地影响着人类社会，它带来了科技突破，也带来了新的产业形态和应用格局。区块链技术的集成应用，将在新的技术革新和产业变革中发挥独特而重要的作用。

国家高度重视区块链的发展。区块链将作为核心技术自主创新的重要突破口，我们需要明确主攻方向并加大投入力度，着力攻克一批关键核心技术，加快推动区块链技术和产业创新发展。因此，对区块链高等人才的培养刻不容缓。

区块链技术诞生于计算机和密码学的极客社区，距离中本聪发布比特币白皮书仅仅 11 年，短时间内却成为能够给商业社会带来新增长点的重要技术。更有学者将人工智能（AI）、区块链（Blockchain）、云计算（Cloud Computing）和大数据（Big Data）合称为 21 世纪最重要的"ABCD"四项技术。因为区块链公开透明、难以篡改、全程追溯、去中介化等特点，使得过去的一些"不可能"变成了"可能"，让过去的一些"可能"得到了更好的落地机会。

我们能够看到，区块链技术经过快速发展后，商业巨头争先探索利用区块链底层的商业模型，各国央行竞相研究基于区块链技术的数字货币，区块链技术带来的降本增效和基于区块链技术的可信体系，正在帮助这些宏伟构想走向落地。

同时，对计算机学科有一定研究的读者可能清楚，在一个分布式系统中，想要达成系统内良好的一致性是相当困难的。区块链实际上就是解决分布式系统内多点协同的一门学科。这门学科学好了，可以在生活和商业的各方各面发挥赋能作用，不容小觑。当然，区块链技术也不是"万能药"。任何技术都要遵循其自身的发展规律，区块链技术应用并不是要将现有的系统应用推倒重来、重复建设，而是在基于现有技术的基础上改造升级，避免浪费、重复"造轮子"。

因此，如何正确地应用区块链技术，是区块链高等教育的重要目标。区块链是一门新兴交叉学科，它综合了计算机科学、密码学、经济学、通信技术等。掌握区块链技术并不容易，灵活运用区块链，找到与产业的结合点更是挑战。本书很好地填补了区块链高等教育领域的空白，它由浅及深，综合全面地介绍了区块链技术的发展、特点、原理和应用，能够作为读者进入区块链领域的敲门砖。

从这本书中能够看到教材编者的良苦用心，本书先从区块链的发展和概念讲起，帮助读者梳理了区块链技术因什么而发展，又因什么成为全球学者研究的对象。接着，本书建立了一套区块链的抽象分层模型，与互联网模型相对应，形成了一套标准的模型的体系，并以比特币、智能合约两个区块链经典应用为例，将区块链的原理完整地呈现在读者面前。随后，本书针对联盟链技术以及区块链应用，进行了全面梳理。最后，本书还探讨了区块链发展中的安全问题、治理问题和监管问题，将对区块链思考的深度进一步提高。

希望广大读者能够以本书为引，充分掌握区块链技术，做到融会贯通，并尝试寻找区块链与产业的结合点，将它运用到当代商业中。区块链是一门年轻的学科，它还有诸多可以探索和突破的方向，因此也希望读者尝试将它学透、学精，最终能够为区块链学科的科学研究和核心突破添砖加瓦，贡献自己的一份力量。

共勉。

郑纬民

前言

2019 年 10 月 24 日，中央对区块链做了重要指示，提到区块链技术的集成应用在新技术革新和产业变革中起的重要作用，要把区块链作为核心技术自主创新的重要突破口。同时，也提到要构建区块链产业生态，加强人才队伍建设，建立完善人才培养体系，打造多种形式的高层次人才培养平台，培育一批领军人物和高水平的创新团队。

在区块链教育领域，客观来说非常需要一本综合、全面、专业的面向高等教育的教材。区块链是一门综合学科，涉及内容浩如烟海，也是一门新兴学科，技术理念日新月异。从这个方向看，想要做好区块链教育并非易事。在世界范围内，一些高校陆续设立了区块链课程，甚至开设了区块链专业。从这个角度看，建立专业的区块链课程体系迫在眉睫。总结而言，时间紧迫，任务艰巨。

为了能够积极培育区块链领域的人才，让区块链行业得以进一步发展，也为了满足区块链行业教育的需要，我们成立了《区块链导论》编写组，并邀请了众多高校和企业的教授、专家，一道编写了本书。

本书主要面向本科理工类、管理类专业高年级学生，可以作为计算机科学与技术、电子信息、自动化、人工智能、管理科学等相关学科的导论类教材，也可以作为其他专业学生的区块链选修课教材。本书的目的是帮助读者熟悉区块链技术的核心原理和基础概念，了解区块链的核心技术和应用场景，整体提升读者对区块链技术的理解和运用能力。

如果读者对现代计算机系统和互联网有较好的了解，会有助于加速对区块链知识的消化吸收，但不要求读者必须参与过相关先导课程。对于一些可能较为陌生的概念，例如非对称加密、哈希算法、共识机制等，本书用了相当的篇幅做详细介绍，读者可以通过本书从零开始了解。当然，对于已对此类概念有所把握的读者，则可以通过本书更深刻地认识到这些技术如何在区块链中实际应用。本书涉及代码开发的内容不多，因此对读者的过往开发经验没有要求。

本书从区块链的发展历程切入，以区块链技术作为主线，随后延伸到具体的应用场景，整体是脉络清晰、循序渐进的，其核心目的是希望读者能够把握区块链十余年以来的发展路径，从而能够快速、高效地进入到当前区块链发展的"语境"当中，保持清晰的认知，并且有机会以此为跳板，加入到区块链技术和产业最前沿的研究和开拓当中。

本书共分为 10 章，大体可以划分为 4 个板块：第 1~2 章梳理了区块链的发展史，并且就区块链、分布式系统等一系列基本概念做了阐释；第 3~6 章从区块链的抽象分层模型入手，重点关注区块链技术背后的原理，包括基于区块链技术实现的比特币，搭建在区块链之上的智能合约，以及联盟链等相关技术；第 7 章关注区块链的应用，并探讨了区块链与诸多行业结合的案例和思路，帮助读者理解区块链如何赋能实体；第 8~10 章的思路更加发散，关注区块链的安全、治理和监管等维度，让读者能够对区块链有更深的体会。

本书的编写汇集了多位专家学者的智慧。其中，本书第 1 章由郑子彬编写，第 2 章由卢军、孙毅和李慧编写，第3章由马天元、赵文琦和许志锋编写，第4章由裴庆祺、詹阳和方军编写，第5章由许志锋、孙毅编写，第6章由洪学敏、谭敏编写，第7章由王蕊编写，第8章由相里朋、杨霞编写，第9章由孟岩、刘志毅编写，第10章由邓建鹏、马文洁编写，全书由陈钟、单志广和袁煜明统稿。同时，本书在编写过程中也得到了学界、业界的大力支持，在此表示衷心的感谢。

区块链这门技术毫无疑问将改变世界，希望通过本书，让更多读者能够深刻把握这样一门潜力无穷的技术，并应用这门技术让我们的日常生活、工作变得更加高效和可信。最后，由于区块链发展速度变化快，编写时间、精力有限，书中难免存在错误和不妥之处，恳请广大读者批评指正，以便编写组对本书进一步完整和优化。

感谢各位读者！

陈钟、单志广、袁煜明和编写组全体成员

目录

序

前言

第 1 章　绪论 ……………………………………………………………………… 1

1.1　区块链的发端与缘起 …………………………………………………… 1

1.1.1　记账技术的更迭 …………………………………………… 1

1.1.2　密码学的发展 ……………………………………………… 3

1.1.3　"密码朋克"的建立 ……………………………………… 5

1.1.4　互联网技术的蓬勃进步 …………………………………… 6

1.1.5　首个区块链应用的诞生 …………………………………… 8

1.2　区块链的技术特点 ……………………………………………………… 11

1.2.1　公开透明 …………………………………………………… 11

1.2.2　难以篡改 …………………………………………………… 12

1.2.3　可以追溯 …………………………………………………… 13

1.2.4　集体维护 …………………………………………………… 13

1.2.5　去中介化 / 弱中介化 ……………………………………… 14

本章小结 ………………………………………………………………………… 14

思考题与习题 …………………………………………………………………… 14

参考文献 ………………………………………………………………………… 14

第 2 章　区块链的基础概念 ……………………………………………………… 16

2.1　分布式系统 ……………………………………………………………… 16

2.1.1　分布式系统的概念 ………………………………………… 16

2.1.2　FLP 和 CAP 定理 ………………………………………… 18

2.1.3　分布式系统的一致性 ……………………………………… 19

2.1.4　分布式系统的安全可信 …………………………………… 19

2.2　区块链的分类 …………………………………………………………… 20

2.2.1　公有链 ……………………………………………………… 20

2.2.2　联盟链 ……………………………………………………… 20

2.2.3　私有链 ……………………………………………………… 20

2.3　区块链的应用 …………………………………………………………… 21

2.3.1　公有链应用 ………………………………………………… 21

2.3.2 联盟链应用 ·· 21

2.3.3 区块链应用的发展趋势 ································ 22

本章小结 ·· 22

思考题与习题 ··· 22

参考文献 ·· 23

第3章 区块链的分层模型 ································· 24

3.1 区块链的系统分层 ··· 24

3.1.1 互联网分层模型 ······································· 25

3.1.2 区块链五层模型 ······································· 27

3.2 数据层 ··· 28

3.2.1 数据结构 ·· 29

3.2.2 数据模型 ·· 32

3.2.3 数据存储 ·· 33

3.3 网络层 ··· 34

3.3.1 点对点网络 ··· 34

3.3.2 数据传播和校验 ······································· 37

3.4 共识层 ··· 38

3.4.1 共识和一致性 ·· 38

3.4.2 BFT ··· 39

3.4.3 PoW ·· 41

3.4.4 PoS/DPoS ·· 42

3.4.5 更多共识机制 ·· 44

3.5 合约层 ··· 44

3.5.1 智能合约 ·· 44

3.5.2 脚本语言 ·· 45

3.5.3 确定性与可终止性 ···································· 46

3.6 应用层 ··· 48

3.6.1 分布式账本 ··· 49

3.6.2 价值传输网络 ·· 51

3.6.3 通证激励体系 ·· 52

3.6.4 资产数字化 ··· 53

本章小结 ·· 54

思考题与习题 ··· 54

参考文献 ·· 55

第4章 比特币——区块链的首个应用 ················ 56

4.1 比特币概述 ·· 56

4.2 无中介支付体系基础问题 ································ 57

4.3　比特币实现原理 ·· 58
4.3.1　比特币的数据结构 ·· 59
4.3.2　比特币的记账方式 ·· 63
4.3.3　比特币钱包与比特币地址 ·································· 70
4.3.4　比特币的转账交易 ·· 73
4.3.5　比特币成功解决双花问题 ·································· 75
4.3.6　比特币协议的升级 ·· 77
本章小结 ·· 78
思考题与习题 ·· 78
参考文献 ·· 78

第 5 章　智能合约——区块链的重要工具 ·························· 80
5.1　智能合约的发展 ·· 80
5.2　智能合约工作原理 ·· 82
5.2.1　账户结构 ·· 82
5.2.2　智能合约状态机 ·· 83
5.2.3　智能合约的执行 ·· 85
5.3　虚拟机 ·· 89
5.3.1　以太坊虚拟机 ·· 90
5.3.2　图灵完备 ·· 91
5.3.3　虚拟机的发展 ·· 92
5.4　智能合约的应用 ·· 93
5.4.1　电子合同 ·· 93
5.4.2　DApp ·· 95
5.4.3　其他 ·· 97
本章小结 ·· 98
思考题与习题 ·· 98
参考文献 ·· 98

第 6 章　联盟链——更灵活的区块链架构 ·························· 100
6.1　联盟链概述 ·· 100
6.1.1　联盟链的提出与意义 ······································ 100
6.1.2　联盟链的定义 ·· 101
6.1.3　联盟链的优势 ·· 102
6.1.4　知名联盟链项目简介 ······································ 103
6.1.5　联盟链的部署与搭建 ······································ 104
6.2　联盟链与公有链的区别 ·· 104
6.2.1　数据层 ·· 104
6.2.2　网络层 ·· 106

6.2.3 身份层 ································· 108
6.2.4 共识层 ································· 109
6.2.5 合约层 ································· 111
6.2.6 应用层与其他 ························· 112
6.2.7 小结 ································· 113
6.3 联盟链的共识机制 ························· 114
6.3.1 PBFT 算法 ························· 114
6.3.2 Raft 算法 ························· 117
6.3.3 其他共识算法简介 ····················· 119
6.4 联盟链的准入机制 ························· 120
6.4.1 认证与授权的基本概念 ················· 121
6.4.2 联盟链中的认证机制 ··················· 122
6.4.3 联盟链中的授权机制 ··················· 124
6.4.4 联盟链准入机制案例 ··················· 126
本章小结 ································· 129
思考题与习题 ································· 129
参考文献 ································· 130

第7章 区块链的应用案例 ························· 132
7.1 区块链+金融 ························· 132
7.1.1 支付 ································· 132
7.1.2 证券 ································· 136
7.1.3 供应链金融 ························· 137
7.2 区块链+商业 ························· 139
7.2.1 电子发票 ························· 140
7.2.2 商品溯源防伪 ························· 142
7.2.3 积分营销 ························· 143
7.3 区块链+民生 ························· 145
7.3.1 教育 ································· 145
7.3.2 医疗 ································· 147
7.3.3 公益 ································· 149
7.4 区块链+智慧城市 ························· 150
7.4.1 交通运输 ························· 150
7.4.2 能源 ································· 152
7.4.3 其他 ································· 154
7.5 区块链+城际互通 ························· 155
7.5.1 数字身份 ························· 155
7.5.2 征信 ································· 158
7.6 区块链+政务服务 ························· 160

本章小结 ·· 164
思考题与习题 ······································ 164
参考文献 ·· 164

第 8 章　区块链的安全问题 ·· 165

8.1　安全保障的总体思路 ························ 165
8.2　链上数据安全问题 ·························· 166
8.3　私钥保存安全问题 ·························· 167
8.4　系统机制安全问题 ·························· 167
8.5　底层开发安全问题 ·························· 169
本章小结 ·· 169
思考题与习题 ······································ 170
参考文献 ·· 170

第 9 章　区块链的治理机制 ·· 171

9.1　区块链治理的定义和目的 ·················· 171
9.2　区块链治理的特点 ·························· 172
9.3　区块链治理机制设计 ························ 173
　9.3.1　参与角色分析 ························ 174
　9.3.2　描述契约 ···························· 174
　9.3.3　治理工具设计 ························ 174
　9.3.4　博弈机制设计 ························ 175
　9.3.5　管理机制设计 ························ 176
本章小结 ·· 176
思考题与习题 ······································ 176
参考文献 ·· 176

第 10 章　区块链的监管问题 ·· 177

10.1　区块链给传统法律监管带来的挑战 ·········· 177
　10.1.1　区块链相关领域的法律定性问题：以智能合约为例 ·········· 177
　10.1.2　区块链的安全监管问题 ················ 178
　10.1.3　区块链金融和数字资产监管问题 ········ 179
10.2　区块链应用领域的监管方法与趋势 ·········· 180
本章小结 ·· 182
思考题与习题 ······································ 182
参考文献 ·· 182

第1章 绪论

基本内容：

　　从人类记账技术的演进，到"密码朋克"运动的兴起，区块链的诞生看似偶然，实则必然。本章介绍了区块链技术的发展史和特点。这是了解区块链技术的基础，也是发掘区块链技术潜在价值及探索区块链技术应用场景的敲门砖。通过对本章的学习，读者能更好地理解后续章节的内容。

学习要点：

　　了解与区块链技术密切相关的记账技术的发展史；了解作为区块链技术根基的密码学发展史和"密码朋克"运动；了解区块链首个应用——比特币的诞生及发展过程；掌握区块链技术的基本特点。

1.1　区块链的发端与缘起

　　区块链技术，是在密码学和"密码朋克"运动的蓬勃发展下结出的硕果。在2009年，它的首个应用——比特币构建了第一个区块，这标志着区块链技术的正式问世。区块链技术的首个应用出现在比特币这样的点对点电子支付系统，而经过十年的发展，它已经迅速被应用到国民经济的各个领域，包括金融、司法、政务、存证、溯源等各行各业。随着人们对区块链技术认识的加深和区块链技术的不断发展，未来它将会深刻地改变人类的生活方式和思维方式，发展出全新的应用场景，创造出全新的商业生态。

1.1.1　记账技术的更迭

　　区块链技术也称为分布式记账技术。众所周知，"记账"就是按时间的先后顺序，将个体、公司、组织等在一定时间内所发生的收入和支出全部记录下来，供查阅者翻阅查看的行为。

记账是人类社会非常普遍的一项活动。早在原始社会，人类就有了记账的行为。在旧石器时代的中晚期，由于生产力水平的提高和生产剩余物品的出现，人类便开始在自然界中去寻找能够进行记事的载体，以计量和记录生产生活中的剩余物品。在旧石器时代中晚期人类所采用的计量、记录方式一般有两种，一是简单刻记方式，二是直观绘图记录方式 [1]。

简单刻记是原始人最初采用的一种计量、记录方法。他们通常以坚硬的石器作为刻划的工具，在石片、骨片等载体上刻划出一排排单线条的浅纹道，或者在树木或木板上刻出若干重复的缺口，形成几乎只有刻划者自己可以体会出来的，代表一定数量或是记载某种事物的标记。而直观绘图记数、记事方式则是与简单刻记并存的一种计量、记录方法。比如一个原始人部落在某一天捉住了四头牛，便会在骨片或穴居山洞的岩壁上绘画出四头牛的完整图形。

随着生产力的发展，到了原始社会末期，人类的计量和记录方法则有了质的飞跃，结绳记事法出现。所谓的"结绳记事"就是原始人通过结绳记数的方式对经济事项进行计量和记录，它是人类会计起源的重要标志之一。

我国结绳记事法应用的历史十分悠久。在东汉武梁祠浮雕上有"伏羲仓精，初造王业，画卦结绳，以理海内"的记载，说的就是伏羲氏在做部落首领时，借助八卦及结绳记数等方法管理部落生产活动及日常生活，并具体描绘了结绳的情形。

在结绳记事之后，我国出现了单式记账。单式记账萌生于原始社会末期，成熟于封建社会的中晚期。从发展阶段看，单式记账可以分为文字叙述式和定式简明式两种形式。文字叙述式是单式记账的早期形态，定式简明式是单式记账的成熟形态。文字叙述式是指记账采用文字描述，其特点是对事项的记录没有特定规则，一般用字较多，叙述较为详细，记账符号也不固定。

定式简明式是指对事项的记录采用固定的记账符号和记账格式，对经济事项的记录力求简单明了。无论是文字叙述式还是定式简明式，都是采用时序流水的方式来记账。依据生产技术及商业金融活动的发展状况和现存的文物史料来看，商代已经出现明确的记账凭证和简单的文字叙述式记账簿思想；西周到春秋战国时期，单式记账已经进入到定式简明式阶段，对经济活动的记录已经逐渐出现固定记账符号和简化文字记录的趋势；秦汉时期，单式记账思想逐步确立和规范；而到了唐宋时期，单式记账思想则达到登峰造极的地步 [2]。

1494 年 11 月 10 日，意大利教士卢卡·帕乔利（Luca Pacioli，后被称为现代会计之父）在热那亚公布了一种新的记账方法——"复式记账法"。这是他在总结了阿拉伯和意大利商人的经验后发明的记账方法，该方法可以更为精确地记录生意的往来。复式记账法的基本原理是对一切账务都双重记录下来。比如一个商人卖了一吨大米，收入 6000 元，那么他就在大米库存那一栏扣除一吨大米，同时在现金收入那一栏增加 6000 元。复式记账法使账务查阅人可以系统地了解账务所记录的业务情况，发现业务中的问题，这个新方法迅速从意大利传遍整个欧洲。

在我国，复式记账法的萌芽是明末清初的"龙门账"。"龙门账"的诞生见证了随着资本主义生产关系的萌发，我国的记账方式由单式记账法向复式记账法演进。"龙门账"的记账原理是把全部账目划分为"进、缴、存、该"四大类，并按照四大类各自包含的内容，在其下又分列若干项目对会计对象进行分类、分项核算，通过"进 - 缴 = 存 - 该"进行双轨计算盈亏。它与西方复式记账法的思想不谋而合，但在具体计算和结转方面还存在较大差距。在"龙门账"之后，我国产生了比较成熟的"四脚账"。"四脚账"建立了民国以前中国会计发展史上最为完善的一种账簿组织，它在某些方面与西式簿记的账簿组织已经非常接近 [1]。

有了复式记账法，企业就可以迅速追踪在途商品、未偿还贷款、遗失物品和其他经常发生的业务。并且，它还可以让企业更好地利用利率和付款日程表来使应收账款的价值最大化。当然，为了做到上述这些，系统中就必须建立一个群体来监督和管理这些账目，由此便诞生了会计行业。因此也可以说，复式记账法的诞生和发展奠定了当代会计学基础。

复式记账法的出现是人类记账史上的一次革命，促进了商业的蓬勃发展。但复式记账法也有一些问题，如果同时入账的两笔账目中有一笔发生了变更，则另一笔也必须进行变更。但是在变更的过程中，可能出现人为的错误或欺诈。

进入互联网时代以来，计算机和各类专业记账工具使得财会工作更加稳妥和全面。它们基于复式记账法思想，但又有改进和提升，客观上大大推动了现代商业行为的发展。

而区块链这样的分布式记账技术的出现，被普遍认为将作为新一代的记账技术，进一步激发商业社会的潜力。区块链系统可以被视为带密钥的分布式和自动式记账账本，其核心是系统中每个节点都有一份一模一样的账本，这些账本记录了系统所有发生的交易，并且能自动将新的交易数据添加到每个节点的账本中。和复式记账方式相比，区块链账本是多点同时记账，依靠共识机制确认，单个节点难以篡改账本记录；复式记账则是双边记账，相互确认。

区块链技术创造的这种记账方式不仅可以降低复式记账的会计审计成本，而且可以突破流水账和复式记账固有的局限性。它不仅仅是记账技术的革新，更可能因此成为未来商业社会的基础设施。

1.1.2 密码学的发展

区块链技术的诞生是伴随着比特币出现的，但实际上，比特币及区块链技术的出现并非偶然，而是由 20 世纪密码学的蓬勃发展演变而来的。

密码学最初是研究如何在敌方存在的情况下进行安全通信的一门科学。它的目的是分析和构建协议，使得通信双方在按照协议进行通信的过程中能够防止第三方窃取通信内容。现代密码学是数学、计算机科学、电子工程、通信科学、物理学等多学科汇集的交叉科学，密码学技术被广泛应用于电子商务、电子支付卡、数字货币、计算机密码、军事通信等众多领域。

早在古希腊时代，据说斯巴达军队就发明了"塞塔式密码"（Scytale）[3]，把动物皮斜绕在一个棒子上，将文字按某种顺序写在动物皮上，如图 1-1 所示。人们把皮解下来后，上面的文字消息就显得杂乱无章、无法理解，形成了密文。但将它重新绕在相同粗细的棒子上后，就能看到原始的消息，这就是明文。

图 1-1 塞塔式密码

15 世纪，意大利人莱昂·巴蒂斯塔·阿尔伯蒂（Leon Battista Alberti）发明了圆盘密码，利用单表置换的方法进行加密：在两个同心圆盘上，内盘按不同（杂乱）的顺序填好字母或数字，而外盘按照一定顺序填好字母或数字，转动圆盘就可以找到字母的置换方法，方便进行信息的加密与解密。

为了提高密码的破译难度，人们又发明了一种多表置换的密码，即一个明文字母可以表示为多个密文字母。维吉尼亚密码（Vigenère cipher）就是这样一种典型的加密方法。维吉尼亚密码是使用一个词组（语句）作为密钥，词组中每一个字母都会作一定的偏移，比如字母 A 偏移 4 就转换成了字母 E，字母 B 就转换成了 F 等，以此类推。维吉尼亚密码循环地将词组中每个明文字母替换成密文字母，最后所得到的密文字母序列即为加密得到的密文。

1917 年吉尔伯特·维尔南（Gilbert Vernam）发明了一种一次性密码本加密技术。之所以称之为一次性密码本是因为加密所用的密钥是一次性的，即密钥只会使用一次，不会出现因为密钥泄露导致之前的加密内容被解密。即使密钥被泄露了，也只会影响一次通信过程。

20 世纪 20 年代，德国发明家亚瑟·谢尔比乌斯（Arthur Scherbius）发明了一种电气编码机械，并取名为"恩尼格玛"（Enigma）。这种机器可以简单分为三个部分：键盘、转子和显示器，如图 1-2 所示就是其中一种[4]。这种机器面世后迅速进入加密领域并在第二次世界大战中得到德国军队的广泛使用。

图 1-2　恩尼格玛机

后来波兰密码学家率先对德国使用的恩尼格玛密码进行了系统性的研究和破译。在破译过程中，马里安·雷杰夫斯基（Marian Rejewski）、杰尔兹·罗佐基（Jerzy Rozycki）和亨里克·佐加尔斯基（Henryk Zygalski）等人在第二次世界大战期间破译了大量来自德国的信息。他们的工作成为整个第二次世界大战期间同盟国破译德军恩尼格玛密码的基础，因此他们三位也被并称为密码研究领域的"波兰三杰"。

20 世纪 40 年代末，著名科学家克劳德·艾尔伍德·香农（Claude Elwood Shannon）发表了一系列关于密码技术的论文。特别是他于 1949 年发表的论文《保密系统通信理论》（Communication theory of secrecy systems）[5]提出了混淆（confusion）和扩散（diffusion）两大设计原则，为对称密码学（主要研究发送者的加密密钥和接收者的解密密钥相同或容易相互导出的密码体制）建立了理论基础，从此使密码学成为一门科学。

长期以来，密码学的研究与应用都受各国政府的严格管控。直到 20 世纪 70 年代，国际商业巨头 IBM 公司向美国政府提出在某些场合使用密码学的需求，经过美国政府批准，一个商用密码方案，即如今的数据加密标准（Data Encryption Standard，DES）出台，自此密码学开始进入民用及商用领域。

密码学开始进入民用及商用领域之后，大量之前严格保密的论文开始流向民间。在这样宽松的环境下，民间、高校、科研机构及商业领域涌现出一批研究密码学、密码学应用的科学家和工程师。

1976 年，威特菲尔德·迪菲（Whitfield Diffie）与马丁·赫尔曼（Martin Hellman）发表了开创性论文《密码学的新方向》（*New Directions in Cryptography*）[6]，在文中提出公钥密码学的概念。他们发明的一种新型密钥算法被称为迪菲 - 赫尔曼（Diffie-Hellman）算法，这个算法成为日后互联网安全及区块链技术的基础。由于他们的杰出贡献，两人于 2015 年获得图灵奖。

1978 年，美国麻省理工学院（MIT）的罗纳德·李维斯特（Ron Rivest）、阿迪·萨莫尔（Adi Shamir）和伦纳德·阿德曼（Len Adleman）发明了另一个非对称的公钥加密技术 RSA，并因此获得 2002 年的图灵奖。

1976 年，迪菲和赫尔曼公钥密码思想的提出，标志着现代密码学的诞生，在国际密码学发展史上是具有里程碑意义的大事件。自此国际上已提出了许多种公钥密码体制，如基于分解大整数的困难性的密码体制——RSA 密码体制及其变种、基于离散对数问题的公钥密码体制——厄格玛尔（ElGamal）密码体制及其变种、椭圆曲线加密算法（Elliptic Curves Cryptography, ECC）等。这些公钥密码体制的安全性均依赖于数学难题求解（大整数分解难题和离散对数求解难题）的困难性。然而，这些问题在量子计算下经过舒尔（Shor）算法均可变为易解问题，因而抗量子计算的密码算法将是未来密码学研究的新方向。

以上这些密码学研究，成了如今区块链密码学技术的基础。

1.1.3　"密码朋克"的建立

加密技术的应用进入民用和商用领域后，大量科学家和工程师在密码学的研究和应用领域做出了巨大的贡献，他们卓越的工作推动了密码学的飞速前进。在这个过程中一股特殊的思潮开始形成，这股思潮希望结合赛博朋克构想，在计算机化空间下使用密码学保护个人隐私。

这一思潮不断地成长和发酵，终于在 20 世纪 90 年代发展出"密码朋克"（"Cypherpunk"）的概念。1992 年，Intel 的资深科学家蒂姆·梅（Tim May）成立密码朋克组织。1993 年，蒂姆·梅、美国加州大学伯克利分校（UCB）的数学家埃里克·休斯（Eric Hughes）、开源软件的早期核心人物之一约翰·吉尔摩尔（John Gilmore）共同创建"密码朋克邮件列表"。

1993 年，埃里克·休斯（Eric Hughes）发表《密码朋克宣言》（*A Cypherpunk's Manifesto*）。《密码朋克宣言》的诞生宣告密码朋克正式成为一项运动，参与这项运动的大量成员都通过密码朋克邮件列表进行交流。他们讨论的话题非常广泛，包括数学、加密技术、计算机技术、政治和哲学等。他们宣扬个体精神，鼓励使用强加密技术保护个人隐私。

密码朋克运动兴起后迅速发展，诞生了一大批知名的科学家和工程师。除了前面介绍的蒂姆·梅、埃里克·休斯、约翰·吉尔摩尔以外，还有下列先驱在研究和应用密码学的过程中开发了一系列极具开创性的技术和应用。

大卫·乔姆（David Chaum）在 20 世纪 80 年代发明了乔姆盲签名技术，并在 20 世纪 90 年代基于这种盲签名技术首次提出在网络上匿名传递价值的方式，将之命名为 Ecash。Ecash 通过银行的加密签名，以数字形式存储货币，必须依赖中心服务器系统。Ecash 的诞生在某种程度上可以说是加密货币的始祖。

尼尔·科布利茨（Neal Koblitz）和维克多·米勒（Victor Miller）在 1985 年提出基于椭圆曲线的算法 ECC。这是一种新型的密钥算法，能够提供比 RSA 更高级别的安全。这个算法成为后来比特币的核心算法。

斯图尔特·哈勃（Stuart Haber）和斯科特·斯托内塔（Scott Stornetta）在 1991 年发表论文《如何为电子文件添加时间戳》[7]。在这篇论文中，他们提出用时间戳确保电子文档的安全，这种技术保证了信息的可追溯和不可篡改，成为后来"区块链"数据结构的雏形。

菲利普·齐默尔曼（Philip Zimmerman）在 1991 年发布邮件加密软件"优良保密协议"（Pretty Good Privacy，PGP），并成立相关公司。PGP 是一个基于 RSA 公钥加密体系的邮件加密系统，能够保证邮件内容不被篡改，同时让邮件接受者信任邮件来自发送者。PGP 的使用范围很广，例如比特币白皮书的作者中本聪也是 PGP 的使用者，他的邮件都是通过 PGP 发出的。

亚当·巴克（Adam Back）在 1997 年发明了哈希现金（Hashcash）算法。这个算法用于电子邮件系统，要求在发送电子邮件之前，解一个数学题，以此来适度增加发送电子邮件的成本屏蔽大量的垃圾邮件。这个思想后来被 PGP 的成员哈尔·芬尼（Hal Finney）借鉴发明了可重用的工作量证明机制。

美国华裔工程师戴伟（Wei Dai）在 1998 年提出了匿名的、分布式的加密货币系统 B-money。B-money 在很多关键的技术上与后来的比特币非常相似，然而由于其某些技术细节（例如抵抗"双花"）难以实现，导致 B-money 最终没有成为现实。尽管如此，中本聪与戴伟（Wei Dai）之间的交流却相当多，并大量借鉴了 B-money 的很多思想。在比特币白皮书的参考文献中，B-money 的论文也赫然在列。

1998 年，密码学家、智能合约概念的创造者尼克·萨博（Nick Szabo），提出了比特金（Bit Gold）的设想。这种设想已经非常接近于比特币的体系构造，但由于 Bit Gold 的设想缺乏具体的代码实现，因此只停留在概念阶段，而没能成为"创世货币"。

哈尔·芬尼是比特币的早期核心贡献者，也是 PGP 公司的成员，并为 PGP 做出了重要的贡献。哈尔·芬尼在 2004 年借鉴亚当·巴克的哈希现金算法提出了可重用的工作量证明机制（Reusable Proofs of Work，RPOW），它直接影响了后来比特币的共识机制。

除了这些先驱以外，约翰·佩里·巴洛（John Perry Barlow，赛博自由主义政治活动家）、莱斯利·兰伯特（Leslie Lamport，拜占庭将军问题的提出者）、肖恩·范宁（Shawn Fanning）和肖恩·派克（Shaun Parker，点对点网络工具 Napster 的发明者）、布拉姆·科亨（Bram Cohen，BitTorrent 的发明者）等都为比特币各项关键技术的发展做出了巨大贡献。

在包括上述这些先驱以及更多科学家和工程师们的共同努力下，这些基于加密技术的创新和应用逐渐发展和成熟起来，为日后比特币和区块链的诞生奠定了坚实的基础。

1.1.4 互联网技术的蓬勃进步

区块链技术的发展是以互联网为基础的，互联网是区块链的载体，没有互联网就不可能有后来的区块链技术。

互联网技术最早来自第二次世界大战后的美苏冷战。1957 年，苏联发射了人类第一颗人造地球卫星"伴侣号"（Sputnik）。作为响应，美国国防部随即组建了高级研究计划局（ARPA）并开始研究计算机的分时共享技术。在 20 世纪 60 年代，保罗·巴兰（Paul Baran）和唐纳德·戴维斯（Donald Davies）各自独立开始研究互联网技术的基石"包交换"（packet switching）技术。包交换技术在 1967 年被集成进美国高级研究计划署网（Advanced Research Project Agency Net，ARPANET）及其他基于此项技术的网络，如英国国家物理实验室（National Physical Laboratory，NPL）的设计中。

ARPANET 于 1969 年 10 月 29 日启动，启动时只包含两个互联的节点，一个位于美国加州大学洛杉矶分校（University of California, Los Angeles，UCLA），另一个位于加州门洛帕克（Menlo Park）的斯坦福国际研究院（SRI International）。随后，有更多的机构和大学加入到这个网络中来，到了 1971 年年底，网络中的节点总共达到了 15 个。

在 ARPANET 发展的早期，来自国际的合作和交流还很少。直到 1973 年，挪威地震研究中心（Norwegian Seismic Array，NORSAR）通过位于瑞典塔努姆（Tanum）的人造卫星地面站接入了这个网络，彼得·柯斯坦（Peter Kirstein）位于伦敦大学学院（University College London）的研究组也接入了这个网络，并为英国的其他学术网络提供了进入 ARPANET 的网关。

ARPANET 项目的发展和国际合作推动了一大批协议和标准的诞生。在 ARPANET 中发展出了很多基于各类协议的子网络。1974 年，温特·瑟夫（Vint Cerf）和鲍勃·卡恩（Bob Kahn）在 RFC 675 文件中第一次用 "internet" 作为 "internetworking" 的缩写，并在随后的文件中继续使用这个词。

1981 年，当美国国家自然科学基金（National Science Foundation，NSF）开始资助计算机科学网络（Computer and Science NETwork，CSNET）项目后，ARPANET 的带宽得到扩展。1982 年，传输控制协议 / 因特网互联协议（Transmission Control Protocol/Internet Protocol，TCP/IP）被定为标准，这极大推进了网络在全球的互联。1986 年，当美国国家自然科学基金网络（National Science Foundation Network，NSFNet）开始为科研工作者提供超级计算机的访问权限后，基于 TCP/IP 协议的网络带宽再次得到扩展，从 56kbit/s 扩展为 1.5Mbit/s，再到后来的 45Mbit/s。1988—1989 年，NSFNet 网络还扩展到欧洲、澳大利亚、新西兰和日本的学术和研究机构。

尽管在此之前还有其他的网络协议比如 Unix 到 Unix 的拷贝协议（UNIX-to-UNIX Copy Protocol，UUCP）也在全世界推广和应用，但 TCP/IP 的使用才标志着跨洲联通的互联网诞生。1989 年，提供商业互联网服务的供应商首先在美国和澳大利亚兴起。1990 年，ARPANET 被正式停用了。

1989 年，MCI 邮件服务（MCI Mail）和美联网（Compuserve）连接到互联网，将近 50 万人开始使用互联网来发送电子邮件。1990 年，蒂姆·伯纳斯·李（Tim Berners-Lee）开始构建第一个网络浏览器万维网（World Wide Web），并在当年的圣诞节发明了超文本传输协议（Hyper Text Transfer Protocol，HTTP）、超文本标记语言（Hyper Text Markup Language，HTML）、第一个网络浏览器、第一个 HTTP 服务器软件（后来被称为 "CERN httpd"）、第一个网络服务器和第一套网站网页（描述这个项目本身）。1991 年，第一个商用互联网 eXchange 诞生了，它使得固网（PSInet）能够和其他的商用网络如联邦网络（CERFnet）和 Alternet 互联。1994 年 10 月，斯坦福联邦信用社（Stanford Federal Credit Union）成为第一个提供在线互联网银行服务的金融机构。1995 年，NSFNet 停用，互联网通向商用道路上的最后一个限制被彻底移除，自此互联网在美国实现了完全商业化。

互联网的商用使得互联网的应用和普及呈爆发性增长，并极大地影响了人类的文化、商业、社会和生活，诞生了一大批新兴的工具和应用，如电子邮件、即时通信、网络电话、视频电话、博客等，承载互联网的光纤网络所传输的数据量也从 1Gbit/s 到 10Gbit/s，再到更大。20 世纪 90 年代末，互联网流量的增长率几乎达到每年 100%，互联网用户数的增长率达到每年 20% ~50%[8]。

进入 2000 年后，互联网的发展更加迅猛，这一年通过互联网进行双向交流的信息流量已经超过了 51%[9]。互联网已经成为人们生活中主要的沟通工具，人们对互联网应用的看法也发生了显著的变化。互联网不管在范围还是在内容上都极大丰富起来，网络游戏、社交媒体、在线音乐、在线视频、电子商务等新兴平台和应用吸引了大量网民，进一步促进了互联网的发展。截至比特币正式运行的前夕，也就是 2008 年 11 月，据统计全球的互联网用户数已经超过 15 亿，占当时全球人口总数的 22.5%[10]。

正是在互联网得到大面积普及和应用的情况下，"万事俱备，只欠东风"的区块链技术终于破茧而出。

1.1.5　首个区块链应用的诞生

2008 年 11 月 1 日，一位网名为中本聪（Satoshi Nakamoto）的用户在密码朋克社区上发表了比特币白皮书《比特币：一种点对点的电子现金系统》（*Bitcoin: A Peer-to-Peer Electronic Cash System*）[11]，阐述了一个以点对点网络、分布式记账、工作量证明（PoW）共识机制、加密技术等为基础构建的电子现金支付系统。此时的比特币还只是在理论阶段，中本聪和他的早期支持者如哈尔·芬尼等人从这份白皮书的出现开始，进行了艰辛的构建工作，用 C++ 语言开始了比特币系统的编码，逐步完善比特币的雏形，丰富它的细节，直到最终实现了比特币的第一个可运行版本。

2009 年 1 月 3 日，中本聪通过运行这个版本产生了比特币的第一个区块，也就是创世区块。创世区块的诞生标志着比特币主网正式上线，比特币从理论变为现实。

中本聪发明这套系统的目的是什么？他希望用这套系统解决哪个领域的什么问题？

比特币系统的发明是为了解决传统的银行转账过程中碰到的一些问题。这些问题主要有：账户和账户之间的转账交易成本高昂；存在利用信用卡撤销交易进行欺诈的行为；银行系统为了处理可能发生的纠纷会过度索取交易双方的个人隐私信息等。而产生这些问题的根本原因是，现有的转账系统必须依赖中介机构进行处理和协调。

那么在现有的金融系统中转账交易是如何进行的呢？

假设用户 A 和 B 都在某银行有账户。当 A 要向 B 转账 100 元时，这个转账请求会被递交到银行的后台服务器系统。接着这个后台服务器系统会检查 A 的账户余额是否大于 100 元，如果大于 100 元，就把 A 的账户余额减去 100 元，然后把 B 的账户余额增加 100 元。如果 A 的账户余额小于 100 元，则系统会拒绝 A 的这笔转账请求。所以在传统的金融机构中，账本记录、交易检查和交易执行统统都在类似的后台服务器系统中进行。

中介机构的运作是需要成本的，因此每一笔交易都需要手续费。对大额交易来说这笔手续费还可以承受，但对小额交易而言手续费所占的成本则变得很高。

同时，信用卡支付体系还存在"回滚欺诈"的问题。回滚欺诈指客户在使用信用卡进行购物时，通常需要提供卡号和安全码给商家，商家进行扣费。但是如果安全码被物理窃取（客户丢失、商家泄露等），信用卡就会被盗刷，这时客户则会发起申诉。出于保护客户的目的，客户申诉被银行判定为胜诉的概率相对更高。因此，部分恶意攻击者就采用这种方式，先在商家进行消费，然后申诉谎称信用卡被盗要求回滚或撤回这笔交易，从而免费获取商家的服务和商品。

此外，人们在进行交易时难免会因为这样或那样的原因发生纠纷，而纠纷的处理也由中心化机构执行。当中心化机构处理纠纷时，对纠纷所涉及的各方信息了解得越详细，掌握的线索就会越多，处理就会越高效。这就会导致中心化机构尽力索取各方的信息，甚至包括个人隐私。

那么，能否有一种电子系统在无须中介机构存在的情况下，也能够处理这样的转账交易呢？中本聪在比特币白皮书中便提出了这样一套全新的方案，它吸取了密码朋克运动中先驱们创造的各类成果，并汇聚了密码学、计算机科学等领域的最新成就。但当中本聪第一次在网上公布这篇论文时，并未得到过多关注。在众多回复中，只有哈尔·芬尼等少数几人对这篇论文给予了积极的回应。哈尔·芬尼还参与了后来比特币的开发和测试并与中本聪完成了第一笔比特币的转账交易。

那么比特币是怎么处理转账交易的呢？中本聪所提出的方案是将交易的处理由唯一的中心化机构变为系统中每一个参与者。

回到上面用户 A 和 B 的例子。如果用户 A 和 B 在比特币系统中进行转账，则 A 和 B 每人都保存有一份完整的账本，账本中既记录了 A 的账户信息和余额信息，也记录了 B 的账户信息和余额信息。当 A 向 B 转账 100 个比特币时，A 会依据自己保存的一份完整账本验证这笔交易是否有效，同时 B 也会依据自己保存的一份完整账本验证这笔交易是否有效。只有 A 和 B 都验证了这笔交易，这笔交易才会生效执行。

当这个系统进一步扩大，不仅包含 A、B，还包括 C、D 甚至更多人时，这个系统中每个人都会有一本一模一样的账本，每个人手中的账本都记录着系统中所有人的账户信息和账户余额。当系统中任何一个人发起转账时，系统中所有的人都会对这笔交易进行验证。只有当至少51% 的人通过了验证后，该笔交易才会生效执行。

每个人在比特币系统中都拥有一模一样的账本，并拥有完全平等的记账权、交易验证和执行权。

在传统的金融系统中，用户要参与交易必须提交个人信息、拍照、留下身份证号码，最终得到授权才能参与这个系统。但比特币系统中，它通过密码学手段验证个人身份。任何人都可以参与交易，不需要留下个人隐私信息，只需保管好一串独一无二的私钥即可。

比特币系统不仅实现了无须传统的第三方中介机构就可以完成任意两个账户之间的电子转账，而且实现了无须提供任何身份信息就可以在系统中进行转账。这种机制确保了它无法被轻易回滚和撤销。第 4 章将对比特币的技术原理和支付体系进行详细解读。

在中本聪构造的创世区块中，他留下了这样一段话 *The Times 03/Jan/2009 Chancellor on brink of second bailout for banks*"。这是 2009 年 1 月 3 日英国《泰晤士报》的头条新闻标题，意思是"财政大臣正处于实施第二轮银行紧急援助的边缘"。当时正值金融风暴席卷全球，各国中央银行不得不对金融机构进行救助。区块链技术带来的新的支付体系和新的技术思路，将为传统金融体系带来补充。

在 2008 年的中本聪论文原稿中，并没有直接出现"区块链"这个词汇，而是多次提到了"区块（Block）"和"链（Chain）"两个词。随着这类技术的快速发展，后来"区块链（Blockchain）"才作为一个完整的技术名词正式被从提炼出来，并且在全球范围内得到广泛采纳和使用。

区块链导论

表 1-1 总结展示了本节提到的众多技术的发展历程。

表 1-1 技术发展历程

史前时期		
时间	**主要参与者**	**进展**
旧石器时代的中晚期		简单刻记方式，直观绘图记录方式
原始社会末期		结绳记事
商朝开始，唐宋发展完善		单式记账
1494 年	意大利教士卢卡·帕乔利	复式记账法
明末清初		龙门账
密码学发展史		
时间	**主要参与者**	**进展**
古希腊	斯巴达军队	塞塔式密码
15 世纪	意大利人莱昂·巴蒂斯塔·阿尔伯蒂	圆盘密码
1917 年	吉尔伯特·维尔南	一次性密码本加密技术
20 世纪 20 年代	德国发明家亚瑟·谢尔比乌斯	"恩尼格玛"（Enigma）
20 世纪 40 年代	著名科学家克劳德·艾尔伍德·香农	发表论文《保密系统通信理论》，密码学成为一门科学
20 世纪 70 年代	IBM 公司	数据加密标准（DES）出台，密码学开始进入民用及商用领域
1976 年	威特菲尔德·迪菲与马丁·赫尔曼	发表论文《密码学的新方向》，提出公钥密码学概念
1978 年	罗纳德·李维斯特、阿迪·萨莫尔和伦纳德·阿德曼	非对称的公钥加密技术 RSA
"密码朋克"的发展		
时间	**主要参与者**	**进展**
1980 年	莱斯利·兰伯特	提出拜占庭将军问题
20 世纪 80 年代	大卫·乔姆	乔姆盲签名技术
20 世纪 90 年代	科学家和工程师	"密码朋克"概念
1985 年	尼尔·科布利茨，维克多·米勒	椭圆曲线算法 ECC
20 世纪 90 年代	大卫·乔姆	Ecash
1991 年	斯图尔特·哈勃和斯科特·斯托内塔	发表论文《如何为电子文件添加时间戳》
	菲利普·齐默尔曼	发布邮件加密软件"优良保密协议"
1992 年	蒂姆·梅，埃里克·休斯和约翰·吉尔摩尔	"密码朋克邮件列表"
1993 年	埃里克·休斯	发表《密码朋克宣言》
1996 年	约翰·佩里·巴洛	发表《网络空间独立宣言》
1997 年	亚当·巴克	哈希现金算法
1998 年	美国华裔工程师戴伟	加密货币系统 B-money
	尼克·萨博	比特金设想
1999 年	肖恩·范宁	点对点网络工具 Napster
2001 年	布拉姆·科亨	BitTorrent 软件设计
2004 年	哈尔·芬尼	可重用的工作量证明机制

（续）

互联网技术		
时间	主要参与者	进展
19 世纪 60 年代	保罗·巴兰和唐纳德·戴维斯	各自独立研究"包交换"技术
1969 年 10 月	加州大学洛杉矶分校和斯坦福国际研究院	美国高级研究计划署网 ARPANET 启动
1973 年	挪威地震研究中心等	挪威地震研究中心等接入 ARPANET
1974 年	温特·瑟夫和鲍勃·卡恩	第一次用"internet"作为"internet-working"的缩写
1981 年	美国国家自然科学基金	开始 CSNET 项目
1982 年	ARPA 和美国国防通信局	TCP/IP 协议被定为标准
1989 年	美国和澳大利亚	提供商业互联网服务的供应商兴起
	MCI 邮件服务和美联网	连接到互联网，将近 50 万人开始使用互联网来发送电子邮件
1990 年	蒂姆·伯纳斯·李	第一个网络浏览器万维网
1991 年	eXchange 公司	第一个商用互联网诞生
1994 年 10 月	斯坦福联邦信用社	第一个提供在线互联网银行服务的金融机构
1995 年	NSFNet	NSFNet 停用，互联网在美国实现了完全商业化
19 世纪 90 年代		互联网流量的增长率几乎达到每年 100%
2008 年 11 月		全球的互联网用户数已经超过 15 亿
区块链早期		
时间	主要参与者	进展
2008 年 11 月	中本聪	比特币白皮书
2009 年 1 月	中本聪	比特币的第一个区块

1.2 区块链的技术特点

从技术角度来看，区块链是一种存储结构，其中的数据被存储在不同的"区块"中，这些区块中按照时间顺序串连成"链条"，故而被称为"区块链"。区块链通过密码学等技术，实现了数据的公开透明、难以篡改、可以追溯等众多特点。

1.2.1 公开透明

在以比特币为首的公有区块链系统中，它们自创世区块开始，所有区块包含的交易信息都是公开、透明的。在系统中每一笔交易从何地址转出、何时转出、转出金额、转入何地址等信息都被一一记录下来并且公开可查。依据这些信息，一个地址的总交易笔数、与何地址有过交易、转出总金额、余额等信息也可以被推断出来。

任何用户通过运行比特币或以太坊的全节点客户端都能下载完整的账本数据并查看上述交易及账户信息。除了运行全节点客户端查看账本信息以外，还有一种更为方便的方式，用户可以通过区块链浏览器查看账本信息。

区块链浏览器是一种区块链搜索工具。区块链浏览器的运营方本身已经下载好了完整的账本数据。用户在区块链浏览器中输入相关字段，可以查到区块或交易的详细信息。典型的区块链公链系统，比如比特币和以太坊等都有许多区块链浏览器，这些浏览器通常是由开源软件团队自发开发的。

下面以以太坊浏览器为例，来介绍如何查看任意一笔交易的相关数据。打开以太坊区块链浏览器（以 etherchain.org 为例），如图 1-3 所示，标记的部分为搜索栏。

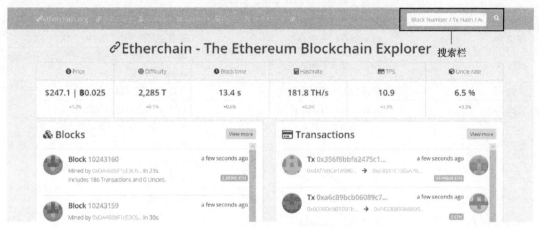

图 1-3　以太坊区块链浏览器主页

在搜索栏输入一笔交易的 ID：0x356f6bbfa2475c12f4d60e8c69b2f3de4b5e0da4c13559cbbc6c527904913915，输入交易 ID 后按"Enter"，会看到如图 1-4 所示的交易信息。

图 1-4　以太坊区块链浏览器显示的交易信息

由图 1-4 可知，这笔交易的发生时间、发送方、接收方和金额等信息一览无余。总结来说，无论是直接下载区块链账本，还是借助区块链浏览器这样的工具，都可以读取到区块链上的信息，这让区块链具备了公开透明的特性。

不过，有时在一些场景下也需要让信息仅对部分节点公开透明，而对其他节点保密。此时，可以借助联盟链技术对节点设置准入机制，本书第 6 章 6.4 节将深入地探讨这一话题。

1.2.2　难以篡改

区块链系统中的链式数据结构，是由包含交易信息的区块按照时间顺序从先到后链接起来的，这个数据结构被称为"区块链"。在区块链中，除了创世区块之外，每个区块都指向前一个区块。

每个区块的区块头都包含一个名为"父区块哈希值"的字段，这个区块通过存储在这个字段中的值"链接"到前一个区块（父区块）。除了创世区块以外，每个区块的区块头都包含其父区块的哈希值。通过这样的哈希值，区块链系统中所有的区块，便从创世区块开始前后相连形成了一条链，即"区块链"。

由于每个区块的区块头里面包含"父区块哈希值"字段，所以本区块的哈希值也受到前一个区块（父区块）哈希值的影响。如果前一个区块的任何字段值发生变化，则本区块的"父区块哈希值"就会变化，同时本区块的哈希值也会跟着变化。而本区块哈希值的改变又将迫使下一个区块的"父区块哈希值"字段发生改变。以此类推，区块链中后续的区块信息全部都要发生变化。因此当一个区块链的规模越大，所包含的区块越多，对任何一个区块的篡改所引发的对整个区块链的篡改工作量也将越大。

同时，由于区块链系统中每一个全节点都存储着一份一模一样的区块链数据结构，因此如果要对区块链数据进行篡改，仅仅篡改一个全节点存储的区块链数据是不够的，需要同时篡改全网至少 51% 的全节点所存储的区块链数据。区块链系统规模大，包含的全节点数量越多，所要篡改的节点数也就越多，难度也就越大。

因此，从区块链数据本身的结构和存储区块链数据的节点数量两方面看，要对区块链系统的数据进行有效篡改难度相当大，这就是区块链数据难以篡改的根本原因。

1.2.3　可以追溯

区块链信息的可追溯性来源于区块链数据结构的特殊性。在区块链系统中，它的链式结构是从创世区块开始的，创世区块是整个链式结构中的第一个区块，其后系统产生的所有区块都通过父区块的哈希值前后相连，并最终都能追溯到创世区块。

由于每个区块都包含一段时间内系统进行的所有交易数据，因此系统完整的区块链数据就包含了自创世区块以来，系统所有进行的交易及交易前后的关联信息。当追溯一笔交易时，能够顺着该交易所在的区块向前追溯所有这些历史区块信息。例如，当地址 B 向地址 A 转账 5 个 Token 时，我们可以根据历史交易信息追溯地址 B 的 5 个 Token 来自于地址 C，地址 C 的 5 个 Token 又来自于地址 D 和地址 E……直到追溯到地址 n 中的若干枚 Token 来自于系统发行方为止。同时，因为区块链信息的不可篡改特性，记录在区块链中的历史信息是可靠、可信的，这也使得这种可追溯性可靠、可信。因此，能够认为区块链信息是可以追溯的。

值得注意的是，随着区块链技术的发展，更多的密码学手段也被引入进来，例如零知识证明、环签名等。在采用这类密码学技术的区块链系统中，系统可以在无中介的前提下，仅依靠密码学技术实现交易信息或账户信息的隐匿。在这样的区块链系统中，交易信息追溯难度极大提高。但是，这类系统并不是区块链系统的主流，通常用于特殊的场景下。

1.2.4　集体维护

区块链的集体维护主要指区块链系统在共识机制的作用下，激励新节点不断加入系统，并集体参与系统的维护和运作的特点。

每一个区块链都会有一套"共识机制"，用来使众多互不相识的节点达成一致。具体来说，共识机制激励系统中的节点在参与系统运作时，令遵循这套机制的节点获得利益最大化，不遵循甚至作恶的节点则会付出较大代价而得不偿失。因此，区块链系统在没有单一机构的运作和管理下，依靠共识机制就能让系统自我运作起来，具备集体维护的特征。比特币就是第一个这样的集体维护性组织。

1.2.5 去中介化 / 弱中介化

去中介化是区块链的重要特点，通常对应英文中的"Decentralization"，当然有时也会根据场景，被翻译为去中心化或分布式。在讨论"去中介化"之前，先介绍什么是"中介化"。

所谓的"中介化"就是在一个组织或系统中，有一个中介机构负责整个系统的调配和服务。系统中所有的个体无论做什么、进行什么活动都要通过这个中介机构的调度。现有的互联网技术就是采用的这种方式工作，也就是俗称的"客户端 / 服务器"（Client/Server）模式，简称为 C/S 模式。在这种应用模式中，能为客户端应用提供服务（如文件服务、打印服务、通信管理服务等）的计算机或处理器被称为服务器。与服务器相对应，提出服务请求的计算机或处理器就是客户端。这种系统中，服务器就是"中介"，客户端就是系统的"个体"。

与现有互联网技术相对比，区块链技术是"去中介化"的，也就是说在区块链系统中没有一个拥有特殊权限的中介服务器或单一机构。系统中每个全节点既是服务器也是客户端，在系统中的权利和义务都是对等的。它们既能作为服务器为需要服务的客户端服务，也可以作为客户端向其他节点提出请求。任意一个节点宕机或者失效都不会影响整个系统的运作。因此，区块链系统在架构上是去中介化 / 弱中介化的。

本章小结

本章从记账技术的发展史、密码学的发展史、密码朋克运动的发展史，以及互联网技术的发展史四个方面综合介绍了区块链技术的由来和发展，并介绍了区块链技术的第一个应用——比特币诞生的简要过程以及比特币解决的问题。在此基础上，归纳了区块链技术的典型特征并介绍和展望了区块链技术的应用场景和潜在价值。

思考题与习题

1-1 区块链记账技术和复式记账技术的区别是什么？
1-2 试举出三例日后成为区块链技术基础的密码朋克运动成就。
1-3 比特币是如何在无须中介机构的情况下实现交易转账的？
1-4 试查询任意一笔以太坊交易的信息（发生时间、转出地址、转入地址、交易金额）。
1-5 试叙述区块链系统中数据难以篡改的原理。
1-6 试叙述区块链系统中数据可追溯的原理。

参考文献

[1] 康均 . 中国古代记账方法的发展 [J]. 财会学习 , 2007,（2）: 71-73.
[2] 韩东京 . 我国古代单式记账思想的产生和发展 [J]. 当代经理人 , 2005（6）: 32.

[3] THOMAS K. The Myth of the SkytaleCryptologia[J].Cryptologia, 1998, 7（22）:244-260.

[4] Crypto Museum. History of the Enigma[DB/OL].（2017-12-1）[2020-6-29].https://www.cryptomuseum.com/crypto/enigma/hist.htm.

[5] SHANNON C E. Communication theory of secrecy systems [J]. Bell Labs Technical Journal, 1949, 28（4）: 656-715.

[6] DIFFIE W, HELLMAN M. New directions in cryptography [J]. IEEE Transactions on Information Theory, 1976, 22（6）: 644-654.

[7] HABER S, STORNETTA W S. How to Time-Stamp a Digital Document [J]. Journal of Cryptology, 1991, 3（2）: 99-111.

[8] COFFMAN K, ODLYZKO A M. The size and growth rate of the Internet[J]. First Monday, 1998, 3（10）: 8-10.

[9] MARTIN H, PRISCILA L. The World's Technological Capacity to Store, Communicate, and Compute Information [J].Science, 2011, 332（6025）: 60-65.

[10] Internet World Stats News. 2008 Third Quarter Stats [DB/OL]. 2008 [2020-6-29]. https://www.internetworldstats.com/pr/edi036.htm.

[11] NAKMOTO S. Bitcoin: A Peer-to-Peer Electronic Cash System [DB/OL]. 2008 [2020-6-29]. https://bitcoin.org/bitcoin.pdf.

第2章 区块链的基础概念

导　　读

基本内容：

毫无疑问，区块链是一种非常典型的分布式系统，分布式系统的许多理论基础正在为区块链所用。同时，在发展过程中，区块链技术也逐渐形成了自身的技术分类和应用趋势。本章主要围绕区块链的基础概念进行介绍，包括分布式系统的概念及特征，分布式系统一致性的定义、定理、特征及要求。同时，本章也重点介绍了区块链的分类，以及不同的应用场景。本章是区块链基础章节之一，可以为后续理解区块链技术原理和应用场景等打下一定的基础。

学习要点：

掌握分布式系统的概念，分布式系统和集中式系统的区别；充分理解分布式系统的一致性问题、FLP 和 CAP 定理；掌握区块链的三种分类以及每类区块链的基本特征，了解公有链及联盟链的主要应用场景，区块链发展阶段及每阶段的典型应用。

2.1 分布式系统

2.1.1 分布式系统的概念

在分布式系统概念出现之前，互联网应用基本采用集中式系统。集中式系统由一台或者多台计算机组成中心节点，负责管理应用访问的数据存储、计算等资源，增加新的应用需要在中心节点部署更多的计算机。如图 2-1 所示，集中式系统一般采用中心化的数据库和服务器，其优点是部署简单、开发运维容易，缺点是可扩展性不足。当集中式系统中心节点进行系统升级更新时，所有应用都需要同步更新。集中式系统还存在单点故障问题，如果中心节点出现故障就意味着所有应用都将出现问题。为了解决集中式系统可扩展性和单点故障问题，分布式系统概念应运而生。

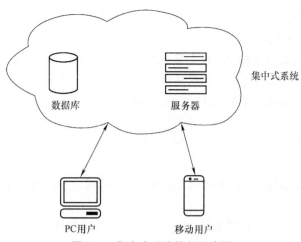

图 2-1　集中式系统构架示意图

　　分布式系统是由若干独立的计算机节点组成的系统，这些计算机节点可以看成独立的系统组件，通过网络进行连接并在一定范围内有效共享资源，如硬件、软件、数据和服务，节点之间通过传递消息进行协调工作，共同完成系统内的工作任务[1]。如图 2-2 所示，分布式系统在数据库和服务器部署方面采用集群模式，集群内部存在多个计算机节点。从系统提供服务角度看，分布式系统中的数据库可以由主库和多个独立的从库组成的集群构成，服务器集群根据具体业务应用由部署在不同的节点上的服务器组成，用户端应用使用分布式系统提供的服务。该服务可能需要集群内部署的多个服务器节点进行协作，服务器的种类可以根据具体应用进行灵活的扩展。

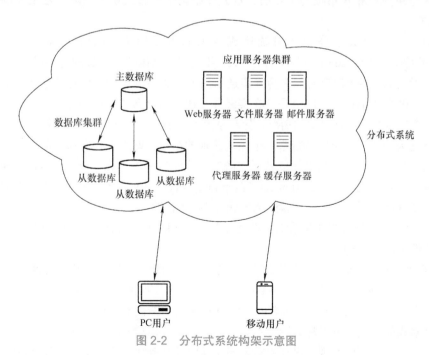

图 2-2　分布式系统构架示意图

　　分布式系统定义包含两方面：①系统内的计算机节点都是独立的，通过网络通信进行协调工作；②用户对于分布式系统的访问从功能逻辑上就像访问单个计算机系统一样，并不会感觉到在访问多台分布式计算机系统。

从分布式系统的概念可以看出，各个节点之间通信和协调主要通过网络进行。因此，分布式系统内的计算机节点可以分布在不同的地理位置，比如服务器在不同的城市机柜中。分布式系统架构比集中式系统架构具有更好的灵活性，主要具有以下基本特征。

（1）分布性

分布式系统内计算机节点可以分布在不同的位置。

（2）可扩展性

分布式系统内节点数量可以根据应用需求进行动态增减，服务器也可以动态部署。

（3）对等性

分布式系统没有中心化的控制主机，组成分布式系统的所有计算机节点都是对等的。副本（Replica）是分布式系统最常见的概念之一，指的是分布式系统对于数据和服务的一种冗余的处理方式。数据副本指不同节点上持久化存储同一份数据，当某一个节点上存储的数据丢失时，可以从副本上读取该数据。副本服务指多个节点提供同样的服务，每个节点都有能力接收来自外部的请求并进行相应的处理。

（4）并发性

分布式系统中的多个计算机节点通过网络进行连接并在一定范围内有效共享资源，某一时刻这些计算机节点可能会并发地操作一些共享的资源。

2.1.2 FLP 和 CAP 定理

在进一步讲述分布式系统的特点前，首先介绍两个分布式系统领域非常重要的原理——FLP 和 CAP。

FLP 原理是一个关于分布式系统达成共识的重要理论，由费舍尔（Fischer）、林奇（Lynch）、帕特森（Patterson）三位学者在 1985 年提出，并以三人姓氏的首字母作为缩写命名。FLP 原理告诉人们，不要浪费时间去为异步通信的分布式系统设计在任意场景下都能实现共识的算法，这样的算法不存在，理由是：在实际异步通信的分布式系统环境下，可能存在通信故障、延迟或者节点本身出现失效的情况，异步系统无法确保在有限时间内完成一致性。

FLP 原理为分布式系统领域带来一个较为悲观的结论，既然不存在这样的算法可以实现分布式系统的一致性，那么一致性问题就无法解决了么？后来埃里克·布鲁尔（Eric Brewer）在 2000 年美国计算机学会（Association for Computing Machinery，ACM）组织的一个研讨会上提出了 CAP 原理猜想，之后林奇等人对 CAP 原理进行了证明。

CAP 原理定义了分布式计算系统的三大特性：一致性（Consistency）、可用性（Availability）和分区容错性（Partition）。

1）一致性（Consistency）：共享数据副本之间呈现出统一且实时的数据内容。

2）可用性（Availability）：所有的数据操作总会在一定时间内得到响应。

3）分区容错性（Partition）：通常由于网络间连接中断而导致网络中的节点相互隔离无法访问时，被隔离的节点仍可正常运行。

这三大特性无法同时实现，设计中需要弱化其中某个特性，而保证另外两个特性。

对于结果一致性要求不是特别高的应用，可弱化一致性要求，比如延长达成一致性的时间。对于一致性要求高的应用可弱化可用性要求，比如系统发生故障时拒绝服务。大部分时候网络都是可靠的，网络分区出现概率小但很难完全避免，所以实际情况一般弱化分区容错性。

2.1.3　分布式系统的一致性

分布式系统的一致性是指，对系统内的所有计算机节点给定一组操作，按照约定的规则协议，节点之间对于操作后的最终处理结果达成某种共同认可的状态。分布式系统的一致性是设计分布式系统时应考虑的最核心问题。

由于分布式系统内的计算机节点互相独立，不同计算机节点可能处于不同的地理位置，计算性能也存在差异，对于相同数据任务完成计算耗费的时间无法保证一致。比如有可能出现少数节点处理较慢，而其他节点必须等待它们处理结束；或者发生节点临时中断处理等异常情况，如出现节点宕机的情况。节点之间进行网络通信也有可能因为通信链路故障而导致消息接收延迟，以上这些问题都会影响到分布式系统最终全局状态结果的一致性，需要通过有效的方法解决。

分布式系统一致性的目标是：系统在出现上面描述各种故障发生的情况下，依然能正常满足工作的要求，最终系统通过检测和处理，节点依然能达成全局一致性状态。分布式系统的一致性表明，系统本身具有容忍一定数量节点发生错误行为的能力。这些发生错误行为的节点称为故障节点，占整个分布式系统全部节点数量的比例称为分布式系统的容错率。

分布式系统达成一致性状态应该满足以下几个基本要求 [2]。

1）收敛性：一致的结果在有限时间内能完成。

2）一致性：不同节点最终完成决策的结果是相同的。

3）有效性：决策的结果必须是某个节点提出的提案。

收敛性是分布式系统计算机服务可以正常使用的前提。一致性可以理解为不同节点对计算结果达成的共识，现实状态中，由于不同计算机节点需要通过消息传递来进行通信，时间先后上可能无法保证一致，对于并发操作结果可能造成冲突，不同节点之间需要对请求操作时间的先后排序达成共同认可。有效性主要指分布式系统最终一致性是由分布式系统内的节点执行的结果。

由于分布式系统存在故障发生的可能性，对分布式系统一致性要求越高，分布式系统越接近一台中心化的计算机处理性能；而牺牲分布式扩展性的性能优势，整体系统实现复杂度也更高。这似乎陷入了一种矛盾：分布式系统本身可以解决可扩展性问题，但采用分布式部署后又将扩展性问题带回到了分布式系统中。

在实际工程实践中，一般会放宽对一致性的要求，采用弱一致性替代强一致性。强一致性要求节点无论何时进行数据的读取操作，均会返回最新一次写操作后的结果数据，即系统对节点达成一致性结果的同步性要求很高。而弱一致性一般指在满足一定约束条件下达到最终一致性，即系统可以在未来某个时刻而不是马上达成一致性状态。弱一致性要求中比较典型的是最终一致性（Eventual Consistency），不保证任意时间点上节点的数据均相同，但需要在经过有限的时间后达到数据上的一致。这实际上可以通过放宽系统的目标要求，从而降低系统实现的难度。

2.1.4　分布式系统的安全可信

分布式系统内部存在地理位置分布不同的计算机节点，内部节点之间还存在复杂的通信行为，分布式系统节点或者节点通信如果出现故障都有可能影响到系统的安全性和系统最终完成计算任务的结果可信度。分布式系统的安全性主要体现在攻击者无法通过影响系统内的部分节点或者其他手段，造成分布式系统整体功能故障而无法继续正常工作。分布式系统的可信性指的是，系统最终完成计算任务得出的全局一致性状态结果对于所有节点及系统用户均是可信的。分布式系统一般通过系统内数据和服务副本的冗余性，即所有节点都存储一份状态数据的副本以及保证这个唯一的系统全局状态数据的不可篡改性来实现可信。

2.2 区块链的分类

根据系统是否具有节点准入机制，区块链可以分为许可链和非许可链。许可链的网络是授权网络，节点加入网络时需要注册并验证身份，并且其链上权限受系统管理机构控制；节点退出网络时也需要系统管理机构的许可。非许可链的网络是完全开放的非授权网络，节点可以随时自由地加入、退出网络。许可链根据其系统管理机构的中心化程度又可以分为联盟链和私有链，非许可链就是常说的公有链。

2.2.1 公有链

公有链通常不设置准入门槛，对所有人开放，任何人都可以自由访问公有链的数据，参与公有链的共识，并在公有链上创建应用，这也是"公有"的由来。目前公有链可以运用在数字资产等场景，如比特币、以太坊等。同时，公有链也可以应用在一些直接点对点交互需求的场景，如资产注册登记、发行、投票、资产管理等。

公有链的公开透明使得其不太适合那些对数据隐私、商业机密要求较高的场景，更适合对信任、安全和持久性要求较高的场景，如用户对自主数据的控制、可信的商品溯源记录。公有链的应用也不局限于金融场景，还包括防伪溯源、数字身份、内容版权、物联网等。

2.2.2 联盟链

联盟链和私有链都属于许可链的范畴。顾名思义，进入许可链需要满足一定的许可条件或门槛。联盟链服务于符合某种条件的成员组成的特定联盟，是由联盟成员进行管理的区块链。其具有半开放的网络，只有经过认证许可的可信节点才能加入、退出网络。其具有受控制的读写权限，只有特定权限的链上节点才能在链上发布和访问交易，只有一部分拥有权限的可信节点才能参与该联盟链的共识和记账。联盟链没有通过激励机制实现系统自治的强烈需求，各联盟链根据自身需求自主选择增加激励系统。

联盟链的分布式程度和信息公开程度不及公有链，但也因此可以更好地保护用户、交易隐私。同时由于交易只需要部分被授权的受信高算力节点进行验证共识，因此其性能较公有链更高，成本较公有链更低。

2.2.3 私有链

私有链服务于特定企业、组织或个人，是由该企业、组织或个人进行管理的区块链。其具有相对封闭的网络，只对指定实体或个人开放，只有相关节点在许可认证后才能加入、退出网络。私有链同时具有受控制的读写权限，只有特定权限的链上节点才能在链上发布和访问交易信息，只有一部分拥有权限的可信节点才能参与共识和记账。与联盟链不同的是，私有链节点均属于同一企业或组织，节点之间信任程度更高，并且私有链共识范围更加狭窄，甚至可以仅由单高性能节点进行记账。

私有链在三类区块链中分布式程度和信息公开程度最低，因此其性能最高，隐私性最强且交易成本最低。由于私有链较为集中的权限控制与管理并非真正的分布式系统，其一般只应用于企业内部，主要应用于数据管理、审计等金融场景。

2.3　区块链的应用

2.3.1　公有链应用

公有链对所有人开放，任何人都可以参与访问公有链，并在公有链上创建应用。目前公有链主要应用在数字货币等场景，如比特币、以太坊等。同时，公有链也可以应用在一些具有点对点直接交互需求的场景，如资产注册、发行、投票、资产管理等。

关于数字货币、加密货币和虚拟货币等概念，业内尚未达成非常明确、统一的定义，仍然经常进行混用，但是初步形成了一个较为公认、笼统的共识，当使用这些特定词汇去表述时，通常意味着强调点有所侧重。

其中，数字货币（Digital Currency）指向的范围较广，它泛指数字化的货币。电子货币（Electronic Money）与数字货币的概念相类似，它同样指以电子化途径实现的货币，例如央行数字货币（Central Bank Digital Currencies, CBDC）。

加密货币（Crypto Currency）其实是加密数字货币的简称，是数字货币发展的一种分支。它更强调货币使用了密码学技术。例如，基于公用链技术发行的比特币就是一种很经典的加密货币。

虚拟货币（Virtual Currency）和数字货币范畴有一定的重合，但它强调这类货币不是真实的货币，通常不具有法偿性和强制性等货币属性。游戏中的点券、互联网公司发行供生态内使用的货币，都可以认为是虚拟货币，而比特币等有时也被认为是虚拟货币。

关于 Token，它原指令牌、通行证。在区块链中，它是指基于区块链创建的一种数字对象，代表区块链的某种价值或某种权利，中文也被译作"通证"。一般 Token 是以加密货币形式存在的，但也有一些是传统的电子化凭证。Token 指代的某种价值或某种权利的范围很广泛，例如货币、积分、票据、投票权、分红权、地产、证券、债券、某种资格、某类证明等各种权益证明。

大部分加密货币和 Token 为了能够进一步提升其可信程度，会选择公有链作为载体去发行。但是也有一些 Token，会因为场景需要发行在联盟链或私有链上。此外，出于便于监管和可控的考虑，一些央行层面的数字货币会选择在联盟链或私有链架构上进行发行。

2.3.2　联盟链应用

联盟链只对特定的参与组织开放权限，可以保护参与者的交易数据隐私，适合机构之间的交易、清结算和 B2B 场景。联盟链的应用场景非常丰富，主要包括金融和非金融领域[3]。

1）金融领域：支付、保险、清结算、股权登记、征信、供应链金融等金融场景对于信任要求较高，同时也需要保护数据隐私，适合作为联盟链场景。

2）非金融领域：非金融领域主要通过区块链不可篡改的特性来追踪、记录和共享数据，如区块链应用在商品溯源、电子政务、智慧城市、公益慈善、医疗健康等场景。

2.3.3　区块链应用的发展趋势

区块链的应用方式从其诞生开始已经经过了三个发展阶段。

第一个阶段是比特币为代表的点对点支付时代，主要实现高效率、点对点的支付过程，其主要应用场景包括支付、流通等。

第二个阶段是以以太坊为代表的智能合约时代。区块链与智能合约相结合，实现在区块链上部署应用程序，包括可编程金融、分布式应用（Decentralization Applications，简称"DApps"）等落地。

第三个阶段是"区块链+行业"应用的时代，即把区块链应用拓展到各个行业场景，以实现具体行业应用落地为目标，解决行业痛点，服务经济发展和社会进步。

目前区块链正在加速向第三阶段的行业应用推进，成为一种通用基础设施，加速与行业进行融合创新。

区块链本身一些核心技术特性用于行业赋能成为一种重要发展趋势。首先，区块链建立了一种去信任的机制，不使用中间方机构服务就可以达成交易结算的目的，目前已经运用在金融领域的资产管理、交易和清结算等方向。其次，从信息共享的角度，区块链的分布式数据库具有不可篡改的特征，被应用在征信数据、司法存证等领域。

区块链在落地应用发展过程中，和其他前沿技术融合也成为一种重要趋势。区块链技术的优势是在多方协作场景中以低成本建立信任，但是在存储、计算等方面存在一定的资源和性能瓶颈。区块链不只是单一技术，而是多种技术的综合集成，包括P2P网络通信、非对称加密技术以及分布式数据库技术等。同时，区块链应用还涉及多节点参与的协调问题，实施区块链解决方案可能面临计算复杂度和存储冗余度都比较高的情况，区块链和其他技术结合可以有效降低复杂度，加速区块链应用落地进程。

本章小结

区块链是当下热门技术之一，商业应用场景不断拓展。本章从分布式系统和集中式系统对比开始引入分布式系统相关概念，介绍了分布式系统一致性、安全可信等重要特性。对区块链中公有链、联盟链和私有链的技术特点做了介绍，最后简单介绍了不同区块链技术目前主要应用场景及发展趋势。

思考题与习题

2-1　分布式系统的定义是什么？它和非分布式系统最大的不同是什么？

2-2　为什么分布式系统需要一致性？

2-3　分布式系统如何实现数据的安全可信？

2-4　按照节点准入机制划分，区块链可被划分哪几类？

2-5　公有链、联盟链和私有链的服务对象分别是哪些？

2-6　公有链的优势是什么？缺点是什么？

2-7　联盟链的优势是什么？缺点是什么？

2-8　为什么私有链一般只能应用于企业内部？

2-9　假设某条区块链全网具有 1000 个节点，但是必须经过其他成员批准才能加入，那么它是联盟链还是公有链？为什么？假设另外某条区块链全网目前只具有 10 个节点，但是任何人都可以自由成为节点加入，那么它是联盟链还是公有链？为什么？

2-10　在应用场景方面，公有链和联盟链的发展趋势有什么不同？

2-11　区块链和其他前沿技术的主要区别与联系体现在哪些方面？

参考文献

[1]　COULOURIS G, et al. 分布式系统概念与设计：原书第 5 版 [M]. 金蓓弘、马应龙，等译 . 北京：机械工业出版社，2012.

[2]　杨保华，陈昌 . 区块链：原理、技术与应用 [M]. 北京：机械工业出版社，2017.

[3]　张增骏，董宁，朱轩彤，等 . 深度探索区块链：Hyperledger 技术与应用 [M]. 北京：机械工业出版社，2018.

第3章 区块链的分层模型

导　读

基本内容：

　　区块链的分层模型和互联网分层模型类似，都是一个抽象化的概念。虽然在没有具体了解一个区块链构架之前，通常较难完全体会和掌握分层这样的抽象概念。但是，这样的模型对后续学习有重要的指导意义。本章主要介绍了区块链的分层模型，以及数据层、网络层、共识层、合约层和应用层的定义、概念与技术要点。从这些概念学起是很有必要的，建议读者在后续学习中，时常复习本章中的基础概念，做到融会贯通，举一反三，最终在知识库中形成区块链体系的知识框架。

学习要点：

　　理解为什么区块链需要使用分层模型；掌握区块链分层模型每一层的作用；理解区块链分层模型层级间的关系；理解每一层应用中的技术要点。

3.1　区块链的系统分层

　　区块链是一个复杂且精巧的系统，它需要由多个环节配合，才能高效、安全地完成指令。但是，这样复杂的架构给人们的研究和学习带来了一定难度。

　　可以设想一种情况来感受区块链系统的复杂性，假设 A 和 B 之间要进行一笔转账，这是区块链上最简单的一个操作。但是实际上，中间有大量步骤需要区块链来完成。

　　1）A 需要借助什么样的应用来完成转账？

　　2）由谁来检查 A 地址中的余额，又由谁来核验真实性？

　　3）在区块链这个分布式系统中，众多节点如何就 A 转账给 B 这件事达成一致？

　　4）由谁来通知 B 收到了这笔转账？

　　5）B 又该把"收款凭证"存在哪里？

如果涉及更复杂的金融应用和智能合约，相关问题的研究难度还将进一步增加。那么，如何将一个系统的复杂问题简单化呢？显然，"分层"是一个好方法。通过分层，可以将区块链整个系统拆分成若干个局部问题，并用层级间的递进关系使之串联起来。

3.1.1 互联网分层模型

在互联网领域，行业已经出现了将整体结构拆分为分层结构的做法。早在 20 世纪 60~70 年代，各国已经组建了自己的网络，例如英国的 NPL 网络，美国的 ARPANET，法国的 CYCLADES 等 [1]。在 1977 年，为了推动国际网络的通用化，国际标准化组织（ISO）实施了一项开发通用网络标准和方法的计划，即开放系统互连模型（Open Systems Interconnection Model），也称为 OSI 网络模型。

OSI 七层网络模型是从互联网架构中抽象出来的，其七层分别是：物理层（Physical Layer）、数据链路层（Data Link Layer）、网络层（Network Layer）、传输层（Transport Layer）、会话层（Session Layer）、表示层（Presentation Layer）和应用层（Application Layer）。OSI 的七层网络模型如图 3-1 所示。

OSI 模型是一个开放的模型，它并不对细节技术做限制，而是通过对模型的概念化和抽象化，来让当时世界上众多的网络系统采用 OSI 标准，进而增加各种通信系统与标准通信协议的互操作性。

OSI 模型的建立符合当时的国际背景，众望所归。它的设立也大大推动了国际网络系统的标准化工作进程。在此期间，一些竞争性的协议和分层方案也纷纷涌现，例如人们熟知的 TCP/IP 协议。

TCP/IP 协议是一个网络通信模型，也是现在网际网络的基础通信架构。它其实还包括 FTP、SMTP 等多个协议，但是由于 TCP 协议和 IP 协议的代表性，因而被简称为 TCP/IP 协议。从结果上看，在与 OSI 模型的竞争过程中，TCP/IP 协议胜出，成为目前互联网最广泛应用的模型。

与 OSI 模型不同，在 TCP/IP 协议理论中，互联网被分为四层，它们分别是：链路层、网络层、传输层和应用层。TCP/IP 的四层网络模型如图 3-2 所示。

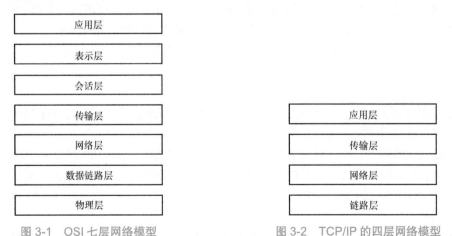

图 3-1　OSI 七层网络模型　　　　图 3-2　TCP/IP 的四层网络模型

相比 OSI 模型来说，TCP/IP 模型更简化，但其实有一定的对应和包含关系，如果粗略地去匹配，其对应关系如图 3-3 所示。

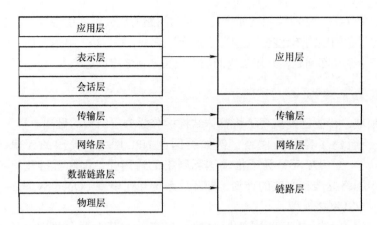

图 3-3　OSI 模型（左）与 TCP/IP 模型（右）的对应关系

　　无论是哪种分层模型，都能够看出层级与层级之间存在明显的传递关系。下面以 TCP/IP 协议中"信息接收"过程为例，来讲解其中的传递关系。当用户 A 向 B 发送一条信息后，首先，在链路层中 B 利用线缆、光纤等接收到比特流（即 0 和 1）的电 / 光信号将比特流转化为帧，并传递到网络层；随后，网络层定义 IP 地址，将收到的被封装成"分组"或"包"的信息，解析传递给传输层；传输层收到信息包后，根据应用程序标识，再将信息传递给指定应用程序；最后，应用层中的应用将还原出 A 的原始信息，以人类语言呈现给 B，这样信息的接收才算正式完成。当然，信息发送的过程也类似，不过是反过来的。换言之，在分层模型中，层级之间是有明显的信息传递关系的。

　　虽然对于用户 B 来说，其直观感受是自己的应用直接接收到了 A 应用发来的一条信息，但实际上，信息是在各层中按顺序经过了一系列的加工过程，才最终完成了整个从发送到接收的过程。

　　信息既然是经过多层进行层层传递的，那么分层的一个重要优势就体现了，它会使每个文件传输模块都不至于太过复杂，每层只负责处理本层需要处理的部分，而无须去了解全部工作的细节。例如，无论借助什么样的应用去传输文件，它们都依赖于下层的同一个传输层模块；而无论传输层传输什么样的信息，它也都无须理会物理层负责的线缆与光电信号。

　　从这个信息接收的例子中，可以管中窥豹地了解到分层的好处。如果再概括一点，分层模型会带来两大特点。

　　（1）独立性

　　每一层都是相对独立的，它具有独立的逻辑和功能。理论上每一层只需关注层级间的接口，而无须关注其他层的实现细节。当其他层出现变化时，如果接口不变，则不会影响到相邻层级。这样独立性的特点，使得每一层的开发、维护都变得简单，开发者和维护者只需关注本层和层级接口，并选择最适合本层的技术去实现每一层。当开发者面临行业的大规模技术升级时，也不至于让整个系统因为子系统的升级而推倒重来。

　　（2）通用性

　　模型中的各层规范和架构的确定，有利于国际标准化工作的展开。当来自不同开发者的各模块都遵循统一的标准时，整个系统各部分的通用性、兼容性会变得更好。对于一个较新的系统来说，这样的通用性尤为重要。

3.1.2　区块链五层模型

区块链技术诞生于 2009 年，相比互联网的几十年发展积淀来说，仍然处于"蹒跚学步"的阶段。随着各类区块链技术的蓬勃发展，区块链行业需要一个像 OSI 或者 TCP/IP 协议的分层模型。这个模型也需要满足独立性和通用性的特点，并且保持层级间的传递关系。

区块链行业已经初步摸索出了一个的分层模型，它与经典的七层网络 OSI 模型有些类似，将区块链基础架构分为了五层：数据层（Data Layer）、网络层（Network Layer）、共识层（Consensus Layer）、合约层（Contract Layer）和应用层（Application Layer）。区块链的五层分层模型如图 3-4 所示。

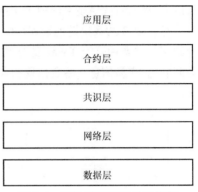

图 3-4　区块链的五层分层模型

本章的后续会对每一层进行深入讲解，此处先简略介绍一下各层的主要特点和功能。

1）数据层：负责区块链数据的存储。它作为整个区块链模型的基础，以链式数据结构对数据进行存储，是区块链数据难以篡改的技术关键之一。区块链常被比喻是"账本"，数据层强调的就是账本本身。这些数据以"区块"的形式，按照时间戳顺序排成一个链条，并存储在硬盘等物理介质上。当接收到新的经过验证的区块时，账本会将区块接在区块链条的尾端，完成数据上链的过程。

2）网络层：负责各个节点之间的网络连接和传输。一般来说，区块链采用点对点的连接方式，将各个节点、账本组织成分布式的网络体系，并按照特定的机制对数据进行验证。因为大多数区块链没有中心化服务器进行调节，节点与节点之间需要借助点对点网络进行数据传输，其中会利用到以 KAD 协议为代表的分布式哈希表技术。

需要注意的是，网络层中的"网络"并非指人们常用的某个具体网络，而是区块链分层模型中的网络层。大多数区块链系统仍然是在 TCP/IP 协议簇之上运行的，它更像是 TCP/IP 模型中的一个应用。但是为了便于理解，还是将区块链按照近似于传统分层的方式进行分层。

3）共识层：负责实现各个账本的数据一致性。这一层在传统互联网分层是没有的，它是区块链这样的分布式系统所需要的特有层级。因为分布式系统中具有众多的节点，又往往缺乏某个单一节点去协调，因此必须要有一个各节点都接受的方案去达成共识。这个方案在区块链系统中被称为"共识机制"，常见的共识机制有 PoW、PoS 和 BFT 等。基于这些共识机制，互不相识的节点能够达成一致。达成共识过程非常类似于投票表决，但是票数并不总是一人一票，有时会采用更复杂的机制，例如"一算力一票"或是"一 Token 一票"。总而言之，共识机制是协调多个节点达成一致的重要手段，是区块链系统中重要中间步骤。

4）合约层：负责实现智能合约、脚本的功能。本层也是区块链特有的一层，智能合约是一种自动执行的合约，因为区块链具有难以篡改的信任环境，因此智能合约被移植到了区块链上。合约层中各个节点需要按照智能合约的规则，执行约定好的相应操作和交易。同时，智能合约也需要符合确定性和可终止性原则。通常来说，用户并不直接与智能合约进行交互，而是利用应用下达指令，应用再将信息发送到合约层，由节点处理智能合约的结果。

5）应用层：分布式的链上应用。与互联网分层模型中的应用层类似，区块链分层模型中的应用层也是面向最终用户的一层。它以 Web、App 和桌面终端等用户交互形式，实现具体的各类业务应用场景，包括 DeFi、DApp 等。人们平时使用的各类区块链应用，通常指的就是这一层。

在介绍互联网时以接受信息为例解释了层级间的传递关系，下面以本章开头的问题"如何发送 Token"为例，简要介绍区块链分层模型中的传递关系。

转账信息在区块链各层之间传递过程的示意图如图 3-5 所示。假如 A 要给 B 发送一枚 Token，那么首先 A 选择一个应用层的应用，例如某个区块链钱包 App，利用这个 App 输入交易信息，即 B 的区块链地址和转账数量。随后，应用将这些交易信息加上 A 的签名信息传递到合约层，并调用这个 Token 的合约（对于某些区块链或某些原生 Token 来说，这一步不一定是必需的）。交易信息、签名信息和合约内容会向下传递。

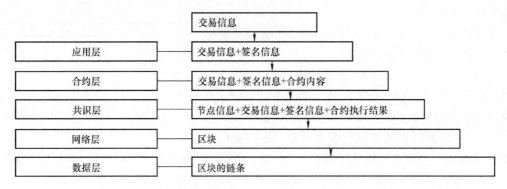

图 3-5 转账信息在区块链各层之间传递过程的示意图

下一步，共识层会通过共识机制选出一位节点。该节点会验证 A 的签名有效性以及 A 地址中是否有足够的余额，如果没问题则执行这笔转账；然后，该节点会将当前时刻内的多笔交易（包括 A 的那一笔）结果打包，并加上自身的节点信息，形成一个"区块"；接着，节点利用点对点网络（网络层）广播这个区块给网络中的其他节点；最后，当其他节点验证区块无误后，会将新的区块放到区块链条的尾端（数据层）。这样，A 的这笔转账就被记入到了区块链中。

对于 B 来说，只要 A 的转账被记入到了区块链账本上，就已经代表着其收到了这枚 Token。B 可以通过查询区块链浏览器或者借助应用的提示来获悉这一点。同时，存储在区块链上的交易记录就是 B 的"收款凭证"，当他需要再将这枚 Token 发送给其他人时，他会再重复一次 A 的发送流程。

从这个例子可以看到，区块链分层模型在各层之间也有明显的传递关系。

区块链各层以及层内协议的集合，就是区块链的整体架构。区块链分层模型，对于整体区块链系统以及各个构架所应完成的功能进行了抽象与概括，有助于将复杂问题简单化，也有助于通用化和标准化工作的开展。分层模型通常不包括具体的技术实现。

3.2 数据层

区块链的本质是分布式账本，账本中"账"为其核心。早在 5000 年前，人类就已经通过一些手段进行记账，如图 3-6 所示为乌鲁克的泥板，记录着"29,086 单位大麦 37 个月库辛"，翻译成现代语言是：在 37 个月间，总共收到 29,086 单位的大麦，由库辛签核。

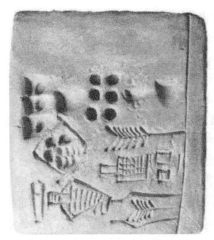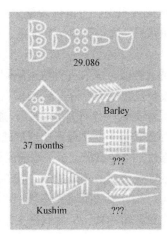

图 3-6　乌鲁克的泥板

　　随着 21 世纪互联网技术的发展，越来越多的交易以电子化方式存储在分布式数据库中，其对于账目处理能力的提升更是一日千里。但不论古老或现代的记账，都是以中心化形式进行记账。2008 年全球金融危机之际，区块链技术与比特币的诞生带来了分布式记账技术。不论中心化账本还是分布式账本，其核心均是数据，本节也将从数据层入手，介绍区块链的数据结构、数据模型和数据存储。

3.2.1　数据结构

　　"区块链"这个名称形象地将其数据结构特点做了归纳——将众多的"区块"们，通过特定方式链接起来形成"区块链"。实际上，从数据结构的角度看，区块链就是将记录交易的区块按照其产生的时间顺序，由远及近地链接，形成一条链式结构的数据存储。区块链的数据组织单元是区块，本节将深入到区块中了解其结构与作用。

1. 区块结构

　　就数据内容来说，对于不同的区块链，其区块数据内容会略有不同，但均会包含"区块头"和"交易"两个部分。区块头用于存放区块自身的元数据，是区块功能性信息的存储地；交易部分存放加密后的交易信息，是区块内容性信息的存储地。

　　如表 3-1 所示，比特币 [2] 区块的数据结构，它包含幻数、区块大小、区块头、交易计数和交易五个部分，各个部分线性排布；在以太坊中 [3]，一个区块则包含了区块头、交易以及叔块头哈希三个部分。

表 3-1　比特币区块数据结构

数据域	描述	长度
幻数（Magic No.）	区块分隔符，其值为常量 0xD9B4BEF9	4 字节
区块大小（Block Size）	当前区块占用字节数	4 字节
区块头（Block Header）	当前区块的头部信息	80 字节
交易计数（Transaction Counter）	当前区块包含的交易数量	1~9 字节
交易（Transactions）	当前区块记录的交易细节	可变

就数据组织形式来说，主流区块链之间也有不同之处，比特币和以太坊均是顺序型排布，不同的数据域像队列一样一个接一个排布。

2. 区块头

与区块的情况类似，区块头对数据域同样没有统一的标准要求，但其起着存放区块关键信息的作用，一般会包含前块哈希、默克尔（Merkle）根、时间戳等信息。

前块哈希是指向前一个区块的指针，通过这个指针能将孤立的区块串联在一起形成区块链。Merkle 根存放着基于交易信息生成的哈希值，可用于交易信息的快速比对并保证块内的交易信息不可被篡改。时间戳则记录了当前区块产生的近似时间。

基于不同的实现机制，不同的区块链在区块头中会有不同的附加信息。表 3-2 为比特币区块的区块头结构。比特币的区块头信息，除了前述信息外，还包括了版本、难度目标和随机数等与其基于工作量证明的共识机制紧密关联的信息，这部分内容在本书的第 4 章会有更深入的探讨。对于以太坊来说，其实现机制更为复杂，区块头中除了包含交易树的树根外，还包含了状态树、收据树的树根，以及其他与其实现相关的信息。

表 3-2　比特币区块的区块头结构

数据域	描述	长度
版本（Version）	标志软件和协议版本信息	4 字节
前块哈希（Previous Block Hash）	前一区块的哈希值	32 字节
Merkle 根（Merkle Root）	根据当前区块交易计算的 Merkle 根	32 字节
时间戳（Timestamp）	当前区块产出的近似时间	4 字节
难度目标（Difficult Target）	当前区块工作量证明算法的难度目标	4 字节
随机数（Nouce）	工作量证明算法中的参数	4 字节

3. 交易与 Merkle 树

区块头之外，区块中的另一核心信息即为交易信息。在区块链技术中，通常会以 Merkle 树[4], [5]。或者基于 Merkle 树的数据结构记录交易数据。

Merkle 树又叫哈希树，最早由 Merkle Ralf 提出并以自己的名字命名，并广泛应用于 P2P 网络传输中。Merkle 树可以是二叉树也可以是多叉树，其之所以被称为哈希树，是因为树中的每个节点存储的均为哈希值。如图 3-7 所示是一个典型的 Merkle 树结构，叶子节点（无子节点的节点）中存储的是对交易信息的哈希值，逐层往上每一个节点均是对其子节点的值进一步哈希所得，由此，最终的根节点的哈希值本质上是由所有交易信息层层哈希所得。

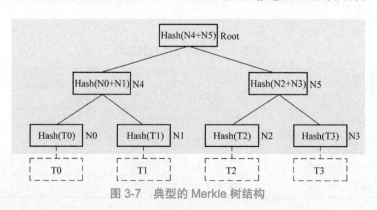

图 3-7　典型的 Merkle 树结构

为什么区块链系统要采用 Merkle 树呢？因为这种结构有以下几方面特点：

1）易校验。每组数据集对应唯一的根节点哈希值，且根节点哈希值基于数据集的所有信息计算而得。因此，通过对比根节点哈希值即可快速校验两组数据集是否完全相同。

2）扩展性强。对数据集中某一数据的增删改，只涉及该数据所在路径的哈希值计算，不影响其他路径下的数据集。

3）证明成本低。在以 Merkle 树为组织形式的数据集中，要证明包含某一数据很容易，譬如要证明包含 T3，只需提供 N2、N4 和 Root 的哈希值，如果 T3、N2、N4 计算出的根节点哈希与 Root 的值相同，即证明了 T3 的存在。这个过程计算简单且无须暴露其他交易的信息，安全高效。

在比特币中，系统采用完全二叉树形式的 Merkle 树对交易信息做加密存储。以太坊在 Merkle 树的基础上结合了 Trie 树的思想，形成了默克尔 - 帕特里克树（Merkle Patricia Tree，MPT）来存储交易、状态及收据信息，该部分在本书第 5 章中会有更详细的介绍。

4. 区块链

前文介绍了区块及区块内部的区块头和交易的数据结构，下面，讨论区块如何形成了区块链。

区块头中包含一个称为"前序哈希"的数据域，该数据域是将父区块的区块头做哈希运算得到的，通过该数据域可将区块组织成有序的、后向连接的区块链。如图 3-8 是一个典型的区块链结构。

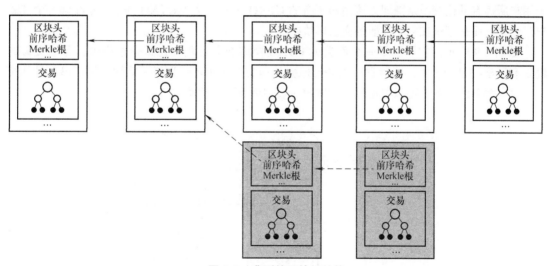

图 3-8　典型的区块链结构

当前取得挖矿权的节点有权在区块链上发布最新区块，从该区块向后可以一直追溯到第一个区块，该区块就被称为"创世区块"。

区块链的连接方式可以保证每一个子块都只有一个父块，但却不会限制一个父块有多少个子块，其实现机制上并不会避免分叉现象的产生。当两个或多个矿工同时计算出新区块时就产生了分叉，区块链系统不会立即判定哪个分叉将成为主链，而是通过更多轮的挖矿计算，自动让最长的那条链（或工作量最多的链）成为主链，并自动抛弃较短的链从而解决分叉问题。图 3-8 中，白色链因为更长，就成了主链。最长的链往往意味着更多的工作量或其他资源的投入，有更多节点参与。当挖矿节点意识到自己不是在最长链上工作时，也会及时更换到主链上，避免浪费自己的资源。

同时，链式结构也增强了区块链防篡改的特性。若有攻击者企图更改历史区块中的交易，他需要首先更改该区块体中 Merkle 树上所有相关节点的哈希值，为了保持数据一致，该区块的区块头中的 Merkle 根也需要被修改。而区块头中信息的哈希值会被子区块引用，所以攻击者需要进一步修改子区块中的前序哈希值，如此循环直至最新区块。因此，攻击者如果想完成数据篡改，重新计算出当前区块是远不够的，还必须从当前节点开始重新计算后续所有的子节点，这大大增加了篡改的难度。

3.2.2　数据模型

现今主流的区块链数据模型主要有两类，分别是以比特币为代表的交易模型，即未被使用的交易输出（Unspent Transaction Output, UTXO）模型，和以以太坊为代表的账户模型。简单来说，交易模型记录过程或动作，而账户模型记录结果或状态。

1. 交易模型

在交易模型中，并没有严格意义上的"账户"概念，资金并不是以"账户"为单位进行汇总和计算，而是以"交易"为单位进行追踪和记录。以比特币为例，每笔交易都有一个或多个交易的输入及一个或多个交易的输出。交易的每一个输入即为前序交易的某个 UTXO，所有交易最初的输入可以追溯到铸币（coinbase）奖励。交易的每一个输出即为一个新的 UTXO，一个用户所拥有的比特币余额即为该用户所有的 UTXO 之和，这些 UTXO 并不集中在同一个"账户"之中，而是记录在多个零散的交易区块中。

如图 3-9 所示，它展示了一套经典的 UTXO 模型交易过程。在这个过程中，每笔交易的输入和输出都是相等的，同时它可以并行地去处理交易。而且因为每一笔输入和输出都是具有一一对应关系的，甚至可以根据输入和输出一直追溯到铸币奖励。

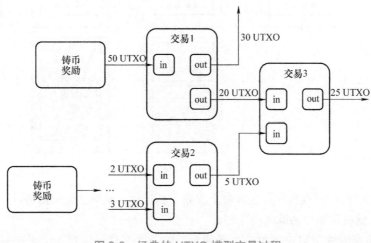

图 3-9　经典的 UTXO 模型交易过程

除了比特币外，主流的基于交易模型的区块链还包括 Corda[6]、BigchainDB[7] 等。交易模型的特点天然契合了区块链的链式结构，但这种设计模式也制约了其功能的扩展性。详细的UTXO 模型内容在本书的第 4 章会有更深入的介绍。

2. 账户模型

相比于交易模型，账户模型更贴近于传统金融对资金的处理模式，也更容易理解。账户中记录的不再是交易的过程而是账户的余额状态。想象多个通过水管连接的蓄水池，交易模型记录着水如何从一部分蓄水池流向另一部分蓄水池的过程，而账户模型记录着每个蓄水池的水位情况。

如图 3-10 所示，它展示了一套经典的账户模型交易过程。在这个过程中，账户通过交易改变了状态，表现形式就是余额的直接变化。从链上数据角度看，账户模型实际体积更小，网络传输的量更小，在空间使用上比较有效率。此外，相比于需要检索一遍 UTXO 的交易模型来说，账户模型让其网络中的轻节点更加容易进行验证。但是，账户模型因为每次交易都需要改变账户的状态，其并发处理方面要比交易模型略逊一筹。

图 3-10　账户模型交易过程

以太坊是使用账户模型的代表，其账户模型中主要包含两类账户：一类是外部账户，另一类是合约账户。外部账户简称账户，一般创建给用户操作，用户可以通过公私钥信息操作账户实现转账、智能合约的创建和调用等功能。合约账户则不能自行主动发起交易，只能被外部账户调用或被动嵌套调用合约账户。这些账户状态的总和即为整个以太坊的状态。以太坊账户相关的内容，在本书第 5 章会有进一步介绍。

对智能合约的支持为区块链技术带来了更强的灵活性，越来越多的项目也开始采用账户模型。主流项目如 Fabric[8]、Ripple、TrustSQL[9] 等均采用了账户模型。

3.2.3　数据存储

随着现实生活对各类信息化平台的需求不断增加，存储架构也经历了逐步的演进。最初，是一台或几台中心化的服务器承担数据的存储和分发功能。而后发展出了由中心化企业主导的异地多活的分布式数据中心或云平台，其本质上是多中心化的模式。区块链的诞生则提供了一种完全分布式的存储方案，在该种方案下，每一个加入的节点均可以存储全量账本数据。

前文中提到，不同的区块链，其逻辑上的数据结构各有差异。同样，对于不同区块链，其节点内物理上的数据存储方式也不尽相同。以比特币为例，其核心的区块链数据以简单的文本文件形式存储，同时，由于在计算或校验的过程中会存在大量哈希索引检索，其索引信息及未花费的交易输出等信息存储在键值（Key-Value，KV）数据库 LevelDB 中。

对于以太坊来说，它不同于比特币，除状态和索引数据外，其区块的数据也被存储在 LevelDB 中，以提升区块的检索速度。KV 型数据库并不是区块链项目实践时的唯一选择，联盟链项目 Corda 将其数据存储在传统的关系型数据库中，TrustSQL 项目则使用了 MySQL 及 MariaDB 作为存储数据库。

在这种完全分布式的存储架构中，随着账本体量的增加，对单个节点的存储要求也更高。截至 2020 年 4 月，每秒转账数（Transaction Per Second，TPS）在 5~7 的比特币全节点大小已逾 270GB，TPS 在 20~30 的以太坊全节点（不包含历史状态）大小已经超过 300GB，存档节点大小更是超过了 4000GB。支持更高 TPS 的项目则会面临更严峻的存储问题。不过，目前已有的商业服务如云平台等，以及新的技术手段如侧链、闪电网络等，都被用来应对这个挑战。

3.3 网络层

数据层之上是网络层，各个节点的交易信息经网络层传输后来到数据层进行组装，而数据层形成的区块数据也会通过网络层传播后进行校验、存储等。值得注意的是，本书的"网络层"不是指 TCP/IP 或 OSI 协议栈中的网络层，而是泛指区块链系统的整个网络通信层，本章节中出现的"网络层"均为此泛指的含义。在区块链整体的技术架构体系中，网络层主要实现组网、传播与校验的功能，本节也将逐一对其进行探讨。

3.3.1 点对点网络

现今，主流的网络服务均是以客户端／服务端（Client/Server，C/S）或浏览器／服务端（Browser/Server，B/S）等中心化模式进行架构设计的，日常生活中接触到的支付系统、电商平台、通信软件等都基于此类架构。在这些架构下，系统需要有一个或多个中心化的服务器承担统一接收和处理请求的职能，这样的架构便于服务的统一管理与升级，以及保持服务的一致性，但也伴随着安全隐患和性能挑战。中心服务器或其配套的通信设备的故障会导致服务的瘫痪。同时，网络中的节点越多，中心服务器的负载压力就越大，所有服务请求的接收和应答都由中心服务器处理也使其成为网络中的性能瓶颈。

与之相对的，点对点（Peer-to-Peer，P2P）网络是一个完全分布式的网络架构，网络中每一个节点的地位都是对等的，都可以充当服务提供方及服务获取方，没有"主从"或者"中心化服务器"的概念。在这种架构下，单一或少量的节点及其配套通信设备的故障不会影响整个网络的服务提供。同时，随着网络中的节点增多，提供服务的节点也在增多，其服务质量反而会提高，扩展性很强。当然，这种网络模式也存在数据一致性难以保障、资源无法统一管理、垃圾信息多等问题。

如图 3-11 所示为中心化网络与 P2P 网络的简化示意图，不同的网络模式具有不同的特性，无绝对的优劣之分，各个应用领域会依据其需求选取合适的技术。

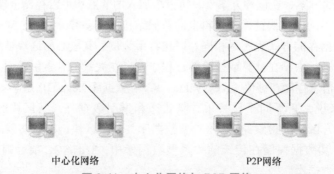

中心化网络　　　　　　　　P2P网络

图 3-11　中心化网络与 P2P 网络

P2P 网络在遇到区块链之前已经有了较长的发展历程。其最早可以追溯到 1969 年连接若干美国大学的 ARPANET。到 1999 年，世界上第一个 P2P 下载的应用 Napster 诞生，即便其索引仍是中心化维护的，P2P 分布式的技术和思想仍借由这个 mp3 共享应用广为传播。2000 年，Gnutulla 首次采用泛洪查询模型免除了中心化索引，带来第一个真正意义上的分布式 P2P 网络。2001 年，Bittorrent 引入了分布式哈希表，开启了 BT 下载的黄金时代，BT 下载也成为 P2P 网络的标志性应用。2008 年，中本聪提出了比特币和区块链，P2P 网络成为践行其分布式思想不二的技术选择，而区块链与加密数字货币的发展也为 P2P 技术注入了新的生机。

区块链选择 P2P 网络架构作为其网络层的核心架构，最主要的原因是其完全分布式的特点与区块链的愿景不谋而合。区块链技术提出的出发点之一就是移除对集中化的第三方的依赖，而 P2P 网络由对等节点相互连接组成，不依赖少数节点去组织和协调。同时，在区块链技术萌芽之时，P2P 网络经过几代的发展已经是一种相对成熟的网络架构，能为区块链技术体系提供各类较为成熟的网络层技术。因此，P2P 网络成为支持区块链的网络架构几乎可以看成是一种必然的结果。

下面将从 P2P 网络的核心技术分布式哈希表及其主流实现协议 Kademlia 为切入点对其做介绍。

1. 分布式哈希表

在点对点网络中，每个节点地位相同，均能提供服务并享受网络中别的节点提供的服务。但关键问题是，当有节点要提供或者获取服务时，网络中的其他节点如何获知其需求或能力呢？也就是说，谁来维护网络中的节点清单和节点能提供的服务清单呢？

在最初，Napster 等应用使用的是中心化索引服务器，网络中的节点信息和资源信息均会注册到这类服务器上，节点在提供和获取服务之前会先去索引服务器上注册或查询相关信息。但这种方式使得点对点网络仍需要依赖中心化的服务器，这些服务器也会成为网络中的性能瓶颈和网络安全的风险点。

为了摆脱中心化索引服务器的模式带来的弊端，以 Gnutulla 为代表的应用引入了泛洪查询技术，通过广播的形式向临近节点发起查询请求，临近节点又递归地进一步发起查询请求直到获取相关资源。这种模式虽然摆脱了对中心索引服务器的依赖，但效率低下，容易引起"网络风暴"带来网络资源的浪费。

2001 年，分布式哈希表（Distributed Hash Table, DHT）技术的诞生提供了高效率的解决方案。其核心思想是网络中的每个节点都维护一部分索引信息，然后通过特定的规则将这些节点连接起来，使得在查询或注册时，按规则触达相关节点或资源，这种方案既避免中心化索引，也避免了网络风暴。而不同的"规则"就对应着分布式哈希表不同的协议，如 CAN（Content Addressable Network）、Chord、Pastry、Tapestry 及 Kademlia 等。

分布式哈希表的基础结构是哈希表。哈希表是一种以"键 - 值"形式进行存储和查询的数据结构。在存储时，将要存储的信息经过哈希函数的处理生成一个映射地址，并将信息存储到这个地址之中，读取时直接定位到该映射地址提取数据。例如，对于一组数据 {1、3、4、7、8、20、55}，通过哈希函数 $H(k)=k\%7$ 进行散列可以得到如图 3-12 所示的哈希表存储结构。其中最左侧的一列代表地址，右边的内容代表存储在该地址下的数据。对于数值 20，$20\%7=6$，因此被存储在地址为 6 的地方；对于数值 3，同样利用哈希函数计算 $3\%7=3$，因此直接寻址到 3 号地址取回数据。在散列时，也可能会遇到地址冲突的情况，如 1 和 8 散列后的地址均为 1。

在实际应用中，这种冲突可以通过开放定址、单独链表、再散列等方法解决，此处不详细展开，图中采用的是单独链表法。通过哈希表存储的数据，可以实现在常数时间复杂度内完成数据读取，十分高效。

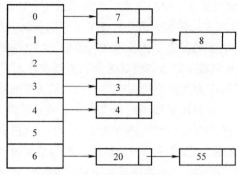

图 3-12　哈希表存储结构示例

在分布式网络中，网络内的每一个节点上都存储了一张哈希表，通过一定的规则进行关联后就形成了分布式哈希表。在存取数据时，根据数据的哈希值先路由到对应的节点，而后在节点内的哈希表上操作即可完成存取。这个过程将在下节详细介绍。

2. Kademlia 协议

分布式哈希表有多种实现机制。2002 年，由佩塔尔·梅蒙科夫（Petar Maymounkov）和大卫·马齐雷（David Mazières）所设计的 Kademlia 协议结构简单、性能好、安全性较强，因此被广泛使用。以太坊中的网络层协议也是以 Kademlia 为基础，本节也将以其为例介绍分布式哈希表的关键点。

应用分布式哈希表的网络中，每个节点均只存储一部分资源的索引信息，这样的好处是网络中有资源变更时不需要全网广播，只需更新相关节点。但同时带来了问题，即如何在每个节点都只知道部分信息的情况下实现对全网资源的触达与维护。

Kademlia 协议提出了一个巧妙的基于距离的路由解决方案。可以想象这样一个场景，某市所有的大学成立了一个高校联盟，高校内的每一个同学都是一个网络节点。当高校 A 的小明想和高校 B 的小兵交流的时候，需要先找到小兵同学在哪里。但是小明只认识一部分高校的代表，于是小明翻开自己维护的高校列表，列表的每一项都写着高校名称及该高校的学生代表。于是，小明找到高校 B 的学校代表小红帮忙联系。小红也翻开自己的列表，找到每个学院的学院代表帮忙寻找，逐层往下，找到专业代表、班级代表、宿舍代表，最终找到了小兵。所以，即便高校联盟中所有的同学都只认识一部分人，但是都可以通过这样逐层递进的方式找到想找的同学。

Kademlia 协议中的节点也是如此，每一个节点都维护一张哈希表，表中将网络的节点基于距离进行分组，每个分组下存放若干个节点代表。当节点 A 想找到节点 B 时，只需要先计算和 B 的距离，然后依据距离找到节点 B 对应的分组，如果分组中没有 B，则挑选一个代表节点继续寻找，每多一次寻找，都能找到离 B 距离更近的节点，最终与节点 B 建立联系。

那么，网络中的节点和资源又是如何建立关系的呢？Kademlia 协议将网络中的节点和资源均映射成 160 位的二进制码，并制定了一个规则，编码等于或接近某个资源的节点，需要知道该资源的下载地址。所以，当节点 A 想要找到资源 S 时，可以通过编码的映射找出与资源 S 编码相同的节点 B，通过与 B 建立联系，就可以触达资源 S 了。

将找资源变成找节点，将找具体的节点变成找大类的代表，这种精巧的替换与递进的设计让 Kademlia 协议优雅地解决了点对点网络中的组网问题。

上文介绍的 Kademlia 协议构建的分布式网络中，除了有寻找节点的功能外，还有寻找资源的功能，该功能也是传统 P2P 网络的核心应用 BT 等的主要功能。但在区块链中，通常主要是寻找节点，所以其实现机制与传统的 Kademlia 协议略有不同。

3.3.2　数据传播和校验

上节通过对分布式哈希表和 Kademlia 协议的讲解介绍了点对点网络的组网原理。组网完成后，网络中的节点就可以在网络上进行相互的数据传播与校验了。

1. 数据传播

当矿工节点打包生成区块数据之后，需要将其传播给网络中的其他节点进行校验和记账。以以太坊为例，当有节点产生新区块之后，并不是同时广播给网络中所有节点，从上文介绍的组网过程可以看出，每个节点只知道网络中部分节点的信息，无法一次性全网广播。因此，每个节点只会向其直接连接的节点发送区块信息。

在以太坊的具体实现中有两种发送方式，一种是向相邻节点直接发送包含完整的区块内容的消息；第二种是向相邻节点发送只包含区块哈希的消息，收到区块哈希的节点再从发送节点请求对应的完整区块信息。一个具有 N 个直接相连节点的节点，只向 $\sqrt{N}$ 个相邻节点以第一种方式发送消息。

收到消息的节点会对区块进行校验，校验通过的区块会加入到该节点本地的区块链，并重复上述的广播过程，给相邻的未接收过这个区块的节点发送消息。如此循环，直至触达全网的节点。

2. 数据校验

由于点对点网络中的每个节点地位都是对等的，因此理论上其中的每个节点都可以承担路由、传播、验证、存储等功能。但在实际应用中，由于全节点会占用比较大的存储量，有的轻量级节点会选择只存储部分数据。全节点可以不依赖网络中的其他节点对收到的区块做数据校验，但轻量级节点通常需要向相邻节点请求数据来完成数据校验。

数据校验的内容通常是依据该区块链项目预定义的清单对区块做校验。以比特币为例，其校验主要包含五个方面。

1）工作量证明检查。

2）区块头中 Merkle 根的值是否与依据区块体中交易信息计算得到的一致。

3）区块大小在限制范围内。

4）第一笔交易以外的其他交易不能是铸币交易。

5）交易的合法性。

如前文提到的，通过校验的区块将被节点添加至本地账本，并进一步广播给相邻的未处理过该区块的节点。没有通过校验的区块将不会被添加，也不会被该节点进一步广播。

通过对 P2P 网络的组网，区块链搭建起了网络层中对等节点之间通信的桥梁。交易信息、区块数据在这个网络中通过临近节点的通信一传十、十传百，最终触达网络中的每一个节点。没有中心化的调度，依靠每一个对等节点的贡献，建立起了属于每一个节点的自由的分布式网络。

3.4 共识层

共识层包含了各种共识算法，负责实现区块链各个账本的数据一致性。在分布式系统中，没有单一节点来协调区块数据在所有节点上的一致性，为了解决这个问题，必须要有一个众多节点都接受的规则，这个规则就是"共识机制"。简单来说，共识层的主要作用是决定谁来进行记账的规则。共识层、数据层和网络层是构建区块链系统的必要元素，这三层保证了区块链上的规则、数据和网络通信。

通过前两章的学习，已经知道了区块链和分布式系统的特点。广义的分布式系统有很多，例如，大到一家跨国巨头会将子公司和办事处分布在各个国家和地区；小到一台智能手机能够把计算任务分布给多核处理器并行处理，这些其实都是广义上的分布式系统。

但是，分布式系统内的多方协同并没有那么容易，比如在一个分布式的公司中，如何处理不同部门的争端？对于一台智能设备，如何分配不同组件的任务？在一条区块链中，如何确保不同节点达成一致？这背后需要一项规则去指导，这项规则正是共识机制。

3.4.1 共识和一致性

一致性问题是分布式计算领域最基础和重要的问题。分布式计算系统通常由异步网络连接的多个节点构成，每个节点都有独立的计算单元和存储单元，节点之间通过网络通信进行协作。

经过第 2 章对分布式系统的学习，已经了解分布式系统中存在 FLP 定理和 CAP 定理。既然在异步通信场景中，不存在能够解决所有问题的"万金油"算法，那么实际运用在工程环境下，就需要在一致性、可用性和分区容错性三个特性中做出权衡，以选择出最适合场景的算法。

通常情况下，人们所说的区块链系统的一致性问题仅仅指数据的一致性。出于易于理解的角度，可以简单把数据的一致性理解为正确性或者完整性，以及关联数据之间的逻辑关系是否正确和完整。具体来说，区块链数据一致性往往指不同节点中的数据内容是否完整并且相同。

区块链系统作为一个分布式系统，如何保证所有节点中的数据完全相同，并且能够对某个提案（Proposal）达成一致是系统正常工作的核心问题。在进行分布式计算时，快速准确地在区块链体系里达成共识是一个需要仔细研究的问题。在中心化的系统中，所有交易都由"领导者"或"决策者"进行验证。分布式的区块链系统里没有这样的领导者，这就是共识机制发挥作用的地方。当分散的节点通过网络达成一项以有益于整个群体为目标的协议时，就称之为达成"共识"。

总的来说，一致性代表的是区块链系统要达成的目标和结果状态；而共识则是一种实现一致性的方法、途径或手段。共识描述的是分布式系统中多个节点之间，彼此对某个目标所达成的一致结果。达成共识并不意味着保障了一致性，同样，一致性也不代表结果是否正确，而指的是系统对外呈现的状态是否一致，如果所有节点都是失败状态也是一种一致性。

共识机制是为了达成共识需要使用的某种机制，是实现共识的具体内容。共识机制或者共识算法的含义是，快速准确地在各个节点实现区块数据一致性的机制和算法。共识算法一般通过奖惩机制来鼓励区块链系统的节点不参与作恶，并且持续服务网络。目前主流的共识机制可以分为两大类：一类是确定性算法，例如拜占庭容错（BFT）；一类是概率性算法，例如工作量证明（PoW）、权益证明（PoS）以及委托权益证明（DPoS）等。两者的区别在于，在基于确定性共识算法的区块链增加了新区块后，新区块就已经被确定，一般无法被回滚；而在基于概率性共识算法的区块链增加了新区块后，当新区块被回滚的概率接近于 0 时，它才被视为确定性的。

3.4.2　BFT

拜占庭容错（Byzantine Fault Tolerance，BFT）算法是一类可解决分布式系统里拜占庭将军问题的容错算法，是分布式计算领域常用的容错技术。由于出现各种故障或受到攻击时，计算机或者网络都可能会出现难以预料的异常，拜占庭容错技术是处理此类异常问题时的解决方案。

1. 拜占庭将军问题

拜占庭容错技术起源于拜占庭将军问题，一个为了描述分布式系统一致性问题而抽象出来的例子。古代的拜占庭王国拥有广阔的土地，因而军队和军队之间的距离非常遥远，当出现突发情况时，将军们互相传递信息只能依赖信使。当和其他国家交战，帝国内的将军需要同时对敌人的某支军队做出是否攻击的决定。无论是大家都选择进攻，还是都选择暂时按兵不动，只要达成了共识，步调一致，那么就是可以接受的情况。而不能接受的情况是，如果一部分将军进攻，另一部分将军没有进攻，没能达成一致，那会导致战争的彻底失败。

而且比较棘手的问题是，由于将军们分布在不同的地方，如果将军中存在叛徒，诚实将军们决策的结果会被干扰。叛徒会以欺骗手段使得部分将军做出和最终决策不一致的指令。

1）不进行表态。不表态并不会被其他将军发现是叛徒。因为将军们是攻打别的国家，信使被杀是很正常的现象。诚实将军的信使被杀，和叛徒将军故意不发信使，两者表现出来的结果是一样的。但是，这会给诚实将军们的最终决定造成影响。

2）发表错误的观点。叛徒可以故意发表错误的观点。

3）主动干扰其他将军对局势进行误判。叛徒可以欺骗想要进攻的将军进攻，同时欺骗不想进攻的将军不进攻，使得整体步调无法达成一致。

不论是哪一种情况，只要将军们未能达成共识，步调没有达成一致，那么最终的军事行动一定会失败。

尤其是第三种情况，这个问题无法靠简单的少数服从多数来表决。例如，假如一共有 11 位将军 A1、A2、A3、A4、B1、B2、B3、Z1、Z2、Z3、Z4。其中有 4 位叛徒，分别是 Z1~Z4。如果大家集聚一堂，举手表决，那么无论叛徒如何投票大家都会达成一致。但是，如果 11 位将军分布在不同的地方，假设 7 位诚实将军中，其中 4 位 A1~A4 想进攻，而 3 位 B1~B3 认为不应该进攻，正常情况应该能够达成一致，投进攻的票更多，那么应该共同进攻，取得胜利。

但是 4 位叛徒 Z1~Z4 可以调整策略，他们向想要攻击的 4 位将军表达了想要进攻的想法，同时却和不想进攻的 3 位将军表达了不想进攻的想法。对于将军们来说，会形成如表 3-3 所示的观点分布：在 A1~A4 这 4 位想要进攻诚实将军的视角中，8 个人投票进攻，3 个人投票不进攻，这四位会误判应该进攻；但是 B1~B3 这 3 位诚实将军的视角中，7 个投票不进攻，4 个人进攻，所以这三位会误判应该按兵不动。最后的结果是 B1~B3 这 3 位和 Z1~Z4 这 4 位叛徒将军没有进攻。几位诚实将军们没有步调一致，A1~A4 孤军难支，最终会导致战争失败。

表 3-3　拜占庭将军问题中不同节点的视角

视角	A1~A4	B1~B3	Z1~Z4	投票比	结果
A1~A4	进攻	不进攻	进攻	8：3	进攻
B1~B3	进攻	不进攻	进攻	4：7	不进攻

这样，4位叛徒集团就瓦解了7位诚实将军，这就是分布式系统（因为将军分布在不同地区）的重要特点。这个例子抽象表达了计算机网络中所存在的一致性和正确性问题，因此称之为拜占庭将军问题。

在区块链网络共识机制这一部分，在整体上与拜占庭将军问题具有极大相似性。记账过程中的每一个节点类似于拜占庭军队中的将军，分布在世界不同地点；而各个节点所进行的信息传输过程和"信使传信"相似。部分节点因为多种干扰和影响，造成传输的信息发生错误，类似于信使被杀。部分节点是恶意节点，这就相当于将军们中的叛徒。一般情况下，出现故障和错误的节点都被称为拜占庭节点，而接收正确信息同时正确传送信息的节点则称为非拜占庭节点。

拜占庭将军问题有很多解法，例如实用拜占庭容错、应用在比特币网络中的工作量证明等。其中拜占庭容错技术被广泛应用在分布式系统中，比如常用的分布式协作系统、分布式文件系统以及区块链系统等。

2. 实用拜占庭容错机制

实际工作中应用最多的BFT共识机制为实用拜占庭容错机制（Practical Byzantine Fault Tolerance，PBFT）。1999年，PBFT由米格尔·卡斯特罗（Miguel Castro）和芭芭拉·利斯科夫（Barbara Liskov）提出，主要目的是解决分布式系统中的共识问题。系统的运算简单化，不仅大幅度减少原来的节点数量，还提高了原始拜占庭容错算法的效率，TPS提升至10万数量级或以上。由于多种优点，实用拜占庭容错机制被大范围运用于工业系统方面，其也是现阶段联盟链领域使用较多的一种算法。

PBFT是针对无拜占庭错误进行特定优化后的算法。在这个场景中，它假设大部分情况下网络的节点都运行正常，极少有恶意节点或者故障节点，拜占庭错误并不经常出现（即很少会有拜占庭将军问题中的叛徒）。无拜占庭错误场景也是现实生活最为常见的情况之一，在这种情景中，它的核心思路就是性能优先。当然，在一些特殊场景下，也会存在拜占庭错误场景，在此类场景下，算法的核心思路应以提高鲁棒性、防范攻击优先，并会牺牲掉一部分性能。

PBFT算法由执行交易命令的主节点使用，在三个阶段中达成共识。首先，主节点广播新请求，如交易等；随后，每个验证者签名并准备针对该请求的准备消息，如果已接收到足够的准备消息，则由验证器广播提交消息；当接收到足够的提交消息后，该请求最终被接受。第6章6.3.1节将详细分析PBFT机制。

通过实验和计算，假设"叛徒"节点数量是f（包括故障、掉线，以及作恶节点），所有节点的总量为n。如果系统中满足$n \geq 3f+1$（即"叛徒"小于总量的1/3），并且按照上述PBFT要求的方法进行通信和交流，那么无论叛徒如何行动，都无法破坏网络的一致性。

PBFT机制使用一种状态机副本复制的运算方法，目的在于使系统中大多数正常节点将拜占庭节点传递的异常信息和行为覆盖。该机制在节点个数上是明确的，不仅每一个节点所代表的身份需提前明确，并且运算过程不能增删数据，因而这一算法更适宜用在节点个数明确的私有链系统或者是联盟链系统中。PBFT也存在一些问题，例如它针对很少会出现拜占庭错误的场景，因此在网络不稳定、掉线节点较多的情况下会出现较大的延迟。同时，PBFT通信复杂度过高，可拓展性比较低，通信次数随节点数量增加而呈指数级上升，当系统中节点数量增加到几十甚至上百时，它的性能下降非常快。

3.4.3　PoW

区块链中的证明类（Proof of X）共识是应对拜占庭问题的另一种解法。通常，它们是节点以某种代价或消耗资源的证明，基于这个证明，节点可以获得一定概率或一定比例的记账权。

工作量证明（Proof of Work，简称"PoW"）最早于 1993 年被提出，它是应对资源滥用和拒绝服务攻击的共识手段。随后，工作量证明在区块链中得到广泛应用。区块链中工作量证明，是指节点通过消耗计算资源，计算一项较难完成但容易验证的工作，并以此证明获取区块链记账权的共识机制。

工作量证明中最常用的工作是计算哈希函数。哈希函数是一种比较特殊的函数，它的计算过程很简单，但是倒推却非常困难。对于目前主流的哈希函数来说，倒推的工作没有捷径，只能通过依次代入变量去轮流尝试，类似于"暴力破解"的过程。

例如，如果使用 SHA-256 哈希函数，输入"区块链导论"，其 SHA-256 计算结果输出是 0ed7c0af1b7cc693c2d012b198d2a4ea200c781e9a22a9a4d0c413cee1fa6079，计算过程和验证过程非常容易。

但如果提供 0ed7c0af1b7cc693c2d012b198d2a4ea200c781e9a22a9a4d0c413cee1fa6079 作为输出，想要倒推出它的输入是"区块链导论"则是极其困难的。

工作量证明（此处指基于哈希函数的工作量证明）要求节点利用计算能力去寻找一个随机数，使得该随机数和特定数字的哈希计算结果满足一定条件。例如，在某条区块链中规定，当前区块哈希等于"交易内容＋前一区块哈希＋当前区块高度＋时间戳＋随机数 Nonce"，其中除了随机数 Nonce 之外，其他变量都已经固定。

节点需要用算力轮流尝试代入随机数 Nonce 去计算当前区块哈希，直到某节点找到一个随机数 Nonce，使得当前区块哈希符合条件（例如前 5 位是 0）。如果系统认为当前计算的任务过于简单，那么它还可以要求当前区块哈希的前 6 位或前 7 位是 0。因为要求越高，从概率上来讲，需要越多次的随机数 Nonce 代入，即更多的工作量。

如图 3-13 所示，以比特币为例简要介绍一下使用随机数搜索目标哈希的 PoW 过程。在第4 章还将深入进行探讨。

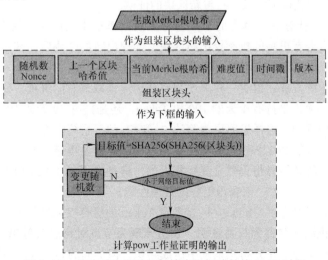

图 3-13　比特币使用随机数搜索目标哈希的 PoW 过程

1）将一个新的铸币交易添加进系统中，并计算出 Merkle 根哈希。

2）利用随机数 Nonce、上一个区块哈希值、当前 Merkle 根哈希及其他的字段组成区块头。

3）将每一个区块头进行双重 SHA-256 运算，并且使得随机数 Nonce 加 1，会得到一个结果值，把网络目标值（例如要求前 5 位是 0）和得到的数值进行比较。如果两者比较之后，得到的值小于等于目标哈希值，标志着这个随机数是符合条件的。第一个算出此随机数的矿工可以获得该区块的记账权。当得到的数值比目标哈希值大时，会重复本步骤，直到遇到合适的随机数为止。

在 PoW 共识机制的强大计算能力支持下，比特币系统有着不可篡改和安全的特性。如果要对区块数据修改和攻击，那么必须再次计算当前区块及其后所有区块的两重 SHA-256 难题，而且伪链的计算速度一定要快于主链，攻击的难度和成本都非常高，攻击者得不偿失。

在比特币网络中，这种进行哈希函数运算争取记账权的过程，被通俗地称为"挖矿"。PoW共识机制的创新对比特币系统来说非常重要，该机制可以将比特币的铸造、交易，以及验证等能力融合，然后利用算力保持系统的分布式及安全性。

当然，PoW 共识机制也有自身的缺点，由于它的交易确认过程较长，有时不太适应于高频的商业应用。其次，虽然强大计算能力提供了较好的安全性，但是代价是消耗大量的电力资源。此外，逐渐集中的算力也使得个人"挖矿"必须发展到大矿池、矿场，进而引发了系统越来越趋向于中心化的隐患。正是由于 PoW 共识机制在某些场景下不够适合，一些区块链采用了PoW 和其他共识机制混合的模式，或者使用其他的共识机制来进行替代，以应对其他的场景。

3.4.4　PoS/DPoS

在 PoW 系统中，节点通过消耗计算资源提供计算方面的证明，以获得记账权和奖励。为了适应一些特殊场景（如更高频的应用，或是需要节约电力的场景），证明可以被替换为消耗其他资源。

区块链社区中提出了币龄（Coin Days）概念，即个人所拥有货币（coin）数量与拥有货币天数（days）的乘积称之为币龄，也就是说，币龄＝个人所拥有货币数量 × 拥有货币天数。权益证明（Proof of Stake, PoS）共识机制正是基于币龄这个概念提出的，它以根据用户持有货币的币龄为消耗资源，作为获得记账权、打包新区块的证明。

在 PoW 系统中，拥有更高算力的节点会有更高概率挖出新区块。而在一个 PoS 系统中，拥有更高币龄的节点会有更高的概率挖出新区块。当挖出新的区块后，其币龄会被消耗掉。同时，获得记账权的节点可能会按照预设规则得到一定的区块奖励。

不过，随着技术的发展，也有一种 PoS 思路认为应该取消时间维度，仅通过 Token 数量来获取记账权。例如，无论是持有 1 天的 100 枚 Token，还是持有 30 天的 100 枚 Token，它们获得记账权的概率是相等的。这样思路更为简洁，同时有助于系统内部的流动性，得到了更广泛的认可。后来，绝大多数 PoS 共识机制采用单纯以 Token 数量争夺记账权的方式，而不再采用币龄方式。但是两者的整体思想仍然是高度相近的，都是采用与 Token 相关的证明方式，去替代与算力、工作量的证明方式，以获得更好的处理性能。

整体来看，节点通过提供（Stake）一定数量 Token 的所有权来进行证明，并因此获得记账权，所以这种共识机制才被称为权益证明。权益体现为节点对特定数量 Token 的所有权。PoS共识机制的目的同样是为了在分布式系统中达成共识，但不同的是，PoS 替代方案更关注 PoW共识机制的效率不足和资源浪费问题。

PoS 共识算法中，权益大的节点会比权益小的节点挖矿过程更简单，整体挖矿效率更高且不存在算力冗余，也不需要耗费大量电力。但是，PoS 算法无法 100% 摆脱挖矿的约束，因为它至少要求一台家用计算机参与证明，仍需少量电费。另一个缺点就是币龄或持币量越大的节点，越容易获取打包权和记账奖励，这会使权益高度集中，产生马太效应。

此外，一些区块链项目采用 PoW+PoS 的双重机制，通过 PoW 机制进行挖矿与货币发行，随后使用 PoS 机制来维护网络的高效和稳定。或者采用委托权益证明（DPoS）机制，通过社区选举的方式，增强节点信任度，并进一步提高共识效率。

委托权益证明（Delegated Proof of Stake，DPoS）是一种保证区块链网络安全的共识机制，它尝试去解决工作量证明和权益证明体系的缺陷。DPoS 机制严格限制了参与共识的节点数量，只有达到一定门槛的节点才能参与共识。未参与共识过程的 Token 持有者则可以使用 Token 进行投票，将权益委托给候选节点。获得票数较高的候选节点，将可以实际参与区块链的出块、打包。通过限制共识节点数量，DPoS 共识机制牺牲了其他节点自由、直接参与共识的权利，但是可以大幅提升区块链的性能。

PoS 系统与 DPoS 系统的对比如图 3-14 所示，PoS 系统中，节点都是对等节点，每个节点都可以参与共识，概率和持币量或币龄挂钩。DPoS 的基本思路则类似于"董事会机制"，在这个机制中存在关键角色称之为"代表节点"，是负责记账的节点。系统中的 Token 持有人能够把他持有的 Token 权益以类似"选票"的形式投票给某个候选代表节点，委托该候选节点代替它参与共识。得票数较高的候选节点可以担任代表，参与共识过程。同时，系统会生成激励措施来激励更多节点参与竞选代表节点。若代表节点无法实现各自的职能，网络会选择新的节点代替它。

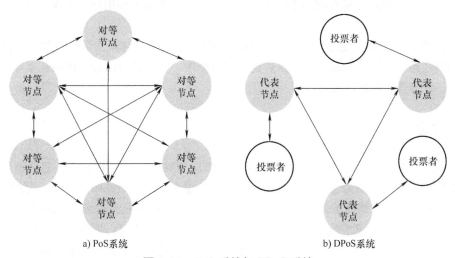

图 3-14　PoS 系统与 DPoS 系统

DPoS 共识机制中，代表的可靠性是非常关键的，持有人投票选举代表时，能够看到表示代表节点出块的错误率，然后选取优秀的节点。节点出块依照时间依次生成，如果某个节点出块错误，这个区块会由别的节点产生。

和 PoW 共识机制以及 PoS 共识机制不同的是，DPoS 共识算法中各个节点都可以作为投票者自由选择信赖的节点，并且由此节点负责记账和产生新区块，进而在较大程度上降低参加共识的节点数量，整个网络的能耗能够在满足网络安全的前提下进一步降低，网络运行成本较低，实现快速共识验证。DPoS 也因此大幅提高区块链处理数据的能力，每秒能够处理更多的事务。可以说，DPoS 共识机制相比于 PoS 和 PoW 的性能更加高效。

DPoS 共识机制是不需要挖矿的共识算法，但是这个机制需要全部持有人的投票，如果持有人的参加度不高时，代表节点会普遍产生在拥有较多选票的参加者手里，降低了分布式的特点，对于破坏节点的处理也存在诸多困难。如果社区选举不能及时有效地阻止一些破坏节点的出现，会给系统造成安全隐患。

3.4.5 更多共识机制

在区块链系统中，除了上面介绍的主流共识机制，还创新出了多个共识机制，例如权威证明、身份证明、权重证明，以及 PoW + PoS 这一类的混合证明共识机制等。众多的共识算法各有优劣势，没有一种共识算法是完美的，通过混合共识机制可以使各个算法的优缺点得到融合补充。下面介绍几个常用的共识算法。

1）权威证明（Proof of Authority）是一种基于声誉的共识算法，被选为区块验证者需要凭借个人声誉（权威），而不需要抵押 Token。它为区块链网络引入了实用、高效的解决方案，尤其适用于私有链场景。

2）身份证明（Proof of Identity，PoI）是一块表示加密事实的数据，它允许任何持有私钥的用户和一个认证的身份相对应，然后和指定的交易进行连接。同个群体的每个个体都可以创建 PoF（只有一个区块的数据），然后将它展示给任何节点。

3）权重证明（Proof of Weight，PoWeight）是一类很宽泛的共识算法。其基本理念是在权益证明系统中，用户所拥有的网络中 Token 的百分比，表示了该用户"发现"下一个区块的概率。

随着区块链项目越来越多，共识算法也会不断改进。采用何种共识算法并不是随意选择的，而是要考虑到实际应用场景。在区块链项目系统中，需要通过综合考虑系统实际需求选择共识算法，才能选出最佳的解决方案。

3.5 合约层

打个比方，区块链是一块蛋糕，数据层、网络层和共识层就是蛋糕胚，起到整体支撑作用；而合约层和应用层则是蛋糕上的奶油和樱桃，是整个区块链最亮眼的部分。合约层在整个区块链分层模型中位于第四层，它封装脚本、智能合约，是区块链灵活编程的基础。

一般来说，区块链应用的用户不需要直接与智能合约进行交互，而是通过应用向智能合约下达指令，应用再通过接口与合约层进行交互。因此，合约层非常重要，它为顶层应用提供所依赖的智能合约逻辑和算法。

3.5.1 智能合约

通常认为，区块链 2.0 阶段的一个重要标志是智能合约概念的实现。那么智能合约是什么呢？从定义上看，智能合约是一种由机器实现的协议或程序，但是由于它运行在一个需要达成共识的分布式系统环境中，这与一般的计算机程序存在很大区别。当它运行在区块链上时，它可以提供很强大的功能。

不妨设想这样一个场景：A 想要在互联网出售一个电子商品，而远在千里之外的 B 希望能够将这个电子商品收入囊中，他们该如何完成交易呢？最简单的方法莫过于借助一些第三方线上商店，但是这需要重度依赖商店的信誉。换一种思路，如果双方签订一个（基于区块链的）智能合约，并在合约中约定，如果 A 发送电子商品给合约，B 转账给合约，那么合约就将钱转给 A，将电子商品发送给 B，双方皆大欢喜完成交易。或者如果时间到了，双方有一方未履行约定，就将电子商品和钱原路退回，不给双方带来任何风险和损失。

在这样的案例中，因为智能合约是由代码形成的，并部署在了极难篡改的区块链上自动执行，双方没有任何办法欺诈或者耍赖，始终能够保证"一手交钱，一手交货"。这就是智能合约和传统合同的一大不同，传统合同自己无法强制执行，而智能合约可以。

智能合约是一种旨在以数字化手段传播、验证或执行合同的计算机协议，它无须第三方即可执行可靠且不可逆的交易。

其实，早在 20 世纪 90 年代，密码学家尼克·萨博（Nick Szabo）就已提出智能合约的概念[15]。但是，当时并没有像区块链这样的系统。如果没有区块链公开透明和难以篡改特性的支持，那么这样的合同虽然由计算机控制，却仍有参与方作弊的空间。

近年来，区块链的快速发展终于让智能合约有了用武之地。在区块链的分布式账本基础上，终于可以实现多方参与、规则透明、不可篡改、符合条件即可执行的合约。因此，把智能合约和脚本拆分出来，作为分层模型中的单独一层"合约层"。

当前的可编程实现，通常会以某种虚拟机的方式来实现，例如 EVM 等。通过这种方式实现的智能合约是图灵完备的。关于智能合约具体的工作原理以及虚拟机相关的知识，在本书第 5 章还会进行详细讲解，这里不做展开。

对于大多数基于虚拟机实现的智能合约来说，在这个相对独立的合约层中，实际上系统构建了一个虚拟运行环境，定义了一套跟节点隔离的环境，屏蔽了每个节点的底层差异，实现了不同节点执行合约的相同结果。这也是专门针对分布式系统中的做法，因为在无法知晓参与者节点情况的前提下，系统需要众多节点产生同样的结果。否则一旦结果出现分歧，无法达成一致性，就会导致系统出现分叉，进而无法完成记账动作。

此外，对于运行环境更可控的许可链（联盟链、私有链），开发者有时也会采用容器方式实现应用逻辑。容器是近年来兴起的、不同于虚拟机的一种新型虚拟化技术。相比于指令有限的 EVM 等虚拟机方式，容器可调用的资源更多。

3.5.2　脚本语言

在区块链早期，以比特币为代表的区块链网络，并没有使用智能合约，而是使用一种简单的，基于堆栈的脚本语言。它不支持循环，不是图灵完备的。但是，它可以实现一些基本的指令。例如，OP_IF 指令，它的描述是"如果顶部堆栈为非假，则语句被执行"；再比如 OP_SHA256 指令，它的描述是"对输入使用 SHA-256 进行哈希处理"。以比特币为例，这些指令被称为操作码（Opcode），它支持上百个这样的简单脚本指令。

最常见的利用脚本语言实现的功能之一就是多重签名。通常来说，每个地址都对应一把独一无二的私钥。但是通过脚本语言，可以实现让多把互不相同的私钥管理同一个地址。每次用户转移地址中的资产时，用户们必须同时使用 $a+n$ 把私钥中的 a 把才能完成转账。如图 3-15 所示的多重签名示意，要求同时出示 6 把私钥中 4 把签名才能转账。这样多人管理的多签手段，方便大型组织、公司使用，既有增加了安全性，又防止单一私钥丢失。而这个功能，正是合约层脚本语言提供的。

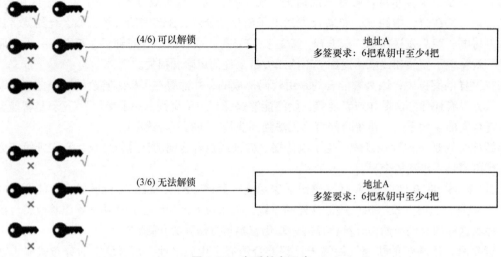

图 3-15　多重签名示意

比特币社区的早期开发者认为，复杂的合约逻辑可能会为比特币带来一些未知的技术风险，因此出于安全和简洁的考虑，比特币仅通过简单脚本的方式实现了一些基本的可编程属性，并在后续的技术升级中禁掉了一些可能会带来 bug 的指令。这样的技术理念限制了一些功能，但也提高了比特币的安全性。

目前也有开发者希望对合约层进行扩容，例如增加侧链协议来允许比特币在侧链上使用智能合约等。比特币的脚本语言是智能合约的雏形，它为自身系统带来了一些新的功能，也为后来智能合约的发展提供了思路。

3.5.3　确定性与可终止性

由于智能合约运行在一个分布式系统的环境中，其需要满足的条件与一般的计算机程序存在很大区别。通常认为，智能合约需要满足的条件包括确定性和可终止性，这是在合约层需要额外给予关注的。

1. 确定性

什么是确定性呢？从定义来看，如果给定一个输入，计算机经过同样的状态变化顺序后总会产生相同的结果，那么这个算法即可被称为是确定性的。区块链是一个分布式系统，分布式系统中各类节点必须保证结果的确定性，如果每个节点运行相同的智能合约，却产生不同的结果，那么区块链网络就无法达成共识。

在合约层中可以从算法和数据两个大的方向入手，来保证智能合约的确定性。

在算法层面，什么样的算法会导致不确定性呢？很容易就可以找出一个例子——随机数。随机数的算法是相同的，但是每个节点产生的随机数结果却大相径庭。所以，在合约层中，不应当使用会产生不确定结果的算法。从区块链自身角度看，一些区块链也会设置一定的规则来限制这样事情的发生。例如比特币，它只提供有限数量的脚本，而这些脚本不会产生不确定的结果。

同时，有时即便算法一致，但是由于操作系统或者底层指令不同，偶尔也会带来不确定性结果。为了解决这一问题，开发者采用"虚拟机"这样的手段。例如以太坊，它使用 EVM 虚拟机。从本质上来说，它抹平了每个节点底层硬件的差距，让所有节点都站在"同一起跑线"上。

在数据层面，不同的数据输入一般会带来不同的结果输出。如果智能合约采用链上数据的话，因为链上数据是确定的、不可篡改的，因此会产生确定性的结果。但是，很多智能合约的运行逻辑都依赖于外部的数据输入，例如天气变化、比赛结果等，这些数据很难具有确定性。

例如一个和极端天气有关的保险行业智能合约，它约定如果发生台风则自动向农民理赔。但是某一次极端天气到底算是热带风暴还是台风呢，智能合约自己无力判别，它需要可信且确定性的第三方数据。如果第三方数据可信程度差或者容易发生变化，则不应在区块链智能合约上使用这样的数据输入。为了解决这个问题，有开发者提出可以利用预言机（Oracle）手段来处理外部数据，这样会增加外部数据的可信性。

2. 可终止性

区块链通过账本冗余换来了不可篡改的特性，它其实消耗了相当多的物理资源。因此，区块链的链上资源，无论是存储还是带宽，都是非常宝贵的。如果一条智能合约使用了一些无法终止的函数，例如死循环，它将消耗掉大量的链上资源。而区块链是一个分布式系统，智能合约一经部署无法撤回，无法终止的合约甚至会造成区块链系统的停摆，所以智能合约必须是可终止的。

因此，在合约层中常通过四类策略来限制智能合约，确保它们都是可终止的。它们分别是：有限命令限制、燃料机制限制、资源控制限制和准入资格限制。

1）有限命令限制是指比特币的形式，它已经预设规定好开发者能够使用的脚本语言种类，而这些脚本语言不包括不可终止的功能。

2）燃料机制限制则以以太坊的 Gas 机制为代表。在这类区块系统中，运行智能合约需要 Gas 费用。如果把智能合约比喻成汽车，那么 Gas 就像汽油。汽车每开 1km 都要消耗相应的汽油。这类系统中，用户可以执行包括循环逻辑的函数，但是每循环一次都需要支付足够的 Gas 费用。一旦预交的 Gas 费用耗尽，则智能合约的运行自动停止，这样就可以避免"死循环"发生。

3）资源控制限制与燃料机制类似，它把智能合约需要使用的资源做出了细化，例如 CPU 资源、带宽资源以及内存资源等。智能合约每运行一步都需要消耗掉一步的资源，这样也可以确保合约可终止。举个例子，某个账户抵押了一定的数字资产，获得了 50ms 的 CPU 资源，那么它的若干条智能合约的执行，共可以使用区块链全网的 CPU 资源 50ms。

4）准入资格限制更多应用在联盟链领域。因为联盟链的可控性更好，它可以通过对节点的限制来保证这些节点不会部署不可终止的合约。关于联盟链节点的准入机制，本书第 6 章会给出更详细的介绍。当节点已被批准加入联盟后，通常其身份亦被其他节点所知晓，这时联盟链会给予该节点更高的自由度和灵活度。例如，在联盟链 Hyperledger Fabric 中，节点被允许自主控制智能合约程序的启动与停止。通过相关设置，它可以使执行合约占用的资源在可控范围内，进而实现合约的可终止性。

总结来说，合约层的智能合约应该保证确定性和可终止性，以更好地服务应用层中的应用。

3.6 应用层

区块链系统的应用层封装了各种应用场景和案例，其概念类似于 PC 端的应用程序，以分布式应用（Decentralization Applications, DApp）为主要表现形式。这些应用部署在区块链技术平台上，并在现实中落地。

上述的数据层、网络层和共识层等统称为区块链底层技术，底层开发主要是框架和平台，技术要求比较高、难度大，需要大量专业技术支撑。而应用层的开发主要围绕业务场景和需求，利用某一成熟的技术平台做载体来进行的。对于应用层的开发者来说，他们只需要了解区块链的基本原理以及区块链平台如何使用，能够通过应用层与底层平台进行交互，就可以利用通过对应用层的合理规划和区块链的解决方案，来完成行业应用开发。

从技术上看，区块链已经从最初以比特币为代表的实现简单支付功能的区块链系统，到以以太坊为代表的实现更复杂业务智能合约功能的区块链平台，再发展到目前综合使用分片、分层、跨链、新型共识机制、新型数据结构、可靠加密算法等多种区块链技术。

从应用上看，区块链从单纯实现点对点的电子现金功能，发展到对于供应链金融、票据等传统金融行业的支持，再发展到当前区块链可对各实体行业的进行"区块链+"改造赋能的应用探索。由于能够承载和传递价值，区块链可以说是继计算机、互联网等技术后一次新的技术浪潮，是从信息互联网时代向价值互联网时代转型的重要战略机遇。区块链的应用领域主要包括教育、就业、养老、医疗健康、商品防伪、食品安全、公益、社会救助等领域。

根据对应用层的深入程度，总结了区块链四类应用：分布式账本、价值传输网络、通证激励体系以及资产数字化，如图 3-16 所示。

图 3-16 四类应用示意图

这几类应用之间有一定的递进关系。例如，分布式账本可视为所有区块链应用实现的基础。价值传输网络、通证激励体系、资产数字化等均要基于一个透明、可信赖、无需第三方中介的分布式账本。价值传输网络的价值流通就是分布式账本的一种更高阶应用场景。下面对每一层级的应用分别进行讨论和介绍。

3.6.1　分布式账本

在分布式账本大类中，主要应用方向是实现分布式存证效果的分布式账本应用，不涉及对于通证的区块链应用。这类应用更多的是利用分布式账本技术，实现业务信息的公开透明、防篡改、防伪造，主要包括数据存证、可信查询等。尽管从技术上来看，很多时候仍然会利用传统的、较为成熟的分布式数据库技术，但已经开始与传统互联网产生区别。最明显的区别在于分布式账本技术，其解决了在没有可信中介网络环境下的信任问题，实现可追溯、可查证、防篡改的信息共享。

分布式账本应用场景很多。2017 年 8 月 18 日，全球首家互联网法院在浙江省杭州市挂牌成立。2018 年 6 月 28 日，杭州互联网法院对一起侵害作品信息网络传播权纠纷案进行了公开宣判，首次对采用区块链技术存证的电子数据的法律效力予以确认，并在判决中较为全面地阐述了区块链存证的技术细节及司法认定尺度。该案中的原告在诉讼阶段通过第三方存证平台保全网提交了一系列证据。保全网通过开源程序自动收集了网页源码和截图等原始信息并打包压缩，将哈希值等相关信息上传至多个区块链平台上，以技术手段最大程度降低了人为干预的可能性，确保取证到法庭呈现过程中证据未被篡改。

国外的一个典型案例为莫斯科的市民投票系统。莫斯科曾推出了"积极市民"（Active Citizen）项目，让市民通过投票参与到大大小小的城市管理决策中，比如新地铁列车的取名、新的体育场馆座位涂色等。传统的投票方式在大规模实施时不仅耗时耗力，而且对计票结果也可能存在质疑。但莫斯科市民投票系统基于以太坊私有链平台，每个市民可作为分布式网络的一个节点，记录和存储投票数据并实时查看计票情况。由于区块链的数据不可篡改，使得投票透明度大大提高，市民和政府之间的信任程度也会随之提高。截至 2021 年 3 月，该平台已累计超过 500 万用户，共完成了数千次民意调查。

分布式账本应用的挑战主要包括以下几方面。

1. 如何保障平台中立性

虽然采用了多中心的分布式记账技术，但目前很多区块链平台仍然会由一个或少数几个单位来发起筹建，平台上的运营业务合作伙伴一般也是发起单位的原有合作者或某些联盟的成员等。但在业务不断扩大后，不应仍采用单中心的模式来运营，否则这会与区块链本质特征产生矛盾，很难发挥出区块链分布式记账与多中心化的治理模式优势，外界也会对采用分布式账本技术的必要性产生质疑，难以维持分布式应用的良性发展。而发起者以及早期参与者毫无疑问会在包括资产所属权、标准制定、数据积累等方面具有极强的先发优势，因此如何保障平台中立性是在应用时的第一大挑战。

要解决这一问题，首先应在战略层面上以合作共赢的思维主动进行生态建设。而在战术层面，多个互为竞争关系的实体均可布局该行业，并利用跨链交互等技术形成多中心化局面。

2. 如何确保数据真实、有效

采用了分布式账本技术后一般可认为记录并流转在区块链平台上的数据是真实可信的，但如何保证上链前的信息是真实可靠的则是一个需要解决的问题。这一困难在将区块链应用于溯源等链上链下结合较多的业务场景时尤为突出。短期内的解决办法是引入权威第三方作为验证节点，通过传统的公正鉴定体系对上链前的数据进行确认。这种方式始终是中心化的治理模式，存在一定被人为恶意修改结果的可能性。

长期的解决方案是综合使用物联网、人工智能等多种技术。物联网设备的快速发展将会为保证上链数据的真实性提供硬件层面上的解决基础。通过物联网设备在终端自动采集数据，由设备按照设定好的智能合约进行上链，从源头上在输入端降低人为干预的概率；同时可以使用人工智能技术，例如用区块链用户的指纹、人脸、声纹等多种生物特征来进行身份确认，对物体进行图像识别，对行为的实时数据进行分析检测等。

3. 如何提升交易速度

尽管有增强可信度、提高协作效率等实际效果，分布式账本技术在推广应用过程中的主要挑战还在于如何提升交易速度。由于区块链是先天的分布式协作系统，用较复杂的算法和烦琐的多参与方协作来获得去中介化信任、数据不可篡改，以及交易可追溯等功能优势，根据分布式系统 CAP 原理，在投入资源相同的情况下，区块链的性能往往低于中心化的系统，表现为交易并发处理性能不高，交易时延较明显。

解决这一问题可通过多层思路来扩容。如图 3-17 所示为区块链交易性能提高技术方案三层模型，它将区块链技术架构多层级调优。Layer0 对应 OSI 模型中最下面的四层，包括物理层、数据链路层、网络层和传输层，通过各层协议的算法优化来加快区块在节点之间的传播速度。Layer1 指区块链本身，通过对区块链底层架构的优化，包括分片、分层和 DAG[16] 等来提高交易吞吐量，主要解决记账速度问题。Layer2 考虑应用实际情况，通过侧链、子链和状态通道[16]等链下计算技术来解决部分性能问题，主要原理是将部分计算任务从主链迁移至主链下处理，侧重计算能力。

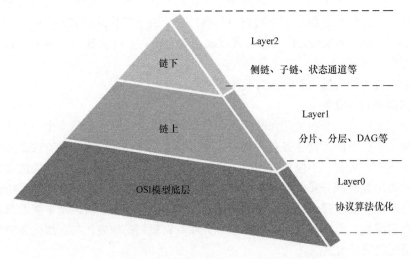

图 3-17　区块链交易性能提高技术方案三层模型

4. 如何避免资源浪费

分布式账本由于其与生俱来的多节点、多中心的特点，会存在一定程度的冗余。这些冗余一方面可实现多点备份的安全特性，避免单点故障；另一方面，如果控制不当，则会将冗余演变为浪费，其中包括计算冗余和存储冗余两个方面。解决计算冗余问题，同样可以利用上文提到的提升交易速度的扩展技术，例如分片、状态通道等，将计算资源进行划分，降低每个节点的重复性计算工作。解决存储冗余问题，主要有链下存储、轻节点方式和分布式存储三类方法。

3.6.2　价值传输网络

价值传输网络是基于分布式账本，借助已有通证（通常会基于法定数字货币或稳定币），实现价值互联互通，以此形成价值互联网的基础。因此该层最早且最典型的应用主要是最能体现价值流通的支付清算。该层是当前从信息互联网到价值互联网转型的关键一层。

但正如基于分布式的网络，信息得以无障碍地快速传递共享，产生了"信息高速公路"的传统互联网。基于分布式账本，原本在单个业务中的价值载体可以通过流通产生更大的价值，让区块链应用形成一个价值传输网络，打破原有割裂的价值体系。所以，从区块链第二层应用开始，业务场景对区块链的使用开始产生了更为本质的飞跃。

1. 价值传输网络的特点

区块链带来的效率提升源于利用各方均信赖的通证作为价值和信用的流转媒介，减少不必要的中间流程，提高清结算效率。分布式账本既可以保存普遍意义上的信息，也可以专门保存具有价值属性的链上通证，可以连通原本价值流通不畅的市场，实现价值传输的网络体系。在这种网络中，传递价值像传递信息一样方便、快捷、低成本，同时还具有可清算、可追溯、能助力普惠金融等特点。

（1）可清算

本层应用的首个特点是通过链上的通证，使价值流转过程变得清晰透明，提高业务过程中多方对账的效率，实现实时链上对账、实时结算等效果。目前已有不少区块链平台在支付结算领域落地应用。

（2）可追溯

由于区块链账本对交易记录的透明特性，每笔交易的付款方和收款方都在链上进行记录，这样可以实现交易可追溯。特别是对于采用了 UTXO 的区块链系统，可花费的金额都对应之前的一笔或多笔交易输出，可以很方便地追踪到交易的全部历史记录。这种可追溯的特性可以在许多需要对资金进行追踪的领域得到很好的应用。慈善捐款就是一个典型的场景。

（3）普惠金融

如何更好地进行 KYC[⊖] 是传统金融机构一个十分棘手的问题。因为 KYC 过程存在许多难点，包括：客户资料受监管、受保护或被刻意隐瞒，需要耗费大量人力物力来提高准确度；为保证形式要件完整而使得 KYC 过程冗长；KYC 后的客户资料可能会被泄露或滥用等。

区块链对个人的价值传输网络可体现在对 KYC 的提升上。首先，利用密码学构建起的区块链体系，可以使每个用户的身份不可伪造、行为不可抵赖，形成 KYC 的数据基础。其次，可以利用区块链的点对点支付功能，快速进行个人资产可信交换。最后，基于区块链上的各类可信数据，区块链可逐步构建出真正的普惠金融体系。

2. 价值传输网络面临的挑战

尽管用区块链实现一个价值传输网络是较为典型和较早落地的一类应用，但在实践中仍有一些挑战，主要包括以下三点。

（1）如何保持传输价值稳定

价值传输网络需要在两方面保持稳定：一方面应确保价格稳定，而不是随着数字货币媒介波动而波动；另一方面应保证价值可用，当传输的不是法币时，接收方是否同意并可正常使用。

⊖ KYC 全称为 Know Your Customer，指对用户账户进行包括实名认证在内的审查。

这个挑战的解决方案包括通过对冲工具来稳定价值，以及使用稳定加密货币。在稳定币的基础上，可能还会有新的解决方案，例如法定数字货币，这是指由国家推出的数字货币，具有法币地位，可直接用作支付。

（2）如何保证交易合法性

区块链天然带有一定的匿名性，用户只需持有私钥即可控制其在链上的资产及相关信息。也有一些加密货币以匿名、隐私保护作为其主要实现思路。但隐藏了交易具体信息的同时，这些加密货币也可能被用来实施金融犯罪，因此需要引入现实世界中的监管。解决思路之一是加入 KYC/AML [⊖] 的流程和进行匿名性和可监管性的平衡。

（3）如何提高交易安全性

价值传输网络由于自身的价值属性，会吸引更多的恶意攻击。首先在于技术开发过程中，目前有比较多的办法可以尽量避免系统出现安全漏洞，包括传统测试中常采用的白盒测试、黑盒测试等。其次在于社区，可以调动社区力量来提高安全性，比如推出漏洞奖励机制。现在很多软件公司都会推出这种发现漏洞即给予奖励的机制，也衍生出了白帽黑客这种职业，他们专门为系统发现漏洞。

3.6.3 通证激励体系

通证（Token）是以数字形式存在的权益凭证，它通常以区块链技术为载体。通证实际上代表着一种权利，可以在特定的场景或者时间内生效、使用。通证激励体系是基于价值传输网络，根据实际的应用场景定制化生成的原生通证而产生的。这一层级应用的显著特点是在区块链上引入了通证经济学的激励机制。根据真实业务场景应用，以区块链通证为价值载体而建立的通证激励体系可视作一种升级版的会员积分计划。

通证激励体系可实现的特性主要有两个方面。

1）充分调动各个关联方的贡献。

2）优化资源分配。

这些特性虽然在传统会员积分中也有所体现，但仍存在一些缺陷，可以通过区块链模式的通证激励体系进行完善。

将区块链技术引入顾客忠诚度计划和会员积分系统，是通证激励应用体系的典型思路。在传统的销售模式下，顾客获取会员积分最重要的途径就是进行购物消费，商家一般会根据消费金额的大小进行相应积分的发放，而积分的使用场景，往往也是通过重复购物享受优惠来实现。随着互联网平台模式的发展成熟，企业对多种行为贡献进行奖励来提高入口流量以及用户黏性，结合消费和广告等形式达到变现目的。随着互联网营销模式进一步演变和创新，会员积分已经不仅仅是终端消费者的忠诚计划，也可以成为渠道商和分销合作伙伴的激励管理手段。例如以阿里妈妈、京东和拼多多为代表的电商淘客平台，通过佣金分发奖励推广行为，既提高了电商平台的精准营销效率，又满足了合作伙伴对圈层生态建设和推广等服务的需求，而且还使得消费者能以更优惠的价格购买到电商平台上同等质量的商品，一举多得。结合区块链积分建立的通证激励应用体系，从"购物挖矿"到"行为挖矿"，目前已形成一些较为典型的案例。

通证激励体系的设计牵涉面较广，具有不少挑战，主要包括以下几方面。

⊖ AML 全称为 Anti Money Laundering，指反洗钱。

1. 如何合理定义激励点

这一挑战本质是关于通证应如何产生的问题，包括如何合理定义激励点以及如何平衡冷启动与可持续性。

表 3-4 是业务瓶颈及对应的通证激励思路，合理定义通证激励，可以从对业务发展的分析入手，判断阻碍业务进一步发展的瓶颈所在，有针对性地对其进行激励。

表 3-4　业务瓶颈及对应的通证激励思路

业务情况及瓶颈	通证激励（挖矿）思路及示例
业务起步阶段	缺少生产资料，奖励提供生产资料，例如贡献数据、贡献存储等
业务开始拓展阶段	缺乏生产力支持，奖励生产力贡献，例如贡献 GMV、贡献收入等
业务推广传播瓶颈阶段	奖励传播推广行为，例如分享、邀请好友等

应对各阶段瓶颈的关键应在于平衡好激励体系中对于激励冷启动与保持可持续性的关系，例如可建立产量递减的模型：在冷启动阶段，给予早期参与贡献者更高的奖励；但系统不能一直保持这样高水平的奖励，在冷启动过后应逐渐降低早期红利直至消失，从而建立起系统可持续性。

2. 如何赋予通证价值

在通证经济设计体系中，通证本身所代表的价值需要进行合理设计，一方面应保证足够多的价值，对用户形成足够的吸引力；另一方面价值应合理适度。除利用市场化手段进行通证价格调节外，通证具有的内在价值可随着使用场景及未来表现的变化而变化。

3. 如何保证通证流动性与保值性的平衡

用户在使用通证时可能会同时出于多种需求，比如使用上的流动性与持有上的保值性等。平衡好这一关系的一个解决办法是，让通证发行的速度与通证使用的速度相匹配，使得整个系统的通证供给与需求达到平衡状态；另一个解决办法是，设计好通证使用权益与持有权益的均衡比例。

3.6.4　资产数字化

资产数字化是通证激励体系的高级应用形态，但可应用的概念范围也最为广义化，因为任何资产都可以上链，并且具有以下特点与优势。

1）链上的通证背后有实际资产作为支撑，是资产的数字化形式，并不是凭空生成的。

2）大额不可拆分的资产在数字化之后，将形成可拆分的所有权（Fractional Ownership）。

3）资产数字化之后可自由流通。

4）数字化资产可以全球性流通，没有国界限制，资产间交互性更强。

5）数字化资产可编程性强，可实时清算交割，且清算交割的成本较低。

6）可较为便捷、低成本地实现 KYC/AML，资产交易可以实现自监管。

但由于资产数字化常常具备诸如物权、债券和收益权等典型证券属性，目前还处于相关监管部门不断探索的阶段。首先，有价资产可以进行上链，并产生可拆分的所有权，比如 TUSD 等稳定币是抵押美元生成的数字资产，也可以对黄金、房产甚至证券等有价资产进行数字化上链。其次是无价资产的数字化，它主要是无形资产的上链，每一项资产可对应一个唯一的通证

（Non-Fungible Token, NFT），如一张证书、一首原创音乐、一件游戏装备，在上链之后可以产生更强的流通性。

当前资产数字化面临的挑战及解决方案如下。

1. 监管政策还不成熟

尤其是对于证券型的通证，目前部分国家政策较为空白，对于标准的界定、牌照的审核都还在摸索中。另外，合规监管政策可以写入智能合约实现自监管，但不同国家的证券标准和要求有所不同，如何统一标准也是一个问题。

2. 何规避短时间内积累的大量风险

通证经济体系所带来的流动性增长，会在短时间内积累出大量的风险，如何规避是需要重点关注的一个问题。

解决思路及办法可具体问题具体分析，包括并不限于以下几点。

1）适度建立流通门槛，例如大规模流通的项目需要先经过小范围试运营。

2）加强审核机制，包括牌照与项目本身的审核。

3）设立投资者准入门槛，加强用户及投资者教育。

4）针对早期项目给予辅导。

基于多种解决方案的组合，区块链应用层可以更好地承载区块链应用。本书第 7 章还将对具体的应用给出更多案例。

本章小结

本章介绍了区块链的五层模型，并详细介绍了数据层、网络层、共识层、合约层和应用层，以及层级间的关系。区块链分层模型可以帮助人们将复杂问题拆分成若干个小问题，有助于通用化和标准化工作的开展。

思考题与习题

3-1 区块链分层模型包括哪几层？它们的顺序是什么？试用图示表述。

3-2 在数据层中，一个完整的比特币区块数据结构应该包括哪几部分？

3-3 现今主流的区块链数据模型主要有哪几类？各有什么特点？

3-4 区块链为什么通常需要使用点对点网络？

3-5 在共识层中，节点通过什么方式达成一致性？

3-6 PoW、PoS 和 BFT 三类共识机制中，达成一致性过程的区别是什么？

3-7 假设在一个具有 19 个节点的 BFT 共识中，为了保证系统可用，其拜占庭节点数量最高不能超过多少？为什么？

3-8 合约层中的智能合约需要满足哪些特性？为什么？

3-9 应用层中价值传输网络的特点是什么？现在面临的挑战有哪些？

3-10 通证激励体系希望实现的特性是什么？对于业务起步阶段以及对业务开始拓展阶段来说，通证激励策略又该有什么不同？

参考文献

[1] DAVIES H, BRESSANB. A History of International Research Networking: The People who Made it Happen[M].New York: John Wiley & Sons, 2010.

[2] SATOSHI N. Bitcoin: A Peer-to-Peer Electronic Cash System.[DB/OL],（2008）[2020-6-29]. https://bitcoin.org/bitcoin.pdf.

[3] BUTERIN V. Ethereum white paper[J].GitHub repository, 2013, 1: 22-23.

[4] MERKLE R C.Digital signature system and method based on a conventional encryption function:U S Patent 4881264[P/OL].1989-11-14[2020-6-29].https://www.freepatentsonline. com/4881264.html.

[5] MERKLE R C.Method of providing digital signatures: US patent 4309569[P/OL].1982-1-5[2020-6-29].https:// www.freepatentsonline.com/4309569.html.

[6] RICHARD G B,et al. Corda: anintroduction[R/OL].（2016-08）[2020-06-29]. https://www. researchgate.net/publication/308636477.

[7] MCCONAGHY T, MARQUES R, MÜller A ,et al. Bigchaindb: a scalable blockchain database[R/ OL].（2016）[2020-06-29].https://www.bigchaindb.com/features/.

[8] CACHIN C. Architecture of the hyperledger blockchain fabric[C].Workshop on distributed cryptocurrencies and consensus ledgers,2016,310: 4.

[9] 腾讯研究院 . 腾讯区块链方案白皮书 [R/OL].（2019-10-21）[2020-06-29].https://www. hellobtc.com/d/file/201910/e5fd4d6aabe116c32d36fc76c9c170fc.pdf.

[10] RATNASAMY S, FRANCIS P, HANDLEY M ,et al. A scalable content-address able network[J]. ACMSIGCOMM Computer Communication Review, 2001, 8（31）: 4.

[11] STOICAI, MORRIS R, KARGER D ,et al. Chord: A scalable peer-to-peer lookup service for internet applications[J].ACMSIGCOMM Computer Communication Review, 2001, 31（4）: 149-160.

[12] ROWSTRON A, DRUSCHEL P. Pastry: Scalable, decentralized object location, and routing for large-scale peer-to-peer systems[C].IFIP/ACM International Conference on Distributed Systems Platforms and Open Distributed Processing, 2001: 329-350.

[13] ZHAO B Y, HUANG L, STRIBLING J ,et al. Tapestry: A resilient global-scale overlay for service deployment[C].IEEE Journal on selected areas in communications, 2004, 22（1）: 41-53.

[14] MAYMOUNKOV P, MAZIERES D. Kademlia: A peer-to-peer information system based on the xormetric[C].International Workshop on Peer-to-Peer System, 2002: 53-65.

[15] NICK S. Smart contracts: building blocks for digital markets[J].The Journal of Transhumanist Thought, 1996, 18（16）: 21-23.

[16] ROHIT C.Blockchain Scalability Solutions[R/OL].（2020-03-08）[2020-06-29].https:// hackernoon.com/blockchain-scalability-solutions-an-overview-qug032ud.

第4章 比特币
——区块链的首个应用

导　　读

基本内容：

　　比特币（Bitcoin）是区块链技术的首个应用。它不仅有严谨的区块内部结构，而且区块之间还通过哈希指针相链接，这也是区块链名称的由来。比特币是典型的区块链技术应用，其他众多的区块链项目与平台都是在比特币技术的基础上陆续发展起来的。

　　本章以比特币技术发展历程和点对点无中介支付体系为基础，介绍了比特币的技术实现原理，并对比特币区块数据结构、转账交易记账方式、钱包分类和地址生成、UTXO、公私钥椭圆曲线算法模型等重要概念进行了剖析，还介绍了比特币的双花问题和分叉问题。通过学习比特币区块链的具体实现方式，可以更好地了解区块链技术的来龙去脉和典型特征，更深入地了解区块链技术的运作原理。

学习要点：

　　了解比特币的发展历程；充分理解比特币区块结构和记账原理；掌握比特币 UTXO 模型基本原理；理解比特币解决双花问题的基本原理；掌握比特币钱包原理和比特币地址生成；掌握比特币椭圆曲线算法公私钥生成的基本原理；了解比特币升级的两种方式——软分叉和硬分叉。

4.1　比特币概述

　　比特币（Bitcoin）既指一种数字资产，也特指一种点对点的电子现金系统。比特币正是这个网络上发行的原生数字资产，它既作为节点奖励也作为交易手续费载体。

　　比特币的供应量是由该软件及其底层协议所确定的，所有比特币都是通过新区块的挖矿奖励形式发行的。首批发行的比特币就是创世区块产出的 50BTC，自此开始每个新区块都会带来新发行的 50BTC。但是，比特币的区块奖励是逐渐减少的，每 21 万个区块后奖励会减半，按照比特币大约 10 分钟出块的时间间隔来算，区块奖励减半每四年发生一次。最终，累计有 2100 万个比特币流入到比特币网络，这也是比特币的发行数量上限。同时，比特币协议规定了比特币的最小货币记账单位是 0.00000001（一亿分之一）比特币，称为"1 聪"，保证了它可以处理足够的小额记账。

在格林尼治标准时间 2009 年 1 月 3 日 18 点 15 分 5 秒，高度为 0 的比特币创世区块诞生。在这个区块上，中本聪（Satoshi Nakamoto）留下了当天《泰晤士报》的头版文章标题——2009 年 1 月 3 日，财政大臣正处于实施第二轮银行紧急援助的边缘。

中本聪于 2009 年 1 月 9 日发布了比特币 0.10 版的源代码，当日诞生比特币第二个区块，并与序号为 0 的创世区块相连接形成了链，标志着比特币区块链的诞生。2009 年 1 月 12 日，中本聪在高度为 170 的区块中给比特币软件的早期开发者之一哈尔·芬尼发送了 10BTC，这成为比特币历史上的首笔转账交易。2009 年 12 月 30 日，比特币挖矿难度首次增长。为了保持每 10 分钟 1 个区块的恒定出块速度，比特币网络将在每挖出 2016 个区块后进行一次挖矿难度调整。

2010 年 8 月 15 日，比特币网络曾出现了一次增发事件，一个不知名的黑客在高度为 74638 的区块中利用整数溢出漏洞生成了 1840 亿枚比特币并发送到两个比特币地址上。鉴于 BTC 设计的总供应量上限为 2100 万，忽然增加了 1840 亿个币无疑是一项较大漏洞。这笔非法交易很快就被发现，事件发生后 5 小时内，中本聪就发布了 0.3.10 版本的客户端，开始用有效区块替代缺陷区块，这是加密货币"硬分叉"的一个早期例子。

2011 年 4 月 21 日，比特币官方发布了重要的 0.3.21 版本。首先，由于它支持 uPNP，实现了 P2P 软件的能力，让比特币真正使任何人都可以参与转账。其次，在此之前比特币节点支持的最小货币单位只是 0.01 比特币，而这个版本真正支持了 1 聪为最小记账单位。

2011 年 6 月 29 日，比特币支付处理商 BitPay 推出了第一个用于智能手机的比特币电子钱包。同年 7 月 6 日，一个免费的比特币数字钱包 App 现身安卓应用商店。

比特币系统开始于中本聪在 2008 年发表的比特币白皮书，比特币的首次软件运行是中本聪在 2019 年 1 月 3 日自己编程实现并发布比特币的首个区块。在比特币发展的早期，中本聪是比特币核心软件最主要的贡献者和管理者。所以，中本聪也被称为"比特币之父"。比特币是中本聪的一个创新性实验，他与外界的联系也仅限于电子邮件、在比特币论坛上的讨论等，但只持续了短短的两年多时间。2010 年 12 月 13 日，中本聪最后一次登录比特币论坛，从此以后，他就再未公开在论坛上发表观点。普遍认为中本聪可能是一位密码学专家，但是却无法知道他究竟是谁，甚至无法彻底搞清楚中本聪是一个人的化名，还是一群人的共同化名。

4.2　无中介支付体系基础问题

比特币是一个无中介的支付体系，也是第一个成功实践的加密货币支付体系。从 20 世纪 90 年代开始，有很多密码学者不断尝试设计一种无中介的电子货币支付体系，但是都没能取得成功，直到比特币系统的出现。作为一个无中介支付体系，需要解决如下六个基础问题。

1. 如何记账

作为一个无中介支付体系，首先要解决如何记账的问题，包括由谁来记账才能保证系统的公平公正，怎么样能吸引足够的人来参与记账活动，如何来保证系统记账活动的持续稳定性与安全性。

2. 如何确保账目不可篡改

作为一个支付体系，不仅要保证记账的公平公正，还必须要确保所有的交易记录不会被篡改。

3. 如何注册和产生账户

无中介支付体系必然涉及账户之间的价值转移。如何在没有中介的情况下安全地进行账户的注册，确保账户拥有者对账户的绝对控制权也就成了必须解决的又一个问题。

4. 如何转账

如何转账是无中介支付体系需要处理的一个核心问题，在转账过程中需要保证用户对自己财产控制的安全性。

5. 如何防止资产被双花

双花问题是数字货币所要面临的一个独特问题，在比特币出现以前也困扰了数字货币设计者很多年。在物理世界中，如果一个人花费现金就需要把自己原来持有的现金交给对方，不存在把同一笔现金消费两次的问题。在数字世界中，数字货币是以数字形式存在的，容易被复制，使得一笔数字资产存在被多次重复使用的可能性，这也就是数字货币的双花问题。要设计一个可行的记账系统，就必须解决双花问题，杜绝数字资产被重复消费。

6. 如何更改协议

一个无中介支付体系也是一个网络协议体系。无论是出于主动提升系统性能的目的，还是为了解决运行过程中暴露出来的安全漏洞，都需要对协议体系进行更改。由于组成节点众多，一个网络协议体系的更改远比单一节点上的软件升级要复杂得多。

4.3 比特币实现原理

比特币区块链是首个软件系统成功运行起来的区块链网络，多数的区块链均是以其为蓝本进行改进、优化、迭代而成的。掌握比特币的实现原理，有助于理解与掌握区块链系统的一般实现原理，了解这些区块链为何可以支持资产的转账交易与结算。

2009 年 1 月 3 日，在比特币区块链网络首次上线运转的时刻，它就已经包括了公有链的三个组成部分：一个分布式网络、一个分布式账本以及基于它们的价值表示物。在这个网络里，价值表示物是加密货币比特币，在其他区块链网络中有的也用通证作为价值表示物。与公有链对应的联盟链或许可链，则是根据使用场景对公有链网络进行调整而成的，在它们的网络中不再是免许可的，因此通常不需要具有全局的可互换的价值表示物。

本节将按如下主题讨论比特币区块链网络的实现。

1）比特币的数据结构。

2）比特币的记账方式。

3）比特币钱包与比特币地址。

4）比特币的转账交易。

5）比特币成功解决双花问题。

6）比特币协议的升级。

开始讨论之前，首先简述一下比特币区块链系统作为一个技术系统要解决的问题和它实现过程中的难题。

1. 电子现金系统

比特币区块链要实现的目标是创建一个点对点电子现金系统。在技术上，它能够在没有集中式机构的情况下发行电子现金，能够支持个人与个人之间的转账交易。推而广之，这样的技术系统可以用于任何价值表示物的无中介发行与点对点交易。

2. 区块链账本

一个电子现金系统的关键是一个账本，用来记录"谁拥有什么"。具体说，所有的区块链账本记录的都是从最初状态开始的每一个转账交易，之后在此基础上形成"谁拥有什么"的记录。比特币区块链账本是记录从最初时刻即创世时刻开始后的所有交易明细的底账（Ledger）。

3. 分布式

比特币区块链系统要实现的目标更准确地说是创建一个点对点的电子现金系统，转账交易时无须任何"可信第三方"（Trusted third party），实现方式是通过点对点的对等网络与公开的分布式账本取代中间人。那么，在无中心的对等网络中，区块链账本用什么机制来维护？换言之，如何对账本的更改（对区块链账本来说仅是添加）达成一致呢？比特币区块链的解决方法是，由一组记账节点通过工作量证明（Proof-of-Work，POW）共识机制来维护。记账会获得比特币网络提供的币基（Coinbase）奖励，这个行为很类似于现实生活中的挖取矿藏的行为，因此这些节点也常常被比作为"矿工"。工作量证明机制是开放的，任何人都可以自由加入和退出，这是无须许可的。

4. 发行机制与安全机制

工作量证明即通过算力竞争来获得初始发行的比特币，成了比特币网络这个电子现金支付系统所需要的去中介化发行机制。算力竞争与经济激励的组合，亦成了比特币网络的安全机制。

总之，比特币区块链系统是用技术和经济激励结合的方式，建立一个点对点的支付网络，维护一个分布式的区块链账本，实现价值的记录与转账，并把安全性嵌入系统设计之中。

4.3.1　比特币的数据结构

1. 比特币的链式数据结构

比特币是最早的区块链技术应用。如图 4-1 所示为比特币的链式数据结构示意图，区块通过哈希指针按照时间顺序单向链接起来形成了一条区块链。每一个比特币区块都包含区块头和

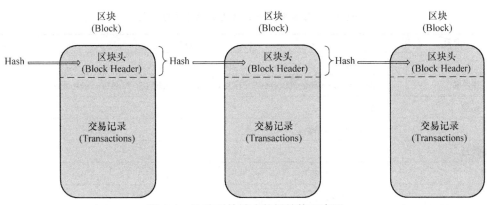

图 4-1　比特币的链式数据结构示意图

交易记录两个部分。所有的交易记录通过 Merkle 树形式生成 Merkle 根，这个 Merkle 根作为一个字段，被存放在区块头当中。如果在交易记录中有任何改动，都会导致 Merkle 根的不一致。除了创世区块以外，所有的比特币的区块中都包含父区块（区块头）的哈希值，保证以往所有区块数据的真实有效，不可篡改。

比特币和以太坊采用相似的哈希函数和树形数据结构，但两者有着微小又重要的不同。比特币与以太坊的部分异同点比较见表 4-1。

表 4-1　比特币与以太坊的部分异同点比较

异同点	比特币	以太坊
哈希函数	SHA-256	Keccak-256
全局状态数据结构	一棵默克尔树（Merkle Tree）	三棵默克尔帕特里夏树（Merkle Patricia tree）
椭圆曲线加密算法	secp256k1	secp256k1

2. 比特币的区块头数据结构

比特币区块链的一个区块主要由两大部分组成——区块头和交易数据。一个区块头包括 80 个字节，交易数据则不固定，最高可以达到 1MB 左右（在 2020 年发布的 Bitcoin Core0.20 版中）。比特币区块具体组成字段及其含义见表 4-2。

表 4-2　比特币区块具体组成字段及其含义

数据域	描述	长度
幻数（Magic No.）	区块分隔符，其值为常量 0xD9B4BEF9	4 字节
区块大小（Block Size）	当前区块占用字节数	4 字节
区块头（Block Header）	当前区块的头部信息	80 字节
交易计数（Transaction Counter）	当前区块包含的交易数量	1~9 字节
交易记录（Transactions）	当前区块记录的交易细节，并且交易记录在数据流中的位置必须与 Merkle 树的叶子节点顺序一致	可变

当在比特币区块浏览器中查看区块的信息时，可以用哈希值或区块链高度进行查询。例如查看高度为 628,888 的比特币区块，其区块信息见表 4-3。

表 4-3　高度为 628,888 的比特币区块信息

字段	数值
版本	0x20000000
父区块哈希	0000000000000000000f894505143e4b2239163addb53cbe3ed65cbdad0fc8cd
区块高度	628,888
大小	1,285,235 Bytes
交易数量	2,166
难度	131.77T / 15.96T
Nonce	0xc2e41c9c

（续）

字段	数值
时间	UTC2020-05-04 12:14:24
Merkle Root	7769681d84ebcd4b3c56b2319478381bc72fabc2a86bf9adc9c5b72bb8cc9c38
播报方	AntPool
出块奖励	12.50000000BTC
交易手续费	0.78215093BTC
交易量	2,166
块内输入笔数	6,344
块内输入数量	12,984.59182638BTC
块内输出笔数	6,523
块内输出数量	12,997.09182638BTC

这个区块的区块大小是 1,285,235 字节，包括了 2166 个转账交易，其中涉及的总交易额约为 12,984.59 枚比特币，另外生成这个区块的矿工（矿池）是 AntPool，它还额外获得了 12.5BTC 的区块出块奖励，并获得了 0.78215093BTC 的交易费奖励。在区块浏览器中，还可以看到其中每一个转账交易的详情。

一个矿工在挖矿时，它的任务是按照规则打包形成 Merkle 树形式的数据与区块头，然后进行反复的哈希计算，获得符合目标值要求的头部随机数与币基交易随机数。

比特币区块链的数据是由一个个区块组成的，而区块所存储的就是 10 分钟内的交易。要说明的是，如果当前 10 分钟内的转账交易较多，一些转账交易也可能不被包括，而被延迟到之后的区块中。

图 4-2 给出了一个区块链网络基本结构，区块链网络由众多的记账节点来维护，一般用户依靠节点访问服务使用这个网络。比特币区块链系统正是这个典型的结构。以太坊区块链的改进是，它除了分布式账本之外，还提供了一个对应的计算平台，包括以太坊虚拟机（EVM）与智能合约编程功能。

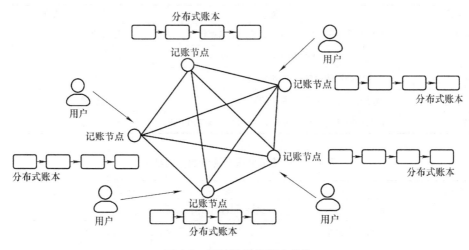

图 4-2　区块链网络基本结构

在比特币网络中有多种节点。一个比特币节点可能具备以下 4 个功能的单个或某种组合。

1）网络节点路由。

2）区块链数据库。

3）挖矿功能。

4）钱包服务。

本节前面讨论挖矿节点时，其实认为这类节点包括了全部四个功能。截至 2020 年 6 月，整个比特币网络中的活跃记账全节点约为 10000 个。

对于一般用户来说，仅仅使用用户客户端的钱包，可能并不包括区块链数据库和挖矿功能，例如常见的简单支付验证节点（Simple Payment Verification，SPV）就只有基础的钱包服务，不存储完整的区块链数据库或者提供挖矿功能。在区块链网络中也存在一些有全量区块链数据存储和路由功能的节点，但它们并不参与挖矿，这些节点也可认为是一般用户。

3. 比特币普通交易的数据结构

比特币中的交易主要可以分为两种：一种是普通交易，一种是铸币交易（Coinbase Transaction），下面分别介绍这两种交易的数据结构。表 4-4、表 4-5 和表 4-6 分别展示了比特币普通交易数据结构、比特币普通交易中的输入结构和输出结构。

表 4-4　比特币普通交易数据结构

字段	描述	长度
版本	版本号，标识本交易参照的规则	4 字节
输入计数器	包含的交易输入数量	1~9 字节
输入	一个或多个交易输入，具体参见表 4-6	可变长度
输出计数器	包含的交易输出数量	1~9 字节
输出	一个或多个交易输出，具体参见表 4-7	可变长度
锁定时间	一个区块号或 UNIX 时间戳	4 字节

表 4-5　比特币普通交易中的输入结构

字段	描述	长度
交易哈希值	指向被花费的 UTXO 所在交易的哈希指针	32 字节
输出索引	被花费的 UTXO 的索引号，第一个是 0	4 字节
解锁脚本大小	用字节表示后面的解锁脚本长度	1~9 字节
解锁脚本	满足 UTXO 解锁脚本条件的脚本	可变长度
序列号	目前未被使用的交易替换功能，设为 0xFFFFFFFF	4 字节

表 4-6　比特币普通交易中的输出结构

长度	字段	描述
8 字节	数量	比特币数量，单位是聪
1~9 字节	锁定脚本大小	表示的后面的锁定脚本长度，单位是字节
可变长度	锁定脚本	一个定义了支付输出所需满足条件的脚本

4. 比特币铸币交易的结构

所有比特币的发行都是通过铸币交易，也称币基交易。

铸币交易是一个特殊交易，是每一个比特币区块中的第一笔交易。同时，由于铸币交易的输出是出块奖励，它没有输入。它的输出指向矿工的地址，输出的金额包含两部分，一部分是出块奖励，一部分是交易手续费。例如表 4-3 中高度为 628,888 的 BTC 区块的铸币交易，就包含 12.5BTC 的出块奖励和 0.78215093 BTC 的交易手续费。

比特币 coinbase 交易数据结构见表 4-7，表中，coinbase 数据长度在 2~100 字节之间取值。在一些的区块中，"coinbase 数据"除了前面几个字节用于表示区块高度开始外，其他数据可以任意填写，例如用于比特币工作量共识机制的外部随机数（extra nonce）也就放在 coinbase 数据部分；又如中本聪在创世区块中的"coinbase 数据"中填入了当天泰晤士报头版文章的标题。

表 4-7　比特币 coinbase 交易数据结构

字段	描述	长度
版本	这笔交易参照的规则	4 字节
输入计数器	包含的交易输入数量	1~9 字节
交易哈希	不引用任何一个交易，值全部为 0	32 字节
交易输出索引	固定为 0xFFFFFFFF	4 字节
coinbase 数据长度	coinbase 数据长度	1~9 字节
coinbase 数据	在一些版本的区块中，除了需要以区块高度开始外，其他数据可以任意填写，用于外部随机数（extra nonce）和挖矿标签	可变长度
顺序号	值全部为 1，0xFFFFFFFF	4
输出计数器	包含的交易输出数量	1~9 字节
总量	用聪表示的比特币值	8 字节
锁定脚本大小	用字节表示的后面的锁定脚本长度	1~9 字节
锁定脚本	一个定义了支付输出所需条件的脚本	可变长度
锁定时间	一个区块号或 UNIX 时间戳	4 字节

如果某笔交易引用一个铸币交易输出，那么至少要等这个铸币交易被后续 100 个区块确认才可用。这样的规定是为了避免因网络分叉而导致某笔交易引用无效区块中的铸币交易输出。

4.3.2　比特币的记账方式

电子现金系统（推而广之所有的价值管理系统）的核心都是记账。以支付宝为例，作为电子支付系统，支付宝的核心是维护一系列复杂的账本，记录用户拥有的账户余额。当用户支付给商家时，它相应地修改账本，在用户的账户中减去款项、在商家账户增加款项，实现支付的功能。

比特币网络要实现三种功能。一是与支付宝相似的，比特币网络也会记录下来用户之间的转账，但两者实现的方式有一定的差异。二是支付宝不需要做的，比特币网络要以公平、长期有效的机制将每一枚比特币从无到有发行出来。对比而言，支付宝不涉及从无到有的发行，从银行转账到支付宝，支付宝对应地将钱显示为账户余额。三是保障系统的安全性，比特币网络与支付宝均要实现这一功能,但实现的方式截然不同,代表了两种相反的思路——封闭网络的安全与开放网络的安全。

1. UTXO:比特币来龙去脉的清晰记录

通常,在讨论比特币记账时,人们会特别关注记账节点,即矿工如何从无到有创建出比特币,将它作为理解比特币网络实现原理的起点。从一个人向另一个人转账的记账开始,这是所有区块链系统最基础的功能单元。

比特币白皮书[1]提到,"我们将电子货币定义为数字签名的一条链。"这句话涉及比特币网络的一个重要概念:未被使用的交易输出(Unspended Transasction Output,UTXO)。如图4-3所示为比特币链上的转账交易基本模型。

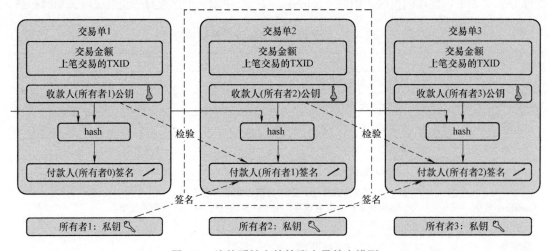

图 4-3　比特币链上的转账交易基本模型

从原理上讲,一个人可以对一个交易进行数字签名,通过这一交易将自己的一笔比特币转账给另一个人,收到这笔比特币的人可以继续重复下去。它以这样的方式实现了一个电子现金系统所需的转账功能。

从实现上讲,以图4-4所示A与其他人之间比特币交易UTXO的转移为例。假设最初的情况是,A有25枚比特币,B、C、D没有任何比特币。

1)初始状态时,A的25枚比特币是由交易0(TX0)输出的。

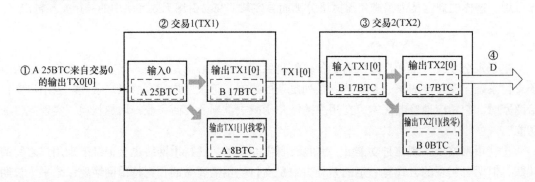

图 4-4　A 与其他人之间比特币交易 UTXO 的转移

2）A 创建交易 1（TX1），输入是交易 0 的第一个输出（TX0[0]），输出是将 17 枚比特币转给 B，8 枚转给自己。A 对交易签名后，交易成立。此时，B 拥有 17 枚比特币，是交易 1 的第一个（TX1[0]），而 A 拥有 8 枚比特币，是交易 1 的第二个输出（TX1[1]）。

3）B 创建交易 2（TX2），输入是 TX1[0]，输出是将 17 枚比特币转给 C。

B 对交易签名。此时，C 拥有 17 枚比特币，是交易 2 的第 1 个输出（TX2[0]）。B 不再拥有任何比特币。

4）类似地，C 可以将上一交易输出的比特币签名转给 D。

从这个例子中可以看到，每个人拥有的比特币实际上是那些未被使用的交易输出（UTXO）。一个账户地址中所拥有的所有比特币则是指，以它为接收方的所有交易中未被使用的交易输出的总和。

一个交易输出要么被使用，要么未被使用，而不能只使用部分。在交易 1 中，当 A 试图只把自己有的 25 枚比特币中的 17 枚转给 B 时，他使用了交易 0 的全部 UTXO（25 枚），此交易中，他将 17 枚的接受方设为 B，8 枚的接受方设为自己。在此交易后，他拥有的 8 枚比特币是交易 1 的未被使用输出（TX1[1]）。这相当于在现实生活中，某人要付 90 元，他用一张 100 元的人民币纸币付钱，10 元找零是返给他一张 10 元的纸币。

总的来说，比特币账本就是一个数据块组成的链条，其上记录了一笔笔交易，每一个比特币都是某笔交易的 UTXO。

以太坊区块链是对比特币区块链系统的一个主要迭代。表面上看，它不再使用 UTXO 的方式，而采用了更接近于人们熟悉的银行账户的概念，每个账户拥有的以太币是账户的余额。但从深层看，以太坊区块链并没有改变“将电子货币定义为数字签名的一条链”这一方式。以太坊的账户可以说是在 UTXO 基础之上的一种抽象与改造。

2. 区块奖励：所有比特币的初始获得方式

在上述的例子中，A 是如何获得初始状态的 25 枚比特币的呢？在整个比特币区块链网络中，比特币是如何从无到有出现的呢？

在 2009 年比特币网络上线的创世时刻，整个网络中没有一枚比特币。在第一个区块即创世区块中，比特币网络将 50 枚比特币奖励给成功记录这一区块的节点，也就是比特币创始人中本聪的节点。在此之后，每一枚比特币都是以同样的方式被从无到有创造出来的。

上述交易中的交易 0（TX0）是一个特殊的交易。它的输入是 0，输出是将 25 枚比特币转给 A，A 是记账矿工，这一交易不需要任何人签名。通过这个交易，25 枚比特币被凭空发行出来的。在之前讨论数据区块的结构时可以发现，在每个区块中均有一笔这样的交易，这就是前文提到的铸币交易。

总的来说，比特币网络的核心设计是相互咬合在一起的两个组件。

1）组件一是把交易记录起来的区块和把区块串起来的链条。其中，交易中未被使用的输出（UTXO）即是比特币。

2）组件二是确保这些记录的一致性（各方均认可）、安全性（不会被篡改）的共识机制，也就是根据算力竞争奖励区块生产者的机制。其中那些铸币交易的 UTXO 是所有 UTXO 的起始点。

目前，公有链的共识机制有 POW（工作量证明）、DPOS（委托权益证明）等机制，但回归到本质，几乎所有公有链的共识机制的经济激励均是从无到有生成区块奖励（Block Reward）

给成功记账的节点。但是其中也有区别，例如用何种方式决定谁是区块生产者，按何种数量规则给予奖励等。

3. 记账奖励与"减半"设计

比特币区块链组织数据的基本结构是使用哈希指针的链表。如图 4-5 所示为比特币区块内的交易数据，一个数据区块的主体部分是多个交易按规则组成的数据，而每个区块的头部有一个指向上一个区块的哈希指针。通过哈希值和上一个区块数据对比，可以判断上一区块的数据是否被篡改过。

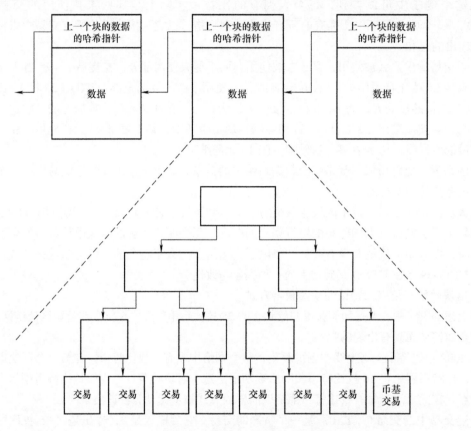

图 4-5　比特币区块内的交易数据

在比特币网络中，记账节点需要约每 10 分钟将这段时间的交易打包成备选区块，并按规则添加到链上最后的区块之后，成为正式区块。成功创建新区块的记账节点将获得记账奖励。记账奖励分为两个部分：一是区块奖励，即由铸币交易从无到有发行新比特币给记账节点；二是区块中包含的所有交易付给记账节点的交易费。当然，截至比特币第三次减半，记账奖励中仍是区块奖励占大部分。

在比特币网络的区块奖励设计中，最初每个区块的奖励是 50 枚比特币。经过 210,000 个区块，即约每四年，区块奖励减半，如图 4-6 所示比特币的供给曲线，从 2009 年开始到 2020 年，比特币的区块奖励减半情况如下。

1）2009 年 1 月 3 日 ~2012 年 11 月 27 日，区块奖励为 50 枚比特币。

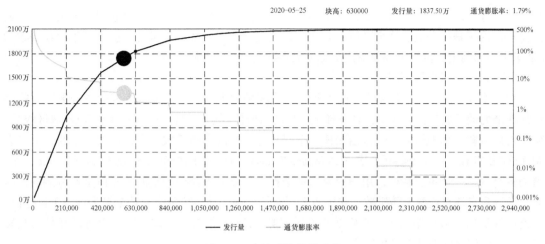

图 4-6　比特币的供给曲线

2）2012 年 11 月 28 日~2016 年 7 月 9 日，区块奖励为 25 枚比特币。

3）2016 年 7 月 10 日~2020 年 5 月 12 日，区块奖励为 12.5 枚比特币。

4）2020 年 5 月 13 日之后的未来四年，区块奖励为 6.25 枚比特币。

约在 2140 年，网络中将产生第 693 万个比特币区块，区块奖励将 1 聪变为 0，也就是不再有新的比特币流入比特币网络。矿工的收入将完全来自每笔比特币转账交易费用，交易费用只是比特币在账户之间的转移。由此可以估算，比特币的总发行量为 2100 万枚。记账节点愿意投入资金购买专用服务器（也称"矿机"）、耗费电力争夺记账权，正是因为记账权所对应的记账奖励，特别是其中的区块奖励。

4.争夺记账权

那么，在众多的记账节点中，谁可以获得记账权呢？

比特币区块链是一个免许可的分布式网络，任何人都可以下载比特币客户端软件，在计算机上运行它，从而加入比特币网络，参与记账权的竞争。决定谁可以获得记账权的，是比特币网络的共识机制即工作量证明。

区块链的共识机制是分布式共识（Distrubited Consensus）的升级，它融合技术和经济两种逻辑。分布式共识是分布式网络的关键机制，用来确保分布式网络中各个节点的数据是一致的。更重要的是，它要在有恶意节点的情况下，仍确保整个分布式网络能够达成一致。分布式共识协议的定义如下 [3]。

在一个有 n 个节点的系统中，每一个节点都有一个输入值，其中一些节点具有故障，甚至是恶意的。一个分布式共识协议有以下两个属性。

1）输入值的最终决定须经所有诚实节点来确定。

2）这个输入值必须由诚实节点来生成。

在比特币网络之前，分布式共识的主要机制是通过技术来实现，而比特币网络的创新是，它的分布式共识是通过技术和经济的融合来实现的。它们结合起来的方式就是比特币的工作量证明。比特币网络的共识机制由围绕工作量证明展开的三部分组成。

（1）前奏：区块奖励

记账节点有动力参与共识的达成并保持诚实的核心是区块奖励。比特币网络作为分布式系统，它的分布式共识不只取决于技术上的可靠性，更是受到经济激励（及惩罚）的规范。正因为比特币网络是一个电子现金系统，它才可以便利地引入经济激励机制。引入原生的经济激励（数量由内部确定、价格由外部确定）是绝大多数公有链的共同特点。

（2）核心：工作量证明

第3章3.4节中已经介绍了一些工作量证明相关的内容。一个节点生成的备选区块要能够添加在链的最后成为正式区块，其条件是区块的哈希值要小于目标值。在组装完成备选区块后，矿工可以调整两个随机数来使得哈希值小于目标值，这两个随机数一个是区块头中的一个二进制32位随机数，一个是铸币交易（Coinbase Transaction）中的外部随机数（Extra Nonce）。哈希函数有这样一个主要特征，用户想有意地选择一个输入去获得给定的哈希值是不可能的，因此，矿工只有调整这两个随机数，遍历所有可能性，逐一计算哈希值，看结果是否小于目标值，才能最终试出一对可用的区块头中的头部随机数（Nonce）与区块体中第一笔铸币交易的交易记录字段中包含的外部随机数组合。

在挖矿过程中如果改变区块头中的随机数数值，只需要直接计算一次SHA-256函数。但是如果改变铸币交易中的外部随机数，整个Merkle树上交易的哈希值都会改变，包括Merkle根都需要重新计算，然后再计算一次SHA-256函数。这样就导致改变随机数的值与改变外部随机数的值带来的计算量差异很大。所以，矿工们只有在遍历了随机数的所有取值范围以后仍然未能成功的情况下，才会尝试去改变铸币交易中的外部随机数。工作量证明中的"工作量"，正是指哈希计算工作量。

（3）后续：最长链原则

当一个矿工首先得到一对有效的随机数和合格的区块后，向全网广播。其他记账节点接受它的方式是，以这个区块作为既有的最后一个区块，在其后添加新区块，这是由最长链原则来约束的。在一个区块链中，有时会出现意外的分叉变为两条链，这时拥有最多区块数的那条最长的链才是有效的。因此，其他节点的理性行为是在这最后一个区块后继续增加新的，因为在一个落后的链上增加的区块都是无效的。

要注意的是，实际上在某个具体时刻，如果几乎同时出现多个合格的区块，其他节点并不能确认哪个区块会形成正式的链。此时的转账就会变得不够安全，对于准备接受支付的一方来说，它有时会选择等待六个区块之后（约1小时），才承认一笔支付的有效性。因为某区块之后又挖出六个区块，极大概率网络中已经选出了最长链，该区块再被更改的可能性几乎为零。

5. 挖矿难度的动态调整：保证新区块的稳定生成

下面更具体地讨论如何形成一个合格的区块。通过工作量证明形成正式的区块，就是要让区块的哈希值小于目标值（Target）。要注意的，每个记账节点只要在满足所纳入的交易不超过区块大小限制的条件下，都可以自由地选择纳入区块交易，也可以自行决定如何组合，因此这也是一个变量。当然，对于单一记账节点已经组装好的备选节点来说，这个变量可以认为是固定的，只是各个节点之间不一定相同。

比特币区块链的每个区块中存储有一个8位长的16进制的数，前两位表示指数，后六位表示系数，由它可以计算出目标值。通常说的难度，是指当前挖出一个区块链的难度与第一个区块（创世区块）的难度的比率。2020年4月一个区块的情况如下。

区块高度：624,946

难度：13.91万亿

哈希值：

0000000000000000000012a5c06ba9f4b57e8338efa785ccf732a869bffe8ced52

时间戳：UTC2020-04-08 06:52:34

此时刻全网算力是 99.59 EH/s，也就是每秒可以进行 9.959×10^{19} 次哈希计算。

而到了 2020 年 6 月底，网络中的算力上升到了 125.12EH/s，但是比特币网络的新区块挖掘时间仍在平均 10 分钟左右。

约 10 分钟生成一个新区块，这好比是比特币区块链的"心跳"。但是，全网的算力在持续地变化，如何保证这个 10 分钟的心跳节奏呢？

比特币区块链实现这一点的方式是难度调整机制，每 2016 个区块后，会根据这 2016 个区块生成的时间调整难度，确保心跳间隔始终在 10 分钟左右。

难度调整公式是：

下一个难度 =（上一个难度 ×2016×10min）÷ 上一个产生 2016 个区块所花费的时间。如图 4-7、图 4-8 是比特币区块链网络从诞生至今的挖矿难度值和全网算力变化。

图 4-7　比特币区块链挖矿难度值（T）（截至时间 2020 年 7 月）

图 4-8　比特币区块链全网算力（EH/s）（截至时间 2020 年 7 月）

按每 10 分钟一个区块产生 2016 个区块的时间约为两周，即比特币区块链约每两周调整一次难度。由图 4-7 和图 4-8 可以看出，随着全网中加入的记账节点算力的提高，难度逐渐增加。

但是，在算力减少的时期，比如在 2018 年 10 月、2020 年 3 月，难度也会向下调整。

关于比特币记账方式总结如下。

1）比特币区块链系统是一个用于电子现金的记账系统，它记录交易，并用交易的未使用输出（UTXO）来表示一种电子现金。

2）比特币区块链系统是一个点对点对等网络，主要参与者是挖矿节点。它通过区块奖励、工作量证明与最长链原则来确保账本的一致性与安全性。

3）在算力波动的情况下，比特币区块链系统通过难度与难度调整机制来确保整个系统的安全，并保持 10 分钟的"心跳"频率。

4.3.3　比特币钱包与比特币地址

1. 公钥、私钥与地址

对一般用户来说，比特币区块链系统是一个点对点的电子现金系统。一个人可以通过它掌控一种电子现金的所有权，也可以在人与人之间进行这种电子现金的转账。比特币区块链以及一些其他类似的区块链系统，是如何在没有中介的前提下解决传统系统中的账号注册和验证问题呢？答案很简单，它们通过公钥、私钥、地址、数字签名等密码学手段建立起一套可以独立运行的体系。

公钥（Public Key, PK）、私钥（Private/Secret Key, SK）、比特币地址（Bitcoin Address）背后是区块链的基本原理的另一大部分。下面从使用场景开始介绍，如图 4-9 所示为两个人之间的比特币转账交易。

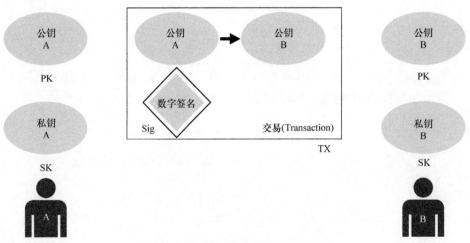

图 4-9　两个人之间的比特币转账交易

1）私钥与所有权。当 A 转比特币给 B 时，比特币从 A 地址"转移"到 B 地址。此后，这些比特币只有用 B 的私钥才可以动用。

2）数字签名。当 A 转比特币给 B 时，A 创建一个从 A 地址到 B 地址的交易，用 A 的私钥进行签名，即生成一个数字签名。这个不可否认的数字签名表明，A 同意了这个转移交易。

3）公开的数字签名，保密的私钥。数字签名是公开的，其他人可以用交易（包含了 A 地址、B 地址）、数字签名来验证，了解其的确同意了这一交易，但又无法篡改。私钥仍然是保密的，从交易、数字签名无法倒推或知晓这个人的私钥。

普通人通常直接接触的只有地址和私钥，地址是由公钥计算而得的，是公钥的变形，这里在一些情况下把公钥和地址等同。

私钥是由钱包帮人们管理的，转账签名也藏在幕后。要注意的是，使用区块链特别是公有链，采取有效措施保护私钥不遗失、不泄露是非常重要的，掌握私钥即掌握数字财产的所有权，同时不像银行可以重置密码，私钥遗失后通常是无法找回的。

比特币区块链的公钥、私钥是采用非对称密码学的机制——椭圆曲线乘法。公钥和私钥存在一种数学关系，使用公钥对消息进行加密，只有拥有私钥的人才可以进行解密，同时使用私钥对消息生成签名，这个签名可以通过对应公钥进行验证。比特币公私钥关系的实现采用的是secp256k1 椭圆曲线乘法。

如图 4-10 所示为私钥、公钥、地址之间的转换关系，采用椭圆曲线乘法，从私钥可以计算得出公钥，反之则是不行的。采用特定的哈希函数算法，从公钥可以计算得到比特币地址，这也是单向的。

图 4-10　私钥、公钥、地址之间的转换关系

由图 4-10 可知，比特币地址、私钥、公钥的起点是私钥。拥有私钥后，可以生成公钥，再生成地址。下面更具体地了解比特币区块链的私钥生成过程。

比特币区块链的私钥是一个长度为 256 比特的数字。为了保证私钥的安全性，要求其必须是完全随机的，没有任何规律，以防被他人以较小代价猜测到。生成一个私钥，本质上就是在 1 到 2^{256} 之间选择一个随机数。这是一个非常大的数字范围，约有 10^{77} 个数。据估计，在可见的宇宙中有 10^{80} 个原子。这意味着能够给约每 1000 个原子分配一个私钥，因此几乎不可能有概率选中同样的私钥。

理论上，可以使用纸、笔和硬币来生成这个私钥随机数：将硬币抛 256 次，正面记为 1，反面记为 0，得到的 256 位二进制数即是一个私钥。实际中，用户一般更多的是通过比特币核心客户端或者其他数字钱包软件，来生成一个 256 位 1 和 0 组成的伪随机数（会尽可能多地引入外部因子使之更接近真随机）作为自己的私钥，并进一步生成对应的公钥和比特币地址。

以下为一个长度为 256 比特私钥示例（这里用 16 进制表示）：

1E99423A4ED27608A15A2616A2B0E9E52CED330AC530EDCC32C8FFC6A526AEDD。

有了私钥之后，通过椭圆曲线乘法就可从私钥计算出公钥，公钥再经过相应的哈希计算、编码可以得到比特币地址。如图 4-11 所示为由公钥计算得到比特币地址的算法。

在以太坊中，私钥、公钥、地址之间的逻辑关系与比特币相似，在具体实现上略有差别。

2. 钱包、地址、助记词

对所有区块链，代表它上面的一个"账户"的是一对非对称加密的密钥——公钥与私钥。公钥通常再按某种规则被计算为地址。因此，一个区块链账户通常指的是地址和私钥。以邮政邮箱类比，地址是邮政地址，而私钥则是可以打开邮箱的钥匙。

对于普通用户来说，钱包就是管理私钥的系统，相当于钥匙圈。一个私钥有 256 比特，极难靠大脑记住它，因此，需要一些"系统"的协助，它们就是比特币钱包。比特币钱包就是帮助用户存储和管理比特币的工具。比特币钱包用来存储多个比特币地址以及每个比特币地址所对应的独立私钥。

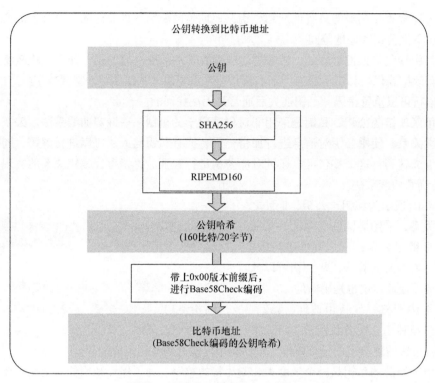

公钥K，公钥哈希A，A=RIPEMD160(SHA256(K))

图 4-11　由公钥得到比特币地址的算法 [4]

（1）冷钱包与热钱包

比特币钱包可以根据工作机制将它们分为热钱包或冷钱包。

1）计算机软件或手机 App（热钱包）。用户可以用专门的计算机软件或手机 App 来帮助自己保存私钥，即通常所说的区块链钱包，由于它们是联网的，也称热钱包，不宜用于保管数额与价值巨大的资产。使用热钱包时，仍需要备份好私钥或助记词。

2）硬件钱包（冷钱包）。用不联网的专门硬件来保管私钥，这就是硬件钱包，也称冷钱包。硬件钱包可以在不联网的前提下对交易进行签名，然后通过隔离装置（比如二维码、U 盘或蓝牙）将交易传播到网上去，实现对数字资产的使用。要注意的是，用硬件钱包时，同样要用纸张备份助记词，以防硬件损坏、丢失。

（2）非确定性钱与确定性钱包

从技术原理上，根据它所保持的密钥之间是否存在关联，钱包分成两类。

1）非确定性钱包（随机钱包）：其中保存的每一个私钥都是通过不同的随机数相互独立地生成的，私钥之间没有任何关联。

2）确定性钱包（种子密钥钱包）：其中所有的密钥是由一个主密钥衍生而来的，保持的私钥有关联关系。如果获得了种子密钥，可以重新生成所有密钥。

随着个人的区块链地址越来越多，管理它们将成为巨大的负担。人们希望有一个总的钥匙来进行管理，此时用到的就是层级式确定性（Hierarchical Deterministic, HD）钱包。它是确定性钱包的一种，其密钥派生是一种树形结构。

如今，HD 钱包是事实性的行业标准，其遵循的是若干相关标准，列举如下。

1）BIP-32：层级式确定性钱包标准。

2）BIP-39：助记词标准。

3）BIP-32：多用途层级式确定性钱包结构。

4）BIP-44：多币种和多账户钱包。

4.3.4　比特币的转账交易

在比特币区块链网络中，一般用户可以使用的功能是转账交易。转账交易是比特币区块链上的关键行为单元，也是其他主流区块链的关键行为单元。

1. 比特币的转账交易过程

用如图 4-12 所示的一个简单的 A 和 B 之间转账案例介绍比特币转账交易的全流程。

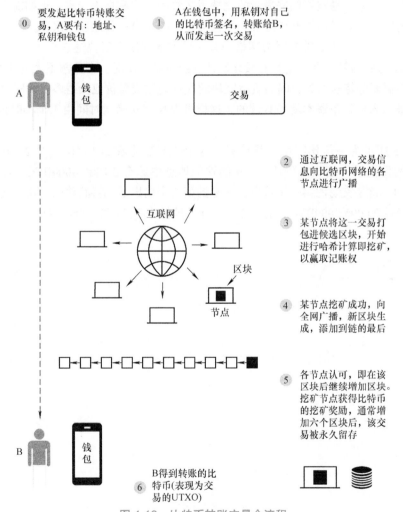

图 4-12　比特币转账交易全流程

假设 A 要把自己钱包地址中 8 枚比特币转到 B 的钱包。A 有 8 枚比特币，即之前有一笔交易，把这些比特币转入到 A 的地址，这笔交易的输出（即 8 枚比特币）未被使用，因此 A 拥有了 8 枚比特币。

现在，A 要发起一笔转账交易，这笔交易中的输入是让 A 拥有这些比特币的上一笔交易。

A 发起转账交易，此时 A 对拥有这 8 枚比特币的上一笔交易进行签名，把新交易的输出地址设为 B 的钱包地址。

这样，A 就发起了一笔转账支付交易。等矿工将交易打包进新的区块，转账交易完成，这 8 枚比特币就属于 B 了。最后 B 拥有了这笔交易的比特币的未使用的交易输出。

以上两人交易转账过程是：A 用私钥（从一笔输出是 A 地址的交易中）取出比特币，并用私钥对从 A 地址转到 B 地址的新交易进行签名。一旦交易完成，这些比特币就转到 B 地址中去。B 钱包中的新交易的未使用的交易输出，只有 B 的私钥才可以打开。

A 发起一笔交易，即向整个区块链网络广播，A 和 B 想进行这笔交易。A 向 B 的地址转入一笔比特币，但这个交易无须 B 的许可。

但是，仅当这笔交易被打包进最新的比特币区块中，才算真正完成。正如前文所说，当一笔交易所在的区块之后又增加五个区块，即包括它自己在内一共经过六次确认，这笔交易被回滚的概率会变得非常低（通常是因为网络中分叉导致的回滚和区块链重组）。按比特币每个区块确认时间 10 分钟估算，即一笔交易最终确认要经过约 1 小时。在数额不大的比特币交易中，交易双方并不需要等待这么久，因为重组区块的代价远比交易价值大得多。此时大家都认为只要一笔交易被写入比特币账本就是有效的，这样可以让交易确认时间由 1 个小时缩短到 10~20 分钟。

如图 4-13 所示为一笔比特币交易信息。这个交易发生在 2013 年 12 月 28 日，在 A 和 B 两个用户之间发生了一笔比特币转账。A 的这一地址中原有 0.1000 0000BTC，他转账 0.0150 0000BTC 给 B，这是交易的第一个输出，交易的第二个输出是他将其他的比特币转给自己。他支付的交易费是 0.0005 0000BTC。交易之后，他的地址中有 0.0845 0000BTC。

图 4-13　一笔比特币交易信息

2. 交易有效性确认与区块链意外分叉

作为一个分布式系统的比特币网络，不同节点保存的副本不可能永远保持一致。有时候两个矿工几乎同时挖出了满足难度要求的区块，他们分别把自己挖出的区块在网络中进行广播。区块在网络中传播的时候不同节点的时间各不相同，每个节点从自己的角度都可能看见不同的区块链。如何才能保证所有比特币网络节点持有分布式账本的最终一致性呢？中本聪在比特币白皮书中为此设计好了应对方案。那就是每一个节点所选择最长的那个区块链链条。因为每一个比特币区块都是工作量证明机制的产出，可以证明它是完成一定工作量的结果，那么，最长的那个区块链链条就代表着有节点们为此付出了最大的工作量。

图 4-14 表明区块链偶然分叉后选择最长的链条，作为一名矿工，当他发现有一条更长的链时，他就会抛弃他当前的链，把新的、更长的链全部复制回来，并在这条链的基础上继续挖矿。所有矿工都这样操作，这条链就成了主链，分叉出来被抛弃掉的链就消失了。

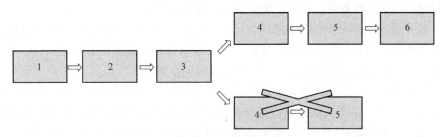

图 4-14　区块链偶然分叉后选择最长的链条

4.3.5　比特币成功解决双花问题

创造比特币时，中本聪想解决的难题是如何建立一个无须可信第三方的、点对点的电子现金（Electric Cash）。从比特币运行至今的情况看，在原理上他成功了。至于比特币会不会被大众在经济、生活中当作现金或货币使用，那是另外的话题。

电子现金一直是计算机密码学家研究的问题之一，在布鲁斯·施耐尔（Bruce Shneier）所著的密码学经典教材《应用密码学：协议、算法与 C 源程序》（*Applied Cryptography: Protocols, Algorithms and C Source Programs*）中，有专门的章节对相关的电子现金协议进行了讨论。

与支票、银行卡等相比，现金的优点是匿名性。当你用银行卡购物支付 100 元时，这笔交易将永远记录在一些数据库中。对比而言，如果你支付 100 元的现金，你几乎不用担心有数字化的记录。现金实际上是银行发行的匿名银行券，它不透露付款者的信息。

在寻求匿名的电子现金的方案时，匿名的问题则变成了所谓"双重支付"问题，又称"双花（Double Spending）"问题，也演变成了"去中介化"问题。下面通过一个个解决方案的迭代，来介绍比特币的解决方案。

1）最初步的方案。在互联网上，A 像银行一样发行一些"电子纸条"，用密码学方法对之进行数字签名证明这是 A 认可的，比如说这些纸条上写着："凭此电子纸条，可找 A 领取 1 元"。B、C 等人从 A 这里以某种方式得到这些电子纸条。当他们在线上使用这些电子纸条时，他们就跟在线下使用现金一样，是匿名的。这里 A 的角色类似于发行钞票的银行。

这个初步方案有一个大问题，即双重支付问题。电子文件是可以完美复制的，当一个人得到这个电子纸条后可以进行复制，然后花费两次。比如，B 把同一张电子纸条既转给 C，又在另外的一家商家用它付钱。

2）改进方案之一：序列号和中心化验证。A 给每一张电子纸条增加一个序列号，并规定一张电子纸条只能使用一次。当付款人用这张电子纸条支付时，收款人可以找 A 来查询，确认它是否已经被使用。若已被使用，收款人可以找 A 用旧的电子纸条（已被使用的）换一张有新的序列号的电子纸条。

这个改进方案之一是有问题的：它失去了匿名性。A 知道每一张电子纸条是如何使用的。这个方案还有另一个问题，如果 A 的服务器暂停，那么所有的查询确认都无法进行，这些电子纸条就无法使用。这是一个高度中心化的系统。

3）改进方案之二：盲签（Blind Signature）。在电子纸条上，A 选择一个随机的序列号，把序列号掩盖起来，让 C 进行签名。假设这个序列号位数很长，几乎不可能重复。那么，当 A 付款给收款人 B 时，像在改进方案之一中那样，连接到 C 的服务器进行确认：如果该序列号从来没有被使用过，那么付款有效。在这个场景下，A 是匿名的。

但是，这个改进方案依然没有解决中心化的话题，C 的服务器暂停会导致支付无法进行。同时，也存在中心化角色的作恶问题，比如，当 B 拿着电子纸条来找 C 兑换时，C 可以拒绝履行。改进方案之三是先试图围绕着前一半问题寻找解决方案。

4）改进方案之三：加密机制与事后惩罚。有人提出了新的方案，在每一张电子纸条中，都用加密方法嵌入了 A 的个人信息，但银行和其他人任何人都无法解开。它背后用到了复杂的秘密分割技术，这里简化进行讨论。当 A 向 B 支付这张电子纸条时，A 被要求提供一半的密码，这可以确认进行支付。其还有机会向第二个人 C 支付，A 需要提供另一半的密码。那么，当 B 和 C 都去银行兑换这张电子纸条时，两部分密码组合起来，就让 A 的个人身份暴露了，A 将受到严惩，阻止 A 进行双重支付。

沿着电子现金协议的思路，虽然已经是较好的方案了，但这还不是一个完美的方案，尤其没有真正解决中心化的问题。

人们接着寻找解决方案，尝试各种新的角度。比如，既然担心一个中心化不能持续运行、担心中心化角色作恶，那么可否把它用另一种事物替代呢？和区块链紧密相关的两个设想就出现了：用分布式网络、分布式账本来替代中心化服务器。

在 20 世纪 90 年代，密码学家尼克·萨博（Nick Szabo）提出了所谓的"上帝协议"（The God Protocol）：让多台计算机组成的网络来帮各方形成信任关系，让计算机网络像可以无条件信任的人一样担任中间人。他设想，在一个多方均可访问的"虚拟机器"（即由相互连接的计算机组成的网络）上存放一个电子表格，形成一个可验证的交易明细记录。

2005 年，计算机专家与密码学家伊恩·格里格（Ian Grigg）提出了所谓的"三式记账法"（Triple Entry Bookkeeping）。他的建议是，在复式记账法之外，增加第三套账本，即一个独立的、公开的、由密码学担保安全性的交易明细账本，且任何人都无法篡改。在萨博设想的基础上，格里格前进了一大步，给出了更具体的实现思路，特别是在这个电子表格（也就是账本）如何构成上。比特币的账本实际上就是三式记账法所说的公开交易明细账本。

中心化服务器被不被任何人控制的且运行起来就不能被任何人停止的分布式网络、分布式账本取而代之，成为中心化问题的最终解决方案。

这里还遗留着一些问题：如何确保这个公开的账本不被篡改？如何最大限度确保它的安全性？如何让分布式网络的节点有动力运行节点？前两个问题是计算机分布式网络研究中一直试图解决的问题，第三个问题则是经济学中常见的问题。

中本聪把电子现金和去中介化这两方面连起来，并补上所有遗失的组件，最终发明了比特币区块链系统。比特币区块链网络是一个通过工程实践被验证可行的系统。

1）中本聪通过区块奖励和工作量证明让账本不被篡改，确保了它的安全性，同时又解决了节点的动力问题。

2）比特币网络的未被使用的交易输出和非对称密钥密码学结合达成这样的效果：如果 A 对一个 UTXO 签名支付给 B，这一个动作完成了两件事：一是证明他拥有对这些比特币的所有权，二是他将这笔比特币转给 B。

3）比特币网络用私钥 / 地址解决了匿名问题。这涉及非对称加密、椭圆算法和电子签名等。这是一个半匿名方案，不过已经足够好了。即便在所有交易被全网全部公开的情况下，如果一个人每次都使用一个新私钥 / 地址，在其足够谨慎的情况下，几乎是不可追踪的。

如果认为电子现金的关键问题是"双重支付"问题的话，那么，比特币区块链网络在工程上完美地解决这个问题：不可双重支付且去中心化。

比特币区块链网络这个解决方案在原理上的可行性还有待严谨的学术证明，但其被证明了是一个工程上可行的方案。现在人们所说的区块链技术的核心就是这个解决方案的某种实现。在数字空间中，价值转移要解决的关键问题跟电子现金是一样的，区块链技术为之提供了至今仍有效的一套解决方案。

4.3.6　比特币协议的升级

比特币是一种分布式网络协议，可以在多节点上运行软件客户端，存在升级问题。

单节点上的协议升级很简单，只需要下载新的软件版本，直接安装升级就可以了。但是作为一个分布式的网络协议，因为涉及多节点之间协调一致的问题，比特币的升级就比较复杂了。如果只是一部分的节点进行了协议升级，升级后的节点和未升级的节点分别运行不同版本的协议，执行不同的操作，网络就可能发生兼容性问题，导致整个网络运行的异常。正常情况下，比特币区块链运行结果是形成一条唯一的链条。但是在一些情况下，比特币区块链会从某一个区块开始向下形成多个分支，这就是所谓的区块链分叉（Blockchain Fork）现象。一般来说，有三种类型的区块链分叉。

1）意外分叉。在区块链系统运行中，所有节点都运行完全相同的比特币协议，只是由于意外，区块链从某一个区块开始向下形成多个分支，但稍后又会按照协议规则随时间收敛，最终留下一条最长的主链，舍弃多余的分支。这部分内容可以参见 4.3.2 节。

2）软分叉（Soft-fork）。这是一种向前兼容的区块链协议升级。新版本协议完全是在旧版本协议框架下的进一步细化和修改，新协议不违背旧协议的所有相关规定。所以，未更新协议的节点仍然能够处理交易并将新的区块广播到区块链当中。软分叉总是只有一条链，没有分成两条链的风险。软分叉也不要求所有节点同一时间进行升级，允许网络节点逐步升级，而且并不影响软分叉过程中的系统稳定性和有效性。

3）硬分叉（Hard-fork）。硬分叉是不具备向前兼容性的区块链协议升级，标志着区块链发生永久性分歧。在新协议规则发布后，旧节点无法验证新节点产生的区块，硬分叉就发生了。原有正常的一条链被永久性地分成了两条链，即由未升级节点继续维护的一条旧链和升级节点继续维护的一条新链，而这两条链互不兼容。

软分叉和硬分叉都是区块链的一种升级方式，只有硬分叉会导致区块链发生永久性分叉，产生新的链条。

由于比特币核心是开源软件，所以任何人都可以很容易地获得比特币核心的源代码并在此基础上进行修改，从而产生新的版本。但是没有节点运行的协议版本是无效的，所以为了推广一个有效的新协议版本，就必须证明协议升级的有效性和必要性，说服大家升级到新协议版本软件。

比特币区块链上发生的硬分叉，有时会导致新的链、新币种、新网络的产生。这些年来，由比特币区块链主链 BTC 硬分叉产生了许多新的区块链，如 BCH、BSV 等。由于它们和 BTC 主链（或者由 BTC 分出来的某条支链）共用某个时间节点之前的区块链数据，导致分叉时间之前持币的用户，自动同时持有分叉后的两种币。

在比特币运行早期，中本聪对区块的大小进行了 1MB 的限制和规范。随着时间的流逝，比特币交易量不断增加，比特币系统的区块逐渐接近饱和，交易高峰情况时会出现拥堵情况。社区提出多种扩容方案，例如大区块、闪电网络等。2017 年 7 月，开发团队 BitcoinABC 开发完成了从 1MB 扩容到 8MB 的新软件系统，并在 2017 年 8 月 1 日正式开始运行。

新的软件版本在比特币区块高度 478,599 开始运行，此区块之后，比特币现金区块链正式诞生，它采用 8MB 限制的区块。由于参数不同，两个系统软件相互不承认对方的新区块。从而就出现了两条区块链或两个账本。为了区分，8MB 区块系统中记录的比特币称为比特币现金（Bitcoin Cash, BCH）。在 478,599 区块前就存在的比特币会在比特币现金系统中有等量的 BCH，这就有了最早一批因分叉产生的新加密通证。

为了进一步提升每分钟可容纳的最大交易数量，一部分支持者在 2018 年 11 月 15 日又对 BCH 进行了硬分叉，诞生的 BitcoinSV（BSV）区块上限为 128MB，在 2019 年 7 月曾尝试进一步将 BSV 区块上限提升到 2GB。

本章小结

比特币是区块链技术的首个应用，也是一个最为典型的区块链技术应用。通过学习比特币区块链的具体实现，可以更好地理解区块链技术的运作与具体实现。

思考题与习题

4-1　比特币奖励经历了几次减半？下一次减半奖励是多少？

4-2　简述比特币区块的组成结构，每部分占据多大内存？

4-3　什么是比特币的 UTXO？假设 A 账户有 12 枚 BTC，支付给 B 8 枚 BTC，然后 B 支付 C 2 枚 BTC，画出整个 BTC 交易过程中 UTXO 的转移图。

4-4　什么是比特币的公钥和私钥？简述比特币公钥和私钥的关系。

4-5　比特币有哪几类钱包？各自的特征是什么？

4-6　什么是比特币分叉？硬分叉和软分叉的区别是什么？

参考文献

[1]　N SATOSHI. Bitcoin：A Peer-to-Peer Electronic Cash System.[DB/OL]，（2008）[2020-6-29].

https://bitcoin.org/bitcoin.pdf.

[2] CHAMPAGNE P. 区块链启示录：中本聪文集 [M]. 陈斌，胡繁，译 . 北京：机械工业出版社，2018.

[3] NARAYANAN A，et al. 区块链——技术驱动金融：数字货币与智能合约技术 [M]. 林华，等译 . 北京：中信出版社，2016.

[4] ANTONOPOULOUS A M. 精通区块链编程：加密货币原理、方法和应用开发（原书第 2 版）[M]. 郭理靖，等译 . 北京：机械工业出版社，2019.

[5] 邴越 . 比特币的区块结构解析 [DB/OL].（2018-03-13）[2020-06-29].https://www.jianshu.com/p/330736abc7e7.

第 5 章　智能合约
——区块链的重要工具

导　　读

基本内容：

　　智能合约的概念在区块链出现之前就被提出，但直到区块链出现后才为智能合约的快速发展提供了条件。智能合约本质上是一段可执行的协议条款代码，满足触发条件后，代码将自动执行而不需要人工干预，区块链的账本特性为智能合约的实现提供了天然匹配的环境。

　　本章主要介绍了智能合约的发展历史、工作原理，包括账户结构、状态机、智能合约执行流程等。同时，重点对虚拟机工作原理进行了深入的讲解。此外，也介绍了智能合约的主要应用等。智能合约也是以太坊区块链区别于比特币的重要创新，是区块链技术实现复杂商业逻辑的基础，对理解区块链技术在具体行业的应用价值也具有很大的帮助。

学习要点：

　　掌握智能合约的工作原理；掌握执行系统的特点、以太坊账户结构、智能合约状态机、智能合约的执行、交易结构、智能合约编写等要点；充分理解虚拟机、图灵完备等概念，了解智能合约的发展过程。

5.1　智能合约的发展

　　智能合约（Smart Contracts）是一种旨在按照预设规则自动控制或执行的合同或协议。由于区块链无中介和不可篡改的特点，因此成为适合智能合约发展其长处的平台。基于区块链的智能合约程序可以减少对受信任中间人的需求，降低仲裁和执行成本，有助于规避欺诈和意外损失。

　　智能合约的概念最早由尼克·萨博于 20 世纪 90 年代提出 [1]，当时他定义智能合约为一组数字形式的承诺（Promises），以及各参与方执行承诺所需依据的协议。基于法律法规、经济原理与实际合约条款，尼克·萨博提出了智能合约设计四个基本目标。

1）可观测性（Observability）：合约参与方能够观测其他参与方协议执行情况，并能够向其他参与方证明其可以依据合约规定完成协议执行。

2）可验证性（Verifiability）：合约参与方能够向仲裁机构证明其协议执行完成或失败，仲裁机构也可基于其他信息验证合约参与方提交结果；对于违反合约协议的参与方，仲裁机构需能够证明其是否为恶意行为。

3）私有性（Privity）：合约执行相关过程与内容仅能由参与方及仲裁机构（或授权中介机构）访问修改，其他无关第三方无法或仅能很低程度地干预合约执行过程，即合约执行降低第三方依赖性。

4）可执行性（Enforceability）：合约能够基于参与方提交结果完成执行过程，并且基于激励机制、系统安全等方面设计，智能合约能够实现自动执行。

综合以上四个基础目标，智能合约的执行系统需要具有公开透明、可追溯、不可篡改、自动执行的特点，并且在合约执行过程中对于外部数据的依赖程度较低。在智能合约提出之初，分布式系统及其共识算法研究仍处于不断发展的阶段，PBFT 等高效共识算法尚未提出，这在一定程度上阻碍了智能合约执行系统的构建及其广泛使用。此外，智能合约运行大都需要依赖外部资金，且合约结算形式需第三方参与，独立经济流通或运转体系的缺乏成了限制智能合约应用的另一原因。

为了解决以上问题，推动智能合约应用，尼克·萨博于 1998 年开创性地提出了比特金 [2]（Bit Gold）。作为一种去中介化数字货币，比特金的核心属性是工作量证明（Proof of Work），用户基于哈希链的最新状态，投入计算资源构造工作量证明，从而延长哈希链并持有相应的比特金。然而，由于架构设计、发行策略、难度调整机制等方面的原因 [3]，比特金并没有得到大规模应用，但其对于智能合约技术的发展依旧具有重要意义。

2008 年，区块链作为比特币 [4] 的底层技术登上历史舞台，其系统设计满足智能合约执行的公开透明、可追溯、不可篡改、自动执行等需求。与此同时，比特币价值由外部市场所决定，使其能够持续为外部社会活动提供去中介化交易等服务。比特币交易包含非图灵完备的交易脚本（智能合约），增加其资金流通过程多样性，也为闪电网络 [5] 等方案的提出奠定了基础。

比特币实现了数字资产的去中介化流通，构建了资产交易类智能合约的运行环境。但是，面对复杂社会活动的需求，其功能仍远远不足，也未达到智能合约最初的设计目标。区块链若要成为未来社会发展的重要基础设施，需要能够实现任意社会活动过程以及不同用户、活动间交互的链上映射，即将比特币资产流通功能扩展至现有信息系统服务范畴——"世界计算机"。为此，维塔利克·巴特林（Vitalik Buterin）于 2014 年创新性地提出了以太坊（Ethereum）区块链 [6]。

以太坊区块链包含了图灵完备的智能合约虚拟机——以太坊虚拟机 [7]（Ethereum Virtual Machine，EVM）。基于以太坊虚拟机，开发者能够在有限链上资源消耗的情况下开发任意链上应用，并完成智能合约自动执行以及应用间交互。以太坊虚拟机不仅加速了以太坊生态系统建设，还推动了链下通道、侧链等技术的发展，对于后续区块链系统开发具有里程碑式的意义。基于以太坊虚拟机的设计模式，国内外主流公有链及联盟链相继提出了自己的智能合约解决方案，并在金融、政务、教育、文化娱乐等领域迅速开展了相关应用，区块链技术发展正式进入了新的阶段。

5.2 智能合约工作原理

目前，多种区块链均实现了较为完备的智能合约，包括以太坊、Hyperledger Fabric 等。其中，以太坊是最早支持完备智能合约的区块链，其实现方式也较为简洁。因此，本部分主要通过以太坊介绍智能合约的工作原理。

在区块链中，每个智能合约是用一段代码表示的。代码可以用不同语言编写，例如，EOS 的智能合约可以通过 C++ 语言编写，Hyperledger Fabric 的智能合约（也称作链码，即 Chaincode）可以通过 Java、Go 语言编写，而以太坊智能合约则通过其自主研发的 Solidity、Vyper 等语言编写。其中，Solidity 是目前使用最多的以太坊智能合约编程语言。如图 5-1 是用 Solidity 编写的一个智能合约实例。

```solidity
pragma solidity >= 0.4.0 < 0.7.0;

contract SimpleStorage {
    uint storedData;  //状态变量

    function set(uint x) public returns (uint) {
        storedData = x;
    }
    function get() public view returns (uint) {
        return storedData;
    }
}
```

图 5-1 Solidity 智能合约实例

相信具有一定编程基础的读者，即便没有系统学习过 Solidity 语言，也能基本读懂该合约的功能。Solidity 是一种高级语言，用 Solidity 编写的智能合约需要先编译成一组字节码（Bytecode），然后保存到每个以太坊共识节点上。每个共识节点各自维护着一台 EVM，并把智能合约字节码加载到 EVM 中执行。

那么，智能合约究竟是如何保存在共识节点上的？智能合约和区块链之间有何关联？智能合约又是如何调用的？随后将予以介绍。

5.2.1 账户结构

与比特币借助 UTXO 管理区块链内的资产不同，以太坊通过一组账户（Account）管理链内资产。此外，每个智能合约均依附于一个账户，因此可以通过账户中的信息查找到智能合约代码。每个账户包含四个字段，分别是计数器、余额、存储根和代码哈希。

计数器（Nonce）：该账户自创建后发送的交易（transaction）总数与此账户创建合约的总量。

余额（Balance）：该账户拥有的资产总额。以太坊发行的资产是"以太币（Ether 或 ETH）"。以太币的最小单位是 Wei，1 Ether 相当于 10^{18} Wei。与比特币类似，以太币是由共识节点"挖矿"产生的。

存储根（Storage Root）：每个智能合约均拥有一个持久化的存储空间（Storage），用于智能合约执行完毕后的数据存储。例如，在图 5-1 的智能合约中，变量 storedData 的值在每次修改后均会保存到存储空间中。这种需要永久保存的变量被称为状态变量（State Variable）。

那么，存储根中的根是什么含义呢？这里需要简要介绍以太坊的默克尔 - 帕特里克树（Merkle Patricia Tree, MPT）。之前学习过比特币的 Merkle 树，而以太坊中的 MPT 则是 Merkle

树和前缀树（又称字典树、Trie 树）的结合体。其主要用于存储键值对（Key-value Pairs），并在给定键（Key）的前提下快速检索值（Value）。与 Merkle 树类似，如果 MPT 中存储的任何一个值发生改变，其树根的值也会随之变化。在以太坊中，MPT 是一种常用的数据结构。限于篇幅，这里不再对 MPT 做深入讲解，读者可以自行查阅相关文献 [8]。

回到存储根，以太坊把智能合约中的状态变量组织为一棵 MPT，并把树根存储到智能合约对应的账户中。由于某些函数调用可能会修改状态变量的值（例如图 5-1 中调用 set 函数），存储根的值会不断变化。

代码哈希：智能合约字节码的哈希值。之前讲到，每个智能合约均依附于一个账户。以太坊把智能合约字节码的哈希值保存到对应的账户中。在调用智能合约时，需要先找到对应账户，再依据代码哈希检索智能合约字节码。

理论上，以太坊中可以存在任意多的账户。用什么办法区分不同账户呢？可以给每个账户赋予唯一的地址（Address）。在以太坊中，每个地址用 160 比特的序列表示。给定账户地址，就可以检索到账户，最终找到与之对应的智能合约。

可以看出，与比特币的 UTXO 机制相比，以太坊的账户机制更接近现实世界中银行的做法，因此更加直观易懂。以下两点需要注意。

1）与比特币类似，以太坊区块链的主要作用依然是保存交易序列。无论是账户信息，还是智能合约代码，都不是直接存储在区块链上，而是存储在后台的数据库内。在以太坊中，每个计算机节点只要参与共识，就必须存储所有的账户和智能合约。

2）不是所有账户都有与之对应的智能合约。以太坊账户分成两类：外部拥有账户（Externally Owned Accounts, EOA）与合约账户（Contract Accounts）。只有合约账户拥有智能合约。外部拥有账户由用户使用自己的私钥创建，不拥有智能合约，存储根和代码哈希为空值，持有私钥的用户可以使用这种账户发送交易，执行以太币转账等操作。

5.2.2　智能合约状态机

每个账户均拥有唯一的地址作为标识符，这构成了一种映射关系。该映射的定义域是地址集合，值域是账户集合。以太坊上所有映射的合集被称为世界状态（World State）。

每个共识节点都需要存储完整的世界状态，存储方式是之前讲过的 MPT。MPT 的键是地址，而值是账户的四个字段。除代码哈希字段在合约部署完成后就不会改变外，各账户的其余三个字段均可发生变化。具体而言，一个账户每发送一笔交易，其计数器值就会加 1；账户的余额值会因转账而变化；而智能合约修改状态变量会导致存储根改变。此外，账户也可能新增或注销。以上这些变化最终都会引起世界状态的改变。以太坊的主要任务之一就是确保各节点的世界状态保持一致。

1. 合约触发机制

触发世界状态改变的原因是什么？相信读者已经猜出来了，是链上交易。后面会讲到，以太坊交易与比特币交易类似，也是由若干字段组成的。一方面，交易能够执行转账功能，导致账户 A 的余额值减少，账户 B 的余额值增加（由于 A 要向共识节点支付交易费，B 的增加值会小于 A 的减少值）。而另一方面，以太坊交易还有一个更重要的功能，即触发智能合约执行。

每个智能合约均依附于一个账户。用户在调用智能合约时，需要向各节点广播一笔交易，并在交易中指明合约所在账户的地址。各节点能够依据该地址，检索到要执行的智能合约。然而，仅找到智能合约是不够的。从图 5-1 中可以看出，一个智能合约可能包含多个函数，因此必须确定要调用的是哪个函数。为此，以太坊交易中预留了一个字段，其中编码着函数标识符（以太坊中称为 Function Signature，即函数签名）和传入该函数的参数值。在加载完要执行的智能合约字节码后，EVM 会把交易中携带的函数签名和字节码中保存的函数签名逐个匹配，从而找到要调用的函数。

需要注意的是，一笔交易可以同时执行转账与合约调用两种功能。换言之，交易在调用某个智能合约时，也可以向合约所在账户支付一定金额的以太币。

与比特币类似，以太坊交易也要广播到所有共识节点。如果各节点未就执行哪些交易、各笔交易被执行的先后顺序等问题达成共识，很可能造成各节点世界状态的不一致。为了阐述以太坊如何保证各节点世界状态的一致性，这里利用状态机对其运行过程进行建模。

2. 状态转换函数

前面讲到，每个节点都维护着从地址到账户的映射，即世界状态，设为 σ。交易是世界状态改变的原因，用 T 表示。可以定义一个状态转换函数 Y。如果在 t 时刻，某个节点保存的世界状态是 σ_t，此时该节点接收到一笔有效交易 T_0，那么其世界状态就会转化为 σ_{t+1}：

$$\sigma_t+1 \equiv Y(\sigma_t, T_0)$$

Y 本质上是以太坊的交易执行函数，其中定义了一系列操作，包括交易发送者账户计数器（Nonce）值的递增，账户余额（即 Balance 值）的增减，以及依据交易内容执行智能合约或者创建新合约等。

理论上，用户随时都可能发出交易。因此，节点的世界状态会不断变化：

$$\sigma_t+2 \equiv Y(\sigma_{t+1}, T_1)$$
$$\sigma_t+3 \equiv Y(\sigma_{t+2}, T_2)$$
$$\cdots\cdots$$

受网络拓扑结构影响，交易到达不同节点的顺序可能是不同的。如果节点按照各自不同的顺序执行交易，则无法保证节点间世界状态的一致性。这个问题可以用区块链共识机制解决。

每个共识节点都维护着相同的区块链账本。与比特币类似，以太坊的区块链账本也是由一系列区块通过哈希值串连成的。除创世区块（Genesis Block）外，每个区块均包含一组以太坊交易：

$$B_0, B_1, B_2, \cdots, B_n, \cdots$$

在任意高度 n 上，所有节点只认可由它们中一个节点构造的区块 B_n。通过之前的学习可知，这是由共识机制保证的。以太坊 1.0 阶段使用的是 PoW 共识，以太坊 2.0 阶段将使用 PoS 类的共识。不管是 PoW 共识还是 PoS 共识，其作用都是确保各节点上区块链账本的一致性，最终使得每个节点的世界状态保持一致。

在构造新区块的过程中，节点在进行工作量证明前，需要先执行下面的"区块级别状态转换函数" Π：

$$\sigma_B \equiv \Pi(\sigma_t, B)$$

其中，σ_t 是"挖矿"开始时的世界状态，σ_B 是新的世界状态，而 B 是正在构造的区块，其中包含一组要打包的交易以及区块头等其他字段：

$$B \equiv (\cdots, (T_0, T_1, \dots), \cdots)$$

在执行转换函数 Π 后，会获得一个新的世界状态 σ_B。那么，函数 Π 要执行哪些操作呢？它与前面讲到的函数 Y 有什么关系呢？来看一下函数 Π 的定义：

$$\Pi (\sigma_t, B) \equiv \Omega (B, Y (Y (\sigma_t, T_0), T_1) \cdots)$$

上面的公式初看起来很复杂，但只要稍经思考就能理解其含义。首先，从世界状态 σ_t 开始，逐笔执行区块 B 中的交易，得到一个临时状态，不妨设为 σ'。随后，用临时状态 σ' 和区块 B 作为输入，调用函数 Ω。

函数 Ω 的作用是给共识节点颁发奖励。系统把奖励直接加到共识节点账户的余额上，这与比特币中通过铸币交易向共识节点转移奖励有很大不同。在函数 Ω 执行完毕后，即可获得前面讲到的世界状态 σ_B。世界状态是用 MPT 表示的。节点会把 σ_B 的树根放入区块头中。

和比特币一样，一旦某个节点通过工作量证明等方式成功构造了区块 B，该节点就会把区块 B 广播到所有节点。其余节点在收到区块 B 后，除了检查工作量证明等常规操作，也会执行函数 Π，并在 Π 中完成智能合约的调用，从而获得新状态 σ_B。随后，各节点会把 σ_B 的 MPT 的树根与区块头中保存的树根相对比。如果二者相同，各节点就会把 σ_B 写入自己的数据库中，从而完成状态更新。

可见，交易可以触发智能合约执行，进而改变节点中保存的世界状态。依靠区块链和共识机制，不同节点之间可以保证世界状态的一致性。

5.2.3　智能合约的执行

本节介绍智能合约的执行流程，包括怎样构造交易、怎样创建和执行合约等。但是在此之前，首先要了解以太坊的交易的结构。

1. 交易结构

之前讲过，交易可以触发智能合约执行。而实际上，交易还可以用于部署新合约。两类交易的结构是相似的，均包含七个字段，以下分别予以介绍。

1）计数器（nonce）：这一字段表示该交易是发送方账户自创建以来发出的第几笔交易。

2）燃料价格（gasprice）和燃料总量（gaslimit）：这两个字段和以太坊智能合约的燃料（Gas）机制有关，该机制对确保区块链系统正常运行至关重要，因此需要详细介绍。

每个智能合约都是用一段代码表示的。在以太坊中，这段代码由用户编写，并部署到全体共识节点上。在第 3 章 3.5 节中已经提到，用户可能有意无意地在智能合约中引入死循环。如果不加约束，此类合约一旦触发就永远无法停止执行。这一漏洞可能被恶意用户利用，对以太坊系统发动攻击。

以太坊的应对措施是，让用户在执行智能合约时付出一定开销，且执行的操作越多，付出的开销就越大。如使用 Solidity 等高级语言编写的智能合约，需要先编译成一组字节码，才能交给 EVM 执行。EVM 字节码和汇编语言类似，包含加（ADD）、减（SUB）、乘（MUL）、除（DIV）、跳转（JUMPI）等 256 条指令。以太坊给每条指令赋予一个称作 Gas 的整数值。Gas 在美式英语里有"汽油"或"燃料"的含义。正如驱动发动机需要使用汽油燃料一样，用户每使用一条指令都需要付出代价，而代价的大小用 Gas 值表示。一般而言，指令涉及的计算越复杂，其 Gas 值就越高。

用户使用交易触发智能合约执行时，需要在交易中填写燃料总量字段，用于限制本次执行最多使用的 Gas 总量。EVM 每调用一次指令，就会在内部累加这条指令的 Gas 值。一旦累加的 Gas 总量超过燃料总量规定的限度，EVM 就会退出执行。这样，即使 EVM 陷入死循环，最终也一定能够退出。既然燃料总量是由用户自己填写的，用户是否可以把燃料总量设置得很高呢？答案是否定的。

燃料价格的作用是什么呢？通俗地讲，是 Gas 的"单价"，用以太币的最小单位 Wei 衡量。当智能合约执行完毕后，节点会把这笔交易实际消耗的 Gas 总量与燃料价格相乘得出以太币数量，并从交易发送方账户上进行扣除。构造区块的共识节点是这笔以太币的受益者。事实上，这构成了以太坊的交易费机制。

那么，交易发送方是否可以把燃料价格填得很低，从而给自己省交易费呢？这是不可以的。与比特币类似，每个节点在收到新交易后，都会把交易暂存到交易池里等待打包。如果一笔交易的燃料价格过低，节点就优先选择出价更高的交易打包进区块内，而出价低的交易可能要等待很久，甚至有可能会被剔除。

3）To：该字段可以是空值，也可以是 160 比特的账户地址。如果是空值，那么这笔交易属于合约创建（Contract Creation）交易，用于在全体共识节点上部署新的智能合约；如果是一个合约账户地址，那么就会触发账户上智能合约的执行；而如果是一个外部拥有账户地址，那么这笔交易就仅用于资产转账。

4）金额（value）：一笔交易要转移的以太币金额用 Wei 衡量。一笔交易在调用智能合约的同时，也可以向合约所在账户支付一定金额的以太币。如果这笔交易是合约创建交易，则相当于发送方向新合约的账户"捐赠"了一笔以太币。

5）V、R、S：发送方对交易的签名。以太坊采用椭圆曲线签名。限于篇幅，这里不对签名算法细节做深入讲解。以太坊可依据交易签名恢复出发送方账户的地址。

6）最后一个字段的内容取决于交易是在创建合约还是在调用合约，因此需要分开讨论。

如果交易是在创建合约，那么这一字段被称作 init。这是一段 EVM 字节码，EVM 会执行 init 字节码，生成初始化后的智能合约字节码。这种"代码生代码"的方式看似有些怪异，更具体的细节后面会进行讲解。

如果交易是在调用合约，那么这一字段被称作 data。这就是之前讲过的函数签名和传入函数的参数值，用于判断该调用合约中的哪个函数。

以上就是一笔交易的全部七个字段。有一点需要注意，为了防止恶意用户对以太坊网络发动拒绝服务攻击，用户只要发送交易，不管是否会调用智能合约，都要先消耗一定 Gas。这种由于发送交易而消耗的 Gas 被称作固有（intrinsic）Gas，用 g0 表示。因此，调用智能合约的 Gas 限额是交易燃料总量减去 g0 的差值。后面会讲到 g0 的计算方法。

2. 合约执行

在介绍了以太交易结构之后，就可以据此阐述智能合约的部署与执行过程。要执行一个合约，首先要选择一种语言编写合约，接着发送一笔交易，把该合约部署到全体以太坊节点上。随后，利用交易触发合约执行。下面介绍合约执行涉及的三项关键技术：智能合约编写、发送交易以及交易执行。

（1）智能合约编写

在区块链中，智能合约的实现形式为一组运行在区块链上的程序，因此需要先用一种编程语言编写智能合约，才能进行后续的部署和执行。以太坊提供了多种智能合约编程语言，如早期的 Serpent，目前使用最多的 Solidity，以及近年来推出的 Vyper 等。以 Solidity 为例，图 5-2 是一段代码实例，由 Solidity 语言编译器 solc 的版本声明⊖ 和以关键字 contract 开头的合约 SimpleStorage 定义构成，合约 SimleStorage 包含无符号整型变量 storedData，合约对象函数 get（）和 set（）以及合约构造函数，与之前的图 5-1 相比，该合约定义主要变化是增加了 "构造函数"。

```
pragma solidity >=0.4.0 < 0.7.0;

contract SimpleStorage {
    uint storedData;
    constructor(uint _data) public {  //构造函数
        storedData = _data;
    }
    function set(uint x) public returns (uint) {
        storedData = x;
    }
    function get() public view returns (uint) {
        return storedData;
    }
}
```

图 5-2　Solidity 代码实例

Solidity 语言是一种类似 "面向对象" 的高级编程语言，支持复杂算法的编写。一个智能合约可以有自己的构造函数，并用关键词 constructor 标识。作为一种编译型语言，合约代码需要被编译为 EVM 字节码后才能部署到以太坊节点上。

可以使用记事本、VIM 等文本编辑器编写 Solidity 代码，并利用以太坊客户端提供的编译功能，把 Solidity 代码编译为 EVM 字节码。但为了提高开发效率，推荐读者在开发时使用专业的集成开发环境（Integrated Development Environment, IDE）。常用的一种 IDE 是 Remix，这是一款网页版的 IDE，可以实现智能合约的开发、编译与调试。

（2）发送交易

以太坊使用交易部署合约，因此需了解如何发送一笔交易。用户要发送交易，首先要有自己的以太坊账户。理论上，用户只要有自己的私钥，就可以创建自己的账户。账户中的以太币余额（即 balance 值）必须足够支付交易费。

随后，用户需要构造自己的交易。最简单的方法是使用以太坊钱包。以太坊钱包是一种应用程序，用户可以通过其管理账户、发送交易，从而实现智能合约部署或执行。常见的以太坊钱包有官方提供的 Ethereum Wallet、基于浏览器的 MetaMask 等。除此之外，用户可以通过直接运行以太坊客户端实现所有相关操作（包括发送以太坊交易）。以太坊客户端包含一个命令行界面，可以输入并执行相关命令。

值得一提的是，以太坊客户端提供了 JSON-RPC 等编程接口，实现客户端与远程节点的交互。远程节点可以自动从互联网上读取金融、新闻等数据，也可以接入物联网，获取外部环境的温度、湿度等信息。随后，远程节点调用以太坊客户端的 JSON-RPC 接口，向以太坊发送交易，最终把数据写入智能合约。可以看出，远程节点起到了连接外部世界与区块链的桥梁作用，这在区块链中称作 "预言机（Oracle）"。预言机借助交易向智能合约写入数据的活动，被称作 Data Feed。预言机在很多区块链应用中发挥着重要的作用。

⊖　本合约实例要求编译器版本高于或等于 0.4.0，低于 0.7.0，否则代码无法编译通过。

（3）交易执行

合约是通过交易部署并触发的，下面介绍交易在节点中的执行过程。当用户希望发起一笔交易时，先要根据自己的实际需求，借助以太坊钱包等工具，在本地创建一笔交易。一笔交易包括七个字段，可以通过设置相关交易字段创建不同类型的交易，包括合约创建交易与合约调用交易。在交易创建完成后，用户利用自己账户的私钥对这笔交易进行签名，然后利用以太坊钱包等工具，将这笔交易广播到全网。

当一笔交易被广播至整个网络后，该交易的哈希值会返回至本地节点，通过该哈希值，发起者可以对交易的状态进行追踪。需要注意的是，并非所有节点都会接受这笔交易。如果这笔交易的燃料价格低于某些节点可接受的最低燃料价格，那么这笔交易就会被这些节点忽略。

以太坊各节点会把所有交易放入交易池中。每个节点都拥有自己的交易池，交易池承担着交易缓存的功能。之前讲过，交易池有容量限制，当交易池被填满后，低燃料价格的交易可能会被高燃料价格的新交易替换。在交易池中，节点会依据发送者账户的地址对交易分组，各组内对交易按照计数器值高低进行排序。

共识节点在进行区块打包时，会从交易池中选择适量的交易放入一个区块。一般而言，共识节点会逐个遍历前述分组，在每个分组里，从计数器值最低的交易开始，选择一组具备连续计数器值的交易放入新区块中。以太坊节点会调用前面讲过的区块级别状态转换函数 Π，执行区块内所有交易，并向共识节点颁发奖励，从而获得新的世界状态。下面更深入地介绍交易执行函数，即之前提到的函数 Y。

在执行一笔交易时，将首先进行交易的验证，包括以下内容。

1）交易格式是正确的。

2）交易签名是正确的。

3）交易计数器值和交易发送者账户当前的计数器值相等，这可以保证交易执行的先后顺序是正确的。

4）从发送者账户的余额中预先扣除交易费。预扣除交易费是燃料总量与燃料价格的乘积。交易执行完毕后，剩余交易费会退还给发送者账户。

5）交易的燃料总量值不低于 g0。留给合约执行的 Gas 值是燃料总量与 g0 的差值，而 g0 由以下三项相加组成。

① 发送 1 笔交易，固定需要的 Gas 值。

② 交易载荷的 Gas 消耗，与 init 或 data 字段的长度呈正相关。

③ 如果该交易是一笔合约创建交易，需要多消耗一定 Gas 值。

6）发送者账户的余额不少于转账金额。接下来，把发送者账户中的计数器增加 1。随后的执行过程与交易类型有关。

关于交易类型的创建，它可以再细分为以下两种类型，以适应使用者对于智能合约不同的需求。

1）合约创建交易。如果 to 字段为空，表明发送者账户将创建一个智能合约。首先根据发送者账户地址和计数器值计算出新合约的地址，然后创建一个与该地址对应的新账户。接着，将 init 代码加载到 EVM 中执行，获得智能合约的 EVM 字节码，并把 EVM 字节码和新账户关联到一起，保存至后台数据库中。最后，还需要依据交易的金额（即 value）字段，完成发送者账户到新合约的转账。

首先，以太坊账户分成两类：外部拥有账户与合约账户。这两类账户的地址生成方式是不同的。外部拥有账户的地址是由用户私钥导出的，而合约账户的地址则是在合约创建时，通过发送者账户的地址和计数器值计算出的。

其次，读者可能会对"执行 init 代码获得智能合约字节码"感到奇怪。实际上，智能合约字节码是 init 代码的组成部分之一。Init 代码中的指令会引导 EVM，把其中的智能合约字节码单独复制出来并予以保存。此外，init 代码还会执行智能合约的构造函数（即前面提到的constructor），从而完成智能合约的初始化。

2）合约调用交易。如果 to 地址是一个智能合约账户，则这笔交易属于合约调用交易，其data 字段中包含了函数签名和传入函数的参数值。执行时，先把要执行的智能合约字节码加载到 EVM 中。在 EVM 中根据函数签名找到要执行的合约函数，随后把参数传入该函数，完成合约执行。最后，也会进行发送者账户到智能合约账户的转账。

有一点需要注意。如果 to 地址填入的是外部拥有账户的地址，以太坊仍会将这笔交易当作合约调用交易。但是，由于这类账户没有对应的智能合约字节码，以太坊仅执行转账操作。

不管是合约创建交易，还是合约调用交易，在 EVM 执行过程中都会记录字节码消耗的 Gas总量，进而计算出消耗的交易费。在执行完成后，消耗的交易费会支付给共识节点，而剩余的交易费将归还给发送者账户。如果 Gas 在相关代码执行完成前被耗尽（换言之，消耗的 Gas 总量超过了燃料总量与 g0 之差），这笔交易将会执行失败，合约对状态变量的修改会被撤销，但是固有交易费用仍会支付给共识节点。

当共识节点把待打包交易执行完毕，并通过工作量证明等方式成功构造有效区块后，就会在全网广播该区块。其他节点进行新区块的接收与同步，在这一过程中，各节点也会执行区块级别状态转换函数 Π，实现智能合约在全网的部署与执行，随后把新的世界状态写入自己数据库中。通过这种方式，交易得到了全网确认。

5.3　虚拟机

虚拟机（Virtual Machine，VM）指的是经由使用软件进行模拟、配置有完整的硬件系统的功能、能够在被隔离状态下实现运行的计算机系统。作为一种用于计算设备的规范，虚拟机并没有计算机实体，而是被虚构出来的，并运行在实体计算机上起到对不同功能进行仿真模拟的作用。

目前，应用最多的虚拟机有两种。一种是系统级虚拟机，它能够基于计算机现存的操作系统生成一个全新的、与真实操作系统功能相同的虚拟镜像，例如 VMware 虚拟机；另一种是和计算机编程语言功能相关的虚拟机，能够对真实计算机具有的功能进行模拟，赋予计算机语言对于平台的无关性，例如 Java 语言的 JVM（Java Virtual Machine）。计算机编程语言的虚拟机在硬体架构上和实际的计算机并不存在较大差异，不仅拥有堆栈和处理器等，相关的命令系统也十分完善，整体具备健全的架构。这使得编程语言编译程序只需生成在虚拟机上运行的字节码（而非机器码），就可在多种平台上不加修改地运行，是不同底层平台和开发人员之间的一个中间件。

区块链系统的共识机制能够确保最终得到全部节点的运算结果没有差别，一旦系统中的某一节点和其他节点之间出现运算结果差异，共识便被破坏，无法达成一致。智能合约需要拥有确定性，即不同节点执行相同智能合约，必须产生相同的结果，这是智能合约正常有效的前提。但是在分布式节点实现运行的相关设备间存在一个问题，即它们所支持的 CPU 指令集可能是不一样的，不仅操作系统可能不相同，对于同一个数据也存在表示不同的问题，因而无法保证全部计算设备最终运行结果全部相同。这时，就需要创造一个适宜智能合约实现运行的环境，来确保分布式节点的一致性，这个运行环境就是区块链系统的虚拟机。

区块链系统的虚拟机可以被看作是软件模拟的可执行区块链程序的虚拟计算机。对于区块链虚拟机来说，在指令集方面具备自身独特性，可以保证在不一样的计算机操作系统、不一样硬件条件下，能够实现相同的运算指令，进而获得的计算结果也是一样。如此，便能够确保整个区块链网络中分布式节点的一致性。由此看出虚拟机的存在非常有必要性，在区块链系统技术开发领域中，虚拟机是最基本和重要的设备，同时也是在区块链系统执行智能合约的核心点。目前几乎每个公有链都有自己的专用虚拟机。

5.3.1 以太坊虚拟机

和其他区块链底层平台一样，以太坊使用在不同计算机上运行的节点来保证安全性和维护它的共识机制。为了保持智能合约运行结果的一致性，智能合约的运行环境显得至关重要，为此构建了一个以太坊虚拟机（Ethereum Virtual Machine，EVM），使得以太坊节点客户端在计算机上通过"以太坊虚拟机"的运行环境来运行，屏蔽每个以太坊节点的底层差异，以此使得每一个以太坊节点在执行智能合约系统指令后得到的运算结果都一样，从而满足结果的一致性。

EVM 是建立在以太坊区块链上的代码运行环境，其主要作用是处理以太坊系统内的智能合约，为智能合约提供稳定可靠的运行环境。EVM 是以太坊协议和系统运行的核心，实际处理其内部状态和计算的协议。它是一个计算引擎，与基于字节码的编译语言（如微软的 .NET 框架的虚拟机或 Java 语言的 JVM）类似，是一个程序运行的容器。以太坊底层通过 EVM 支持智能合约的执行和调用，调用智能合约时根据智能合约的地址来获取合约代码，生成具体的执行环境，然后将代码载入到 EVM 中运行。

EVM 就像一个完全独立的沙盒，智能合约代码对外隔离并在 EVM 内部执行。由于 EVM 分散储存在各个节点的计算机上，可使用类似 JavaScript 和 Python 等脚本编程语言的 Solidity 程序来开发智能合约并部署到各个节点上，同时 EVM 又能与主链的其余部分隔离，运行时不影响主链的操作。更详细地来看，智能合约可以让分布式节点进行交互和交换价值，并且无须中心化的机构，应用开发者只需要编写好智能合约，部署到以太坊节点上运行即可。同时，EVM 本身运行在以太坊节点上，当把智能合约部署到以太坊网络上之后，就可以在所有以太坊网络节点中执行 EVM 指令。

以太坊作为目前在区块链领域中应用广泛的一个平台，其具有的开放性允许任何人在平台上建立和使用智能合约。在 EVM 上执行的区块链协议，其内部已经安装了计算机编程语言，因此从理论上来说，不论是区块链中的哪一部分应用都能够通过编程语言来定义，从而使得编程语言能够以一种应用的方式在协议上实现运行，进而使得开发者能够使用现有的面向对象语言，创建出在 EVM 上运行的应用。

5.2 节中成功编译了一个智能合约并且交付 EVM 运行。下面通过图 5-3，以一个以太坊智能合约运行流程图为例，来理解 EVM 在以太坊中的重要性。

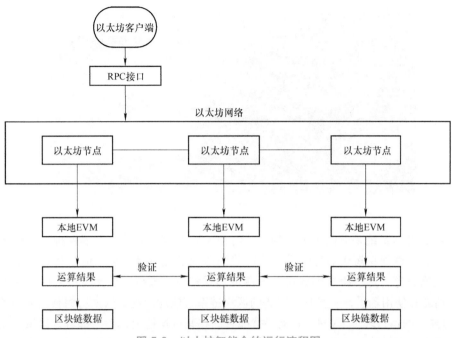

图 5-3　以太坊智能合约运行流程图

通过图 5-3 可以发现，在区块链中所运行的智能合约简单来说就是可以在本地 EVM 生成出原合约代码的一段数据串，开始是由客户端先将交易发起，传递信息给以太坊节点自己要对哪些函数还有涉及的参数进行调用。接下来该交易信息会被传送给全部以太坊节点，在区块链系统中对已存智能合约代码进行读取操作。然后由本地 EVM 将结果计算出来，再将执行智能合约代码运行的节点计算结果发布上链，其他以太坊节点同样会在本地 EVM 上执行交易并验证，验证无误后写入本地的区块链数据。EVM 是以太坊区块链系统的关键基础设施，或者说是一个通用的执行环境。没有它，以太坊智能合约的确定性将无法保障，EVM 对以太坊非常重要，从某种程度上来看，可以说是以太坊的心脏。

EVM 负责运行以太坊网络上的大多数交易和操作，包括执行智能合约。它会将交易和操作转换为机器可执行的指令，也就是操作码，实现从高级程序语言到底层机器可识别的操作码之间的隔离。同时，EVM 负责跟踪网络组件，如世界状态、存储状态和区块信息。EVM 还为以太坊网络上的智能合约创建 Runtime 环境。Runtime 环境中的信息用于执行特定交易，这些信息包括 Gas 的价格、交易代码库的大小、正在执行交易的账户地址和交易原始发送者的地址。

最后，除了以上这些作用外，EVM 还处理与区块编号和余额有关的账户信息。

5.3.2　图灵完备

图灵完备（Turing Complete），是指机器执行任何其他可编程计算机能够执行计算的能力，意味着编程语言可以做到用图灵机完成的全部事情，并能够处理一切运算问题。图灵完备的编程语言包含循环执行语句、判断分支语句等，理论上能解决任何算法问题。它的一个显著特点是支持程序循环不断地运行下去，缺点则是其有可能进入死循环而导致程序崩溃。它的命名来自于著名计算机学家艾伦·麦席森·图灵（Alan Matheson Turing），如图 5-4 所示。

图 5-4　艾伦·麦席森·图灵

比特币的脚本系统是非图灵完备的。比特币的脚本较为简单，由解锁脚本和锁定脚本构成，只能完成一些简单逻辑。比特币区块链代码协议的优点是安全，但是在其系统上不能开发复杂的逻辑程序，这使得早期区块链的落地场景和应用较少。在比特币之后，为了能实现更丰富的功能和使用场景，一些图灵完备的区块链系统应运而生。以太坊拥有图灵完备的语言 Solidity 与独立的运行环境 EVM，并支持智能合约在其区块链上执行与部署，提供了完整的自由度，让用户可以搭建各种功能模块。通过 Solidity 完成智能合约的代码实现之后，使用编译器对其进行编译操作，使之成为元数据，然后将元数据在以太坊网络系统上发布。

图灵完备的 Solidity 语言是为实现以太坊智能合约而创建的高级编程语言，这门语言受到了 C++、Python 以及 Javascript 语言的影响。Solidity 是静态类型语言，它可以编译成 EVM 上运行的字节码相互兼容的形式。

5.3.3　虚拟机的发展

尽管 EVM 是一种创新技术，为智能合约的实现提供了基础，在应用过程中，EVM 存在一些问题，譬如存在不支持浮点数、缺少标准库、合约代码不支持优化升级、只支持重新部署等问题。EVM 常用的 Solidity 语言缺乏标准库、基于栈的架构易于优化但所需操作码（Opcode）更多，消耗的 Gas 费用过于昂贵等。由于 EVM 依赖于"非常大的、广泛的指令"，即使是最微小的计算，比如基本的算术，也需要转换成 256 位的字符串交给 EVM 来处理，一次非常简单的数学运算也需要完成这个复杂过程。现有的 EVM 存在过于复杂、性能低，以及支持的编程语言和开发工具有限等问题。

EVM 负责以太坊网络上的很多重要功能，其处理操作及交易速度的能力会影响网络的整体速度和性能，执行代码的效率则直接影响网络效率。近年来以太坊网络负荷的增加，使得 EVM 本身成了一个瓶颈，常常会降低网络吞吐量，增加交易时间。

EVM 也在不断地改进，以太坊 1.0 的虚拟机仅支持一种特定的执行环境，在以太坊 2.0 的第二阶段中，可以实现支持多个执行环境。eWASM 也将取代 EVM 成为以太坊 2.0 网络的状态执行引擎，eWASM 是 WASM（WebAssembly）代码的以太坊版本，而 WASM 由负责维护和标准化 Web 的开发者团队——万维网联盟（World Wide Web Consortium，W3C）创建。eWASM 允许以太坊开发人员能够使用包括 Solidity 之外的多种编程语言来编写代码，而不仅仅是 Solidity。eWASM 在设计上会带来性能增强，大幅提升速度和效率，减少甚至消除预编译。

eWASM 支持更多的附加语言，包括 C、C++ 和 Rust。受益于比 EVM 更广泛的工具集，它能提供可执行的二进制格式，非常类似于传统计算机的体系架构，高效且支持多种编程语言及开发者工具，还能够向后兼容 EVM。

5.4　智能合约的应用

智能合约最早的应用是公共场所、景区和校园里各式各样的无人自动售货机，用户可以在投入足额硬币后获得相应商品，完成一次商品交易。最初尼克·萨博根据无人自动售货机提出智能合约的概念，可以把它当成一个简单版本的智能合约，即从投币到弹出商品，自动控制程序完成交易。从某种意义上可以说无人自动售货机是智能合约的一种应用。

智能合约借助区块链技术的去中介化、不可篡改等特性，可以得到更好的应用和实践。智能合约本质上就是一段计算机执行的程序，事先将合约的触发条件、执行的事项等详细内容进行编程，再将代码部署和运行到区块链网络中，满足条件即可准确自动执行，不需任何第三方干预，确保合约执行公平、公正、可靠。一旦触发合约就会立即执行，自动按照合约规范进行操作，整个过程智能高效，短时间快速完成更是体现了它的准确和经济。

智能合约的应用场景非常广泛，譬如用于解决金融借贷领域的抵押贷款；用于医疗保险领域的应用，借助智能合约技术进行监管和信任网络的建设；用于物联网环境下供应链溯源和物品真伪查询；用于房屋租赁、身份认证、知识产权保护、市场预测等。目前来讲，金融领域和管理领域是智能合约比较大的应用场景。

下面简单介绍智能合约应用在电子合同、DAPP 和其他一些领域。这些应用案例目前还处于探索阶段，将会逐渐发展成熟。更多基于区块链和智能合约的应用将在第 7 章进行更详细的介绍。

5.4.1　电子合同

在企业的经济往来和个人的日常生活中，常会通过签订合同来约束彼此的经济活动。对于大多数企业法务来说，经常会遇到传统的合同起草消耗时间、条款可能有漏洞、表述不严谨、合同难管理等问题，一旦合同涉及纠纷，当事人又会陷入取证难、诉讼难、执行难的三难境地，而且维权周期长，成本特别高。

伴随社会科技进步，电子技术发展十分惊人，电子合同顺势出现，以节能节约、传输便捷等优势被人们使用。电子合同是以数据电文的形式缔结合同，通过电子脉冲来传递信息，以一组电子信息作为合同的基础形式。和纸质合同不同，电子合同摒弃了传统纸张这一形式载体，不需要额外的人工开销以及仓储成本等存储费用，同时也解决了传统纸质合同容易损坏以及丢失的问题。

当多方用户进行合同签署时，电子合同是将传统合同签署流程转移到互联网上，传统合同的签署过程需要双方在纸质合同上签署盖章然后邮寄，电子合同平台则通过用户的证书授权中心（Certificate Authority，CA）机构颁发的证书对双方共同签署的合同给予签章。相对于传统纸质合同需要双方在同一份合同上签字，不论是面对面签署产生的交通成本，还是将一方签署完的合同寄往另一方所产生的邮寄成本，还有这期间所耗费的时间成本，电子合同都可以很好地解决这些问题。将合同上传到互联网，双方只需要在电子终端就能够进行签署，工作效率显著提升。电子合同比纸质合同更安全、更高效和环保，同时有利于设立、变更、跟踪和执行当事人的真实意思表示。为使电子合同更加规范，我国先后颁布了多项相关的法律和法规，例如《电子合同在线订立流程规范》等，以法律文件明确了使用合法途径签署的电子合同和传统纸质合同在法律效力上没有区别。

但是由于受传统观念的影响，而且在安全性和可靠性方面，电子合同还是比较依赖第三方机构，也就是服务提供商的信任背书。电子合同平台通过作为中立的第三方角色来证明自己不会篡改合同，但是从技术上来说，电子合同平台是有可能篡改合同内容的。因此，大多数人对电子合同的安全性和信任度不高，受到诸如主客观、经济成本、适用范围、执行力度和执行时间等因素的影响，这一定程度上阻碍了电子合同在数字经济中的价值实现。

正是由于上述问题，合同服务应该是朝着数字化、自动化、智能化和去中介化，并且全程有司法监管的方向发展。

智能合约技术应用到电子合同领域，因其数据不可篡改、可追溯和去中介化等特点非常适合用于电子合同的存证、签章等流程。智能合约对电子合同进行智能分析和处理，帮助客户实现智能拟定、智能审查、智能谈判、智能审批以及合同的管理等功能，通过 PKI 技术以及区块链技术使得电子合同在签署过程中全程都有司法存证，以此来保证电子合同的安全可靠性及法律效力，同时做到了将取证前置，当合同签署双方出现纠纷和问题时，不需要花费时间和精力辩驳，通过将证据直接在线发送给司法系统便能够迅速得到裁决，极大地降低了各个环节的成本。

下面来讨论智能合约在电子合同领域的应用。

1. 智能合约与电子合同结合

区块链技术利用密码学算法、独特的数据结构以及共识算法，使电子合同签署的多方用户在交易记录上的一致性、签字后合同的存储和管理的可靠性，以及后期防止电子合同被篡改的安全性等问题都由机器算法来进行处理，结合其无须信任的特性，可以作为完美的中立第三方角色。电子合同的签署会被记入一个共享账本上，该账本用以存储合同，并且是多方用户共同维护，不允许用户篡改信息，无法抵赖，同时也不会出现遗失的情况。

对于电子合同的文本以及要素进行加密储存处理，能防止合同参与者的敏感信息也外泄，只有参与者和提前指定的中介或监管机构才能够对其解密和查看内容，从数据级别来对电子合同以及相关人员的敏感信息展开保护。机器会根据提前设置好的智能合约代码来执行而不是通过第三方机构，成为电子合同安全、可靠及合法的有力保障。

由于在区块链技术领域中，KYC 服务能对证书以及相关身份的信息自动进行检查和验证，自动认证鉴权，保证参与者的身份是真实有效的。

2. 处理现阶段电子合同难题

现阶段的电子合同存在第三方机构的安全和信任、电子签章可视化等问题，在区块链与电子合同的创新结合尝试中，特别针对这些问题进行了突破。智能合约在区块链上添加了复杂的逻辑和规则，可以实现合同管理自动化，商业行为数字化。

3. 解决第三方机构安全和信任问题

按照《电子签名法》和《电子合同在线订立流程规范》，需要中立第三方服务提供商的订立系统和存储服务，而保密原则的实施则只能靠与第三方签署的保密协定来保证。可以通过与公证处组成联盟链来实现合同存证信息的共享。合同存证信息一旦写入区块链，即会自动同步到公证处数据节点，区块链每个节点保存了全量的电子合同存证信息，保证任意一个节点都无法随意篡改合同内容。如果合同发生纠纷，也可以在公证处查证合同的真实性，从技术上保证了电子合同涉及的任何一方都不可能篡改合同。

在操作原理上，电子合同和区块链有着天然契合度，因而其未来可能会发展为区块链技术领域中运用比较好的领域。凭借区块链技术发展的科学性和严谨性，逐渐脱离第三方机构对合同的掌握，真正做到以不可篡改合同内容和严密的科学算法来建立信任，而非将信任依托于第三方机构的社会道德或者权威。以往依托于建立在道德或者权威的信任在某些时候存在极大的信任危机、可靠性较低。而应用以区块链技术为依托的电子合同则可以打破地域限制，以数据规则及公开算法为基础搭建出一个全球化的商业合同操作体系，不仅使交易更加开放，工作效率进一步提升，同时还可以做到交易不可抵赖。任何一家第三方机构不会对整个交易流程中构成的信用资产以及涉及的合同内容有所掌控，让信用不再被把持而回归本质，推动商业秘密向商业信用这一良好方向转化，进一步提升全球商业交易工作效率，大幅度减少交易相关费用，从而帮助参与交易的多方实现真正的安全交易和经济自由。

例如，超级账本项目是 2015 年由 Linux 基金会所发起的一项联盟区块链的开源工程，现如今已经有 190 多个会员，其通过利用和开发账本中的 Fabric 项目板块，能够满足商业用途背景下基于区块链技术的电子合同系统的相关需求。依托于 Fabric 项目以及第一个区块链权限管理策略，账本无须借助任何一个信任背书，就能实现对电子合同系统中的相关内容以及参与者资料的保护和保密。中国首个应用区块链智能合约技术案件宣判，杭州互联网法院对原告深圳某企业诉被告某网络购物合同纠纷一案进行公开宣判，该案是区块链智能合约技术应用于中国司法领域的首例案件，也是电子商务领域首例交易全流程上链存证的诉讼案件。在数据保全领域和区块链的结合，是电子合同平台的升级方向之一，我国区块链电子劳动合同签约平台也已经上线。并且，随着技术的发展，智能合约将广泛应用于电子合同领域。

5.4.2　DApp

互联网发展到如今的阶段，大部分网络应用都是中心化的服务模式。一般一个完整的 App 产品包含服务端和客户端两个部分，服务端一般提供数据读写存储，处理业务逻辑，进行图片、视频等资源存储，部署在服务器上，用户使用客户端通过接口和服务端进行交互来获取数据和处理数据，获取 App 提供的服务。这种中心化的服务模式容易导致服务内容缺乏透明度，用户敏感数据的泄露、隐私数据被滥用等问题，服务方和消费者之间的交易需要由极高的第三方机构信誉和完善的评价系统甚至社会征信体系背书，部分服务天然存在单点故障的缺陷。

分布式应用（Decentralized Application，DApp）是可运行在分布式网络即区块链网络上的应用程序。DApp 与 App 的客户端区别不大，但是服务端则不同，DApp 通常会部分或者全部部署在区块链网络上。

DApp 具有四个基本的特点：开源、拥有 Token 激励机制、去中介化的共识机制和无单点故障缺陷。区块链上的用户数据通常是用加密方式存储，数据的所有权归属用户，而非 DApp 的开发者；DApp 中消耗的资源由通证经济模型予以补偿或激励；DApp 的后端程序是部署在区块链上的智能合约，智能合约是一组预定义的业务规则，具备确定性（Deterministic）执行的特征，能有效降低信任成本。

不同于普通的 App，DApp 具有自身的独特优势：网络中不存在中心化的节点可以完整的控制 DApp，不存在中心化机构对数据信息造成干扰，因而也不存在修改或是删除某些数据的情况；DApp 的后端代码运行在分布式网络，具有容错功能，不会发生单点故障；区块链系统中所具备的价值传递功能以及数据确权，DApp 不论是在交易安全性、用户认证流程变更还是降低运维和技术研发开销等方面都拥有十分显著的特征优势，能够给用户带来更好的使用感。此外，系统中的数据资料都是经过加密保护后存储管理的，不存在用户数据泄露事件。

1. DApp 的工作流程

如图 5-5 是 DApp 工作流程，当 DApp 发送的事件以及交易请求被智能合约正确接收到后，就会触动预编写完成的代码逻辑，引发区块链中的账本项目完成状态操作。DApp 将调出智能合约所提供的接口，进而执行相应的业务逻辑，利用封装智能合约和账本进行直接交互的指令完成对上一层级业务逻辑工作的支持。

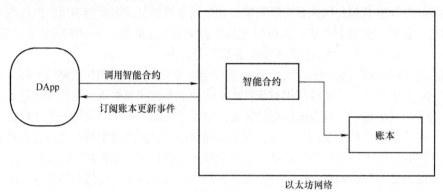

图 5-5　DApp 工作流程

2. DApp 的应用案例

一款基于以太坊开发平台的游戏类 DApp 以太猫 CryptoKitties 于 2017 年发布上线，其内容是一款虚拟养猫游戏，用户可买卖并繁殖不同品种的电子宠物小猫。以太猫游戏类似于此前席卷全球的游戏 Pokémon，不过它是一个基于以太坊的 DApp，上线不到十天就迅速成为以太坊上交易量最大的 DApp。在这个游戏当中，用户可以收藏、交易和繁殖以太猫，有别于比特币这类加密货币，以太猫更像加密收藏品，这意味着用户的以太猫所有权始终属于用户，所有权由智能合约确定，而智能合约是无法关停的，这点也是它区别于 Pokémon 的地方，因为一旦 Pokémon 背后的公司倒闭，用户所拥有的宠物也随之消失。而且作为收藏品，以太猫的市场价格是由市场需求、本身的稀缺性和用户的报价决定的。以太猫游戏中的每只猫都是独一无二的，每只小猫都有 256 组基因，不同的基因组合会让小猫的背景颜色、长相和条纹等都有差异，甚至还有隐性基因的设计。用户可为自己的小猫命名，并通过各种营销手法，让自己小猫的更好销售。买卖猫咪成了以太猫游戏的一大特色，以太猫游戏是基于区块链的，全球的用户都可以自由交易自己的猫咪。由于受到大量数字加密货币爱好者的热捧，游戏上线之后就传播迅速，曾一度造成以太坊网络交易拥堵。后来，出现了百度莱茨狗、小米加密兔、网易招财猫等一系列区块链宠物游戏。

一款名为 Status 的社交类 DApp 将自身定义为移动以太坊客户端，它允许移动设备充当轻型客户端节点。基于以太坊网络，它允许用户在分布式的网络上进行聊天、浏览和安全支付等活动，使人们能够从任何地方访问整个以太坊生态系统。用户可以在 Status 信息系统内发送智能合约，互相转账。因为这个应用程序是在一对一协议上操作的，所以服务器停机不会成为问题。

截止到 2020 年，基于区块链技术的 DApp 还在实验阶段，暂时没有发现具有大规模实际应用价值的 DApp 获得成功，应用项目在整体生态上还有待进一步完善，主要呈现出的倾向是娱乐化、抽奖以及游戏等相关的带有法律风险的 DApp，其他具有现实意义的 DApp 还具有非常大的开发和创造空间。DApp 产品的具体落地实施还是要考虑很多的相关因素，主要问题是以太坊平台处理效率低，以太坊的机制以及运行效率目前还很难支持一个庞大的分布式商业应用生态。商业级 DApp 的落地需要基于一个智能合约速度更快、扩展性更强、安全性更高的基础设施。

5.4.3　其他

前面介绍了智能合约在电子合同和 DApp 领域的应用，接下来介绍智能合约在其他一些领域的应用。

1. 金融领域

金融领域是智能合约的一个比较重要的应用场景，金融领域各业务场景的主要需求有安全性、稳定性、隐私性和可监管性，智能合约在金融行业开展应用具备以下优势。

1）确保金融交易安全。智能合约一旦部署运行，相关资金就会按照合约执行，任何一方不能控制或者挪用资金，确保交易的安全。

2）提高传统金融业务的效率。智能合约技术的整合可以减少传统流程中人工操作过程中的错误和成本，提高效率及透明度。

3）有助于金融机构对交易的监管。区块链上创建的分布式账本，记录上链的资产、交易和所有权的情况，使用公开透明的智能合约，这样更方便金融机构的监管。

目前为止，金融行业企业对于智能合约的关注力度和研发投入相较于其他行业是最大的。智能合约在金融行业的作用也比较突出，譬如应用于抵押贷款，通过智能合约实现自动化付款处理并在支付贷款后释放留置权、可视性抵押记录和并简化付款跟踪，相比传统人工处理效率大大提升，还能够减少误差，降低相关成本。值得一提的是，在金融领域的应用过程中，要使智能合约充分发挥其应用的潜能，还需要重视技术和法律等方面的问题，比如数据隐私方面的保护。

2. 物联网

在物联网领域，可以应用智能合约促进分布式网络中的服务和资源共享。近年来包括 IBM、微软等在内的大型企业也在探索该技术在物联网领域的应用。

现阶段物联网存在一些安全问题，如汽车系统可能会受到恶意攻击、门禁系统安全性需要加强等，应用智能合约技术可以解决这些问题。使用物联网和区块链技术融合之后，不需要将接收到的由智能设备输送的指令发送至网络中心，智能设备本身就是一个独立的运行中心，而接收到的指令在每个设备之间循环即可，极大降低了时间成本。

3. 供应链管理

供应链管理（Supply Chain Management，SCM）指的是从初始阶段到最后阶段的货物和产品的流动管理。供应链管理不是单独存在的工作，而是涉及众多不同的实体的参与者。将智能合约在供应链系统中运用，可为供应链系统中的所有流程带来更多可能和更高的可见性，使产品在供应链各环节的运输过程中记录产品的状况。

智能合约为整个供应链系统带来透明度。商品在运输过程中的所有阶段都可以被实时审查，直到交付客户手中。如果某个商品在运输过程中遗失，可以使用智能合约来检测其位置。此外，系统的高透明度保证了如果任何利益相关方未能履行合约条款，都有据可查。

4. 医药

医疗行业是一个全球关注的行业，也是各国政府每年投入大量财力和物力来优化的行业。使用智能合约技术与医疗技术相结合，能够更深入地为跨国临床医学实验这样一些医疗工作领域提供安全、优化资源、稳定的大数据分析、成本控制、医疗知识学习与分析等服务，解决医疗数据的信息孤岛问题。在智能合约的保护下，医疗数据输出到其他医院，由医生身份的用户进行一次性阅读，使用后便销毁，免除了医院对自己数据安全的担忧。除此之外，智能合约技术在电子病历、健康消费、药物研发、医疗保险以及药物溯源等相关领域也拥有巨大的发展潜力。

本章小结

本章学习了区块链的重要工具——智能合约，通过了解智能合约的发展，进一步掌握智能合约的工作原理，包括以太坊账户结构、执行流程和状态机、事务、触发条件，同时掌握以太坊虚拟机的作用；了解智能合约在电子合同、DApp 和其他领域的应用。

思考题与习题

5-1 智能合约的基本目标是什么？它的执行系统需要具有什么特点？

5-2 智能合约究竟是如何保存在共识节点上的？智能合约和区块链之间有何关联？智能合约又是如何调用的？

5-3 简述以太坊的交易结构。

5-4 什么是以太坊虚拟机？它的作用是什么？尝试部署和编译智能合约来理解虚拟机的作用。

5-5 A 想发送 0.6ETH 给 B，由于以太坊网络较拥堵，为了让 ETH 资产快速转出，A 提高了 Gas 费用，设置 Gas 数量上限为 26000，实际消耗 21000，Gas 价格为 30wei，请计算这笔转账交易消耗多少 Gas 费用（折算成 ETH）？

5-6 什么是电子合同？智能合约和电子合同结合应用会有什么效果？

参考文献

[1] SZABO N. Smart contracts : building blocks for digital markets[J]. The Journal of Transhumanist Thought, 1996, 18（16）.

[2] SZABO N. Bitgold[DB/OL].（2005-12-29）[2020-06-29]. https : //nakamotoinstitute. org/bit-gold/.

[3] In Search Of Satoshi. BitGold and Bitcoin[DB/OL].（2018-02-13）[2020-06-29]. https : //

medium.com/@insearchofsatoshi/bit-gold-and-bitcoin-9357176cd420.

[4]　NAKMOTO S. Bitcoin:A Peer-to-Peer Electronic Cash System[DB/OL],（2008）[2020-6-29]. https : //bitcoin.org/bitcoin.pdf.

[5]　POON J, DRYJA T. The bitcoin lightning network : Scalable off-chain instant payments [DB/OL].（2016-01-14）[2020-06-29]. https : //www.bitcoinlightning. com/bitcoin-lightning-network-whitepaper/.

[6]　BUTERIN V. A Next-Generation Smart Contract and Decentralized Application Platform [R/OL].（2016-06-23）[2020-06-29].https : //ethereum.org/en/whitepaper/.

[7]　WOOD G. Ethereum:A secure decentralized generalised transaction ledger[J]. Ethereum project yellow paper, 2014, 151:1-32.

[8]　CHINCHILLA C. Patricia Tree.[DB/OL].（2020-06-10）[2020-06-29]. https : //github. com/ethereum/wiki/wiki/Patricia-Tree.

第6章 联盟链
——更灵活的区块链架构

导　读

基本内容：

联盟链采用比公有链更加灵活的架构设计，旨在提高区块链系统的关键性能及对应用场景的适配性。本章以比较联盟链与公有链的区别为主线，首先介绍二者在设计逻辑上的本质区别，接着从分层架构的视角逐层介绍二者的异同，最后重点阐述联盟链有别于公有链的两个最重要的机制——共识机制与准入机制。

学习要点：

了解联盟链出现的背景和意义；掌握联盟链的定义、特性，以及与公有链的异同；熟悉几个主要的联盟链项目的运行机制和应用领域；了解联盟链常用的共识算法及其原理；理解联盟链的准入机制设计；了解联盟链的发展前景和应用领域。

6.1 联盟链概述

6.1.1 联盟链的提出与意义

区块链技术起源于完全分布式的数字货币应用。最初的比特币应用对参与记账节点的行为属性做了最朴素的假设，即假设参与节点是自由、自私且互不信任的。在这个朴素假设下，参与节点无须区别对待，因此比特币构建了一个高度开放的系统，允许节点自由地参与或退出分布式记账网络。这种允许节点开放参与的区块链系统也称为公有链。

开放参与是公有链的一个主要特征。公有链背后的思想是对参与节点之间的信任度做了最小化的假设，即"零信任"假设。比特币创造性地证明了可以在零信任的群体中依靠多数成员的"经济理性"构建出具有公信力的数字货币系统。然而，公有链的朴素假设也不可避免地带来了局限性。从技术角度看，公有链的开放性导致了数据记录效率低下、记录成本高昂、操作灵活性不足等诸多弊端。此外，从应用角度上看，由于公有链依赖于内生数字资产作为激励来规范节点的行为，导致公有链难以摆脱虚拟数字资产的基因，并在世界不同的国家和地区面临着不同力度的法律监管约束。

在商业金融、社会治理等诸多行业性应用领域中，"有限信任"是一种更加普遍的场景。与"零信任"不同，"有限信任"指的是当区块链节点与社会、商业中的实体相关联后，节点之间就具备了一定的信任基础。这种信任基础往往来源于既有的商业社会结构。比如，银行之间基于政府监管、法律约束形成的有限信任，供应链上下游企业基于商业信誉、合作关系等形成的有限信任。有限信任假设包含了对"节点是否可信""节点在多大的权限范围内可信"等问题的更具体说明。因此，有限信任是一个更具一般性的假设，可以把零信任和中心化信任当作是有限信任场景中的两个极端特例。

区块链技术在有限信任场景中也有广泛的应用需求。区块链技术具备的公开透明、难以篡改、可以追溯、集体维护和去中介化等特点有助于进一步促进信任的建立与利用。特别是当区块链与智能合约相结合后，有助于大幅降低价值转移的成本与监管难度。有限信任场景下的区块链应用有两个特点：一是区块链的参与节点有限，即对参与节点有一定的身份要求和条件限定；二是参与节点间的信任有限，即参与节点可以有不同的数据行为权限。显然，公有链的开放式架构和单一的数据行为权限并不适用于多样化的有限信任场景，需要有更加灵活的区块链架构来适配这种多样性，这就是提出联盟链的意义与动机。

6.1.2　联盟链的定义

联盟链是区块链的一种应用形态。联盟链和私有链属于许可链的范畴。相比之下，公有链无用户准入与授权机制，所有用户均可自由地加入或退出；许可链中的用户需得到准入许可与授权后方可加入。在许可链中，如果参与者是由多个利益相关实体组成的联盟，并由联盟成员共同参与区块链的数据治理，则称为联盟链；若仅由单个利益实体制定区块链的管理机制，则称为私有链。

联盟链起源于特定行业里的具体需求，其设计也因行业而异。自 2015 年以来，国内外陆续出现了多个知名的联盟链项目。2015 年 9 月，多家跨国金融机构与银行联合成立了 R3 联盟，旨在推动联盟链技术在全球金融市场中的应用。比如，银行可以通过联盟链的形式实现更高效率的跨国跨行交易、结算、支付、转账等。2015 年 12 月，Linux 基金会发起了超级账本（Hyperledger）项目。超级账本是一个旨在推动区块链跨行业应用的开源项目，成员包括金融、银行、物联网、供应链、制造和科技行业的知名企业。超级账本包括了多个开源区块链项目，而其中受到最广泛关注的就是基于联盟链架构的超级账本 Fabric 项目。此外，近年来国际上出现的比较有代表性的联盟链项目还有 2016 年的 Corda，2019 年提出的 Libra，以及基于以太坊改造而来的 Quorum 等。

联盟链是从各具体项目中抽象出来的共性技术，其定义尚在持续的演变中，业内对其定义有着不同的表述。相关阐述包括"联盟链的各个节点通常有与之对应的实体机构组织，通过授权后才能加入与退出网络。各机构组织组成利益相关的联盟，共同维护区块链的健康运转""根据一定特征所设定的节点能参与、交易，共识过程受预选节点控制的区块链""联盟链只允许认证后的机构参与共识，交易信息根据共识机制进行局部公开"。

从广义的视角来看，联盟链节点并非必须与机构或组织相绑定，也可以是授信的个体。此外，联盟链并非只能记录交易信息，也可以是其他信息。因此，可以将联盟链定义为：由多个代表不同的利益实体，且具有不同数据操作权限的认证授信节点，共同管理的多中心区块链。

6.1.3 联盟链的优势

1. 灵活可控的数据操作

与公有链相比，联盟链可以提供更加灵活可控的数据管理模式。联盟链中的不同节点可以配置多样化的数据操作权限。此外，联盟链可以在达成共识的前提下对错误的记录数据进行更改，即实现数据的"回滚"。这种更加灵活的数据操作能力能够更好地与应用需求对接。在联盟链技术中，各个业务方都有一个结构完全一致的数据库（账本），账本之间是实时同步的，数据的获取不依赖于上游业务方的主动性，而是可以实时得到数据，具有更好的数据获取效率[1, 2]。

2. 性能与安全性的提高

联盟链的共识过程是由少数预选的授信节点共同完成的，可以理解为一种多中心的分布式共识。联盟链一般不采用纯分布式的工作量证明（Proof of Work，PoW）共识机制，而是多采用权益证明（Proof of Stake，PoS）或实用拜占庭容错算法（Practical Byzantine Fault Tolerance，PBFT）、Raft 等共识算法。与公有链中的纯分布式共识算法相比，多中心的共识算法可以减少共识时间和计算成本，提升系统的响应速度和交易吞吐量。由于对节点进行了准入认证，在安全性上也不会有太大的牺牲。

3. 更好的数据隐私性

联盟链具有更好的数据隐私性。联盟链上的信息并不对所有参与节点公开，而具有一定的权限控制，只有具有权限的部分节点才可以对信息进行访问、读取、修改。以具代表性的超级账本 Fabric、R3 的 Corda 这两个联盟链为例。Fabric 采用不同通道的方式实现私有域交易数据的隔离，只有属于同一个通道内的节点，才可以共享交易信息，将其他节点屏蔽在外，保证了数据的隐私性。Corda 数据只在交易的相关方之间进行交互和存储，并不进行全局的广播，网络中的其他参与者不能访问交易信息。

4. 法律法规的兼容

联盟链的灵活架构能够更好地兼容世界各地的法律法规。比如，欧盟的《一般数据保护条例》（General Data Protection Regulation，GDPR）于 2018 年 5 月正式生效。在 GDPR 的核心要求中，规定了个人数据的擦除权利（即"被遗忘的权利"），这与公有链数据无法更改与删除的特性相冲突[1]。另外，GDPR 规定了两个数据保护责任主体——数据控制主体（Data Controller）和数据处理主体（Data Processor）。公有链的数据保护责任主体并不明确，而联盟链一般具有比较明确的责任主体[1]。最后，公有链一般依赖于内生的虚拟数字货币或通证作为激励机制，这不符合我国的金融监管规定。而联盟链不一定需要有货币化或证券化的激励机制，因此更加符合国家或政府的监管要求。

5. 更低的对账成本与开发成本

在涉及金融、缴费、支付、交易等业务的信息化系统中，对账环节在避免数据篡改、数据出错等方面是至关重要的，对账根据业务不同而具有相应的复杂性。在应用联盟链技术的业务中，各方使用统一的数据库，对账需求基本上是不存在的，有效降低了对账的成本[2]。

同时，在传统信息化系统中，由于各个业务方都拥有各自的系统和数据库，且彼此之间存在一定的差异，各方的数据传递需要独立的接口开发来实现，且接口开发通常情况下只适用于这两个系统之间，无法重复地应用到其他系统 [2]。联盟链技术使各方数据库进行统一，两方系统之间不需要进行接口的开发，能有效降低接口的开发与维护成本。

6.1.4　知名联盟链项目简介

当前国内外知名的代表性联盟链项目有国外的超级账本 Fabric、Corda、Quorum、Libra 和国内的 FISCO BCOS 等，下面分别做简要介绍。

1. 超级账本 Fabric

由 Linux 基金会托管的超级账本 Fabric 是第一个支持以标准编程语言编写的分布式应用程序执行的区块链系统，它是一个企业级的开源许可区块链平台，通过可信任的模型和可插拔的组件实现高度的可定制性。Fabric 基于智能合约支持的结构非常适合于跨领域方面的应用，如全球贸易数字化、安全密钥、贸易物流、合同管理等。作为一个开源的区块链平台，Fabric 克服了顺序执行交易、事务确定性要求等限制。其特点包括以下四点。

1）对共识机制、身份验证等组件进行了模块化设计，支持包括共识、加解密、账本机制和权限管理等模块的可拔插结构，便于适用不同的应用场景。

2）通过证书管理机构（Certification Authority，CA）为传输层安全（Transport Layer Security，TLS）证书、注册证书和交易证书提供安全支持等。

3）采用松耦合的设计，解耦了原子排序环节与其他复杂处理，引入多通道技术实现通道之间的数据隔离，以缓解与消除网络瓶颈。

4）引入链码处理区块链系统，采用容器技术将链码放入应用容器引擎 Docker 中运行，支持编程和插件添加新链码编程语言。

2. Corda

Corda 是一个用于记录和处理财务协议的分布式分类账平台，用于受监管的金融机构，旨在让所有经济行为体相互作用时，使任何各方能够以安全、一致、可靠、私人和权威的方式记录和管理彼此之间的协议和数据。Corda 系统基于特定的业务需求进行了选择性的简化设计，其技术特点包括以下四点。

1）无区块链结构，无挖矿环节，无全局账本。

2）无中央控制器记录公司之间的工作流程。

3）支持纳入监管和监督观察员节点。

4）无广播，采取点对点的消息交流方式，仅在交易各方之间验证交易。

3. Quorum

Quorum 是以太坊平台的开源许可版本，结构上在许多方面与以太坊相类似，已经被用于实现私有事务和权限系统来控制网络访问。Quorum 是权限分类账空间中的关键竞争者之一，支持智能合约和交易的机密性和隐私，以及崩溃和拜占庭容错共识算法。作为以太坊的准入许可实现，Quorum 相对于以太坊做出了几点更改。

1）准入机制的实施限制参与者为一组已知节点，其被配置为网络中的一部分，参与事务的验证、智能合约的运行等维护账本状态行为。

2）在已知参与节点的环境中，为崩溃容错提供 RAFT 共识，为拜占庭容错提供 Istanbul-BFT 共识，支持可拔插的共识实现，提供相比以太坊更快的共识流程，避免以太坊使用 PoW 产生不必要的功耗浪费。

3）允许大联盟集团中的子集团相互交易，账本分为公开分类账和私人分类账，公开账本全网可见，私人账本仅对交易方可见。

4）消除了以太坊中的 Gas 对交易增加成本的概念，统一设置为 0。Quorum 没有任何与在 Quorum 网络上运行事务相关的加密货币。

4. Libra

Libra 是一个开源许可区块链，旨在成为一种全球货币，为金融服务创新创造新的机会。Libra 设计了一套新的智能合约编程语言 Move，并期望搭建成一个"全新的"跨国加密货币系统。在其长期愿景中，Libra 也表示了会逐步转移为公有链的目标。

5. FISCO BCOS

FISCO BCOS 是国内企业主导研发并且对外开源的企业级金融联盟链底层平台。其技术特点包括以下三点。

1）采用群组架构，支持快速组建联盟和建链。

2）基于有向无环图（Directed Acyclic Graph，DAG）并行执行交易，大幅提升性能。

3）通过预编译合约提升了合约性能，可以突破以太坊虚拟机的性能瓶颈。

6.1.5 联盟链的部署与搭建

如何高效地部署和维护区块链是联盟链推广应用中的关键问题。各节点独立部署具有维护成本高、效率低等缺点。受云计算领域对服务的抽象化的启发，区块链界提出了区块链即服务（Blockchain as a Service，BaaS）的概念。BaaS 是区块链和云计算融合而成的产物，在云计算的基础架构上引入了可以支持区块链核心功能的平台。在服务过程中，BaaS 通过提供基础架构和工具帮助用户在云上构建区块链项目，并进行管理、托管以及使用等各项功能。BaaS 的服务内容和功能广泛，它可以提供有关身份管理服务、中间件、应用程序、节点、智能合约以及分布式账本等区块链技术所涉及内容的各项服务。BaaS 可以帮助企业将区块链的实现外包到云环境，在云基础的架构上完成对区块链应用程序的创建、开发、测试、托管、部署和操作。企业在 BaaS 中可以灵活地调用区块链功能从而提高效率。

国际上，微软、IBM 等企业都推出了相应的 BaaS 平台。在国内，由国家信息中心牵头开展顶层设计，会同中国移动、中国银联等单位在 2019 年 10 月发布了区块链服务网络（Blockchain-based Service Network，BSN）。BSN 的目的在于建立一套跨云服务、跨门户、跨底层框架，形成用于部署和运行区块链应用的全球性公共基础设施网络，降低区块链应用的开发、部署、运维、互通和监管成本。BSN 借鉴互联网的设计和建设思路，将区块链云服务商、区块链底层框架商（特指联盟链）、门户商三方整合起来，通过门户商建立的 BaaS 平台给开发者和科技公司提供服务，而广大的消费者和用户对区块链应用背后的技术和结构无感知。

6.2 联盟链与公有链的区别

6.2.1 数据层

1. 区块链的分布式程度

公有链的一大特点就是免去了第三方依赖，实现完全分布式[4]，使得网络中的每个节点地位平等，具有相同的权力，共同维护着全网系统中的数据记录，实现数据的分布式记录与存储，并保证真实性。而在公司或联盟内已经具有一定信任的基础上，区块链朝着具有多中心信任模式的方向发展，即联盟链。联盟链的这种特点帮助降低成本，提升系统效率。

Fabric 中的多通道技术以及具备一定层级关系的树状拓扑说明了 Fabric 不是完全分布式，而是多中心化。XuperChain 中的平行链与群组特性、FISCO BCOS 的多群组架构也均表明了项目的多中心特性。Libra 通过 Libra 协会进行多中心化协会的管理与发行 [5]，协会由包括科技公司、区块链公司、非营利组织等多个行业与机构组成，如 Pyapal、Visa、Uber 等，负责开发和经营 Libra、管理储备、控制验证节点的准入等。

2. 数据的读写权限

公有链的开放准则允许任何人参与网络中，每个节点拥有相同的权利，可以读取全网数据 [4]，且都具有记账权，如比特币。而联盟链将预先指定一定数量的记账节点，区块的生成由所有记账节点达成共识决定，网络中的其他节点可以交易，但没有记账权。此外，联盟链对于交易数据信息实施访问控制，只有被授权的节点才能读取，可采用如访问控制列表（Access Control Lists，ACL）定义授权节点具有的权限。例如，Corda 中的交易仅交易双方与监管者可知，交易都是直接发起的，其他节点无从得知。

3. 数据的修改权限

比特币公有链数据结构中的每个元素都有一个指针，指向上一个块，并体现其哈希值。此哈希值是验证区块链完整性的关键元素，它是通过单向哈希函数计算的，该函数将任意大小的数据映射到固定大小的不可逆哈希值。如果对手试图修改某一个块的内容，那么任何人都可以通过计算其哈希值并将其与下一个块中存储的哈希值进行比较来检测不一致之处，从而检测出被修改的块 [6]。为了避免被检测出来，对手可以尝试将所有哈希值均进行更改，即从篡改的区块更改至最新的区块。但是，由于共识算法的限制，未经大量验证节点的同意，更改一系列区块的哈希值是不可行的。因此，区块链具有"不变性"特征——数据是防篡改的。

不同的是，联盟链成员可以达成协议并更改先前的区块。由于准入机制的不同，公有链的节点数是巨大的，这对数据的修改造成了障碍。而对于联盟链来讲，只要能够在联盟链内部达成共识，就可以对区块的数据进行更改。在达成共识的前提下对错误的记录数据进行更改，即实现数据的"回滚"。

4. 数据的分布式存储

公有链中，允许网络中的相关节点（如全节点）存储整个网络的所有历史交易数据，以此保证数据的公开透明，但也因此带来了数据隐私隐患以及节点数据同步性能的恶化 [7]。

多数联盟链从保护隐私与改善性能的角度，对数据存储的权限进行了更细致化的规定。例如，Fabric v1.0 中加入了多通道（Multichannel）技术，通道间互相隔离，互不影响，通道下的账本仅存储与通道下节点有关的交易。节点仅存储所在通道的账本内容，网络中同时运行着多个账本，Fabric 中的节点根据需要加入不同通道中。类似于 Fabric 中的多通道设计，XuperChain 中采用了平行链和群组特性，具备群组特性的平行链，其上的账本信息只被特定节点拥有。FISCO BCOS 则引入多群组架构，支持区块链节点启动多个群组，群组间相互隔离，为区块链系统隐私性提供保障，并且降低了系统运维的复杂度。

Corda 要求较高的数据隐私保护，没有完全分布式的账本，没有链式结构，也没有全网广播，账本都是针对每个节点进行部分存储，仅存放和自己有关的交易。每个节点维护自身这一个独立的数据库，没有节点能够知道所有的内容，大大节省了空间[8]。

公有链与联盟链在数据层方面的主要区别包括：①公有链具有完全分布式、匿名性的特点，很好地保护了参与者的隐私信息，而联盟链上的节点通常与组织或机构对应，是多机构之间组成联盟的形式，具有弱中心的特点；②公有链允许任何人参与，不设置门槛，任何人都能读取全网数据，而联盟链系统并不向外开放，仅限于个人或公司内部一定数量的节点准入，区块链信息仅部分节点可知，并可设置信息传递权限；③公有链中的数据无法篡改，联盟链则可在达成共识的基础上实现数据回滚；④公有链上的每个节点都能下载到完整的区块链数据，而联盟链则更注重隐私性，节点存放对应通道下的账本或是参与交易的数据信息。

6.2.2 网络层

1. P2P 网络拓扑

区块链网络中的节点之间一般采用 P2P 协议进行通信，在物理网络的基础上搭建了一个逻辑网络，即 P2P 覆盖网络。P2P 网络依据一定的拓扑结构在网络节点中开展信息检索、查询与路由。常见的拓扑结构包括集中式、纯分布式、混合式、结构化四种。

集中式拓扑如图 6-1a 所示，由中心节点保存其他节点的索引信息，包括节点 IP 地址、端口、节点资源等。集中式拓扑的优点是结构简单、信息传递效率高；缺点是存在单点故障与性能瓶颈的问题，扩展性差，不适用于大规模的网络。纯分布式拓扑在节点之间随机地建立 P2P 连接，从而形成一个随机拓扑结构，如图 6-1b 所示。纯分布式结构具有良好的可扩展性，但依赖于全网广播的泛洪机制进行信息检索，可控性差且效率较低。混合式拓扑如图 6-1c 所示，它是集中式和分布式拓扑的融合，由超级节点与多个普通节点组成局部的集中式网络，再由多个超级节点构成整体的分布式网络。混合式拓扑兼顾了集中式与分布式拓扑的优点。最后一类拓扑是结构化 P2P 网络，将所有节点按照某种结构进行有序组织，比如形成一个环状网络或树状网络。在大规模网络中构建结构化拓扑的具体算法有 Kademlia、Chord、Pastry、CAN 等，这些算法普遍基于分布式哈希表（Distributed Hash Table，DHT）原理。

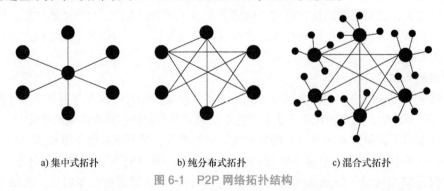

a) 集中式拓扑   b) 纯分布式拓扑   c) 混合式拓扑

图 6-1　P2P 网络拓扑结构

公有链的 P2P 网络规模较大，采用混合式与结构化的拓扑结构。如比特币采用了混合式的拓扑，以太坊采用了基于 Kademlia 算法的结构化拓扑。联盟链的 P2P 网络规模较小，可以根据实际需求进行灵活的设计。

Libra 项目采用了集中式的拓扑，采用 LibraBFT 共识机制，将 PBFT 的网状通信拓扑变成了星形通信网络拓扑，其他验证节点和仅需与主节点进行通信，使得系统的通信复杂度大为降低。Corda 项目的网络拓扑是一个半私有化的全局网络 [8]，采用点对点网络，节点之间可彼此定位，所有交流都是节点基于互信进行的。

　　Fabric 项目采用了特定的结构化拓扑。企业间组网由于数据的严格保护，对网络的控制十分严格，不利于区块链数据的共享。Fabric 通过将排序节点（Order）部署到公网上，让每个组织暴露出一个主节点与排序节点进行交互，使区块链能在组网间方便使用。Fabric 的网络拓扑结构如图 6-2 所示。

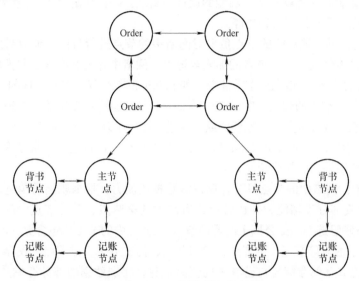

图 6-2　Fabric 网络的拓扑结构

　　XuperChain 目采用全分布式结构化拓扑，网络中的各平行链之间共享 P2P 网络。目前网络支持用于网络公开场景的 libp2p 模式，也支持主要用于联盟链场景的基于 GRRC 的模式。FISCO BCOS 项目同样采用特定的结构化树状拓扑，在 v2.2.0 中采用 gossip 协议保障区块同步的健壮性，定期同步状态信息。

2. 网络中的消息传递

　　为实现数据的一致性和安全性，比特币公有链采取全网广播策略，将每笔交易广播到网络中，网络上的相关节点记录全部交易，防止数据被篡改 [7]。每笔新交易与生成的区块都将被广播到区块链网络中的验证节点，由所有节点对此进行验证签名。

　　在商业应用场景中，全网广播的机制容易导致企业信息泄露。与传统区块链的全局广播不同，Corda 网络中，没有全局广播或 gossip 网络，数据是在需要了解的基础上共享的，交易仅交易双方与监督者可知，未参与到交易中的节点无法知道交易内容，这样的设计有效保护了数据的隐私。

　　Fabric v1.x 版本中加入了多通道技术 [9]，实现各通道互相隔离，保护数据隐私。网络中公网上的 Order 节点会与对应通道上的主节点（Leader Peer）互动，主节点通过 gossip 协议广播到通道上组织内的其余节点。

　　公有链与联盟链在网络层的主要区别在于：一是公有链网络规模大，采用混合式与结构化拓扑结构，联盟链网络规模小，可根据实际情况灵活设计；二是公有链主要采取全网广播的方式，联盟链注重隐私保护采取各通道独立广播或点对点通信等方式。

6.2.3　身份层

除了其他五层中存在不同外，联盟链与公有链的另一项主要区别在于增加了对节点身份的认证以及基于不同身份的授权，称之为"身份层"。通常公有链并没有这一层，而联盟链则相对需要这一层。因此，在第 3 章分层模型中未提及。身份认证与授权功能往往是捆绑在一起的，称为联盟链的准入机制。将在 6.4 节对准入机制进行单独的介绍。

与节点身份紧密相关的就是节点功能的设计与封装。各区块链对于节点的功能划分各不相同，网络中的节点主要有以下几种功能。

1）准入控制：具有该功能的节点负责对网络中的节点进行身份认证或对发送的交易进行验证控制准入。公有链允许任何节点的加入与退出，网络中并没有准入控制模块，此多用于联盟链中控制节点的准入。在联盟链项目中，如 Fabric 的 CA 节点和 Corda 的门卫（Doorman）节点均具有控制节点准入的功能。联盟链中节点的身份可验证有助于监督管理，并可在发生攻击等情况下跟踪锁定嫌疑节点，实施惩罚或采取进一步的治理措施，减少损失。Libra 中的主节点通过准入控制模块（Admission Control，AC）对发送交易进行签名、余额等有效性验证，验证通过才能广播给网络中的其他验证节点。

2）数据存储：网络中的节点具有存储账本数据的能力，根据职能与角色，节点有对账本内容的全部存储或部分存储能力。比特币公有链中的全节点、矿工节点中的个人矿工（Solo Miner）节点，与联盟链 Fabric 公网上的排序节点、Libra 中的节点均包含完整的区块链数据库。而 Fabric 各通道下的对等节点（主节点、背书节点、提交节点、锚节点）仅存储通道上的账本内容，Corda 中的节点仅存储与自己有关的交易信息，实现数据的部分存储[7]。FISCO BCOS 中的共识节点和观察者节点存储着链上的数据。

3）数据共识/验证：区块的生成权、出块以及交易的提交需要共识节点参与共识达成一致，并经过相应的有效验证后对交易或区块进行记账提交。比特币中的矿工节点具有挖矿功能，XuperChain 与比特币类似，在共识过程中被任命的矿工节点与验证节点对区块进行共识验证。Fabric 项目中，提交节点负责对区块进行有效性校验并将区块写入账本。Corda 中未采用共识算法进行共识过程，而是通过公证人集群完成对交易中输入的唯一性验证，避免双花[8]。Libra 中，主节点将发起共识请求，与参与共识的验证节点对出块结果达成共识。FISCO BCOS 中的共识节点参与共识过程。

4）通信服务：具有该功能的节点主要负责在网络中进行消息的传递与交互，如 Fabric 中的排序节点、主节点与锚节点。公网上的排序节点和每条通道上的主节点交互[9]。各通道中的主节点负责与排序节点互动，将消息发给通道上的其他节点。锚节点代表组织与其他组织交换节点信息，以便于每个节点掌握整个网络上的节点信息。Libra 中的主节点是其他验证节点与外部的接口，维护账本更新。

5）智能合约：节点负责运行智能合约。Fabric 中的背书节点负责对客户端发过来的交易提案进行背书。Libra 中，主节点中的准入控制模块将调用虚拟机验证交易的正确性，是业务逻辑运行之地。Corda 中的节点将在沙箱内下载和运行合同。

区块链中的节点除具有以上一些功能外，还具有其他功能，如比特币中的矿工节点除挖矿功能外还具有钱包功能；Fabric 中的排序节点除了与主节点交互外，主要功能是对网络中的所有交易进行全局排序。

表 6-1 将比特币网络与若干代表性的联盟链网络中的节点功能进行了对比，联盟链身份层的最大区别是：①联盟链增加了准入控制的功能；②联盟链普遍增加了专业的通信服务节点，用于提高通信效率并增强通信过程中的数据隐私保护；③联盟链弱化了钱包功能。数据存储与共识对公有链和联盟链而言都是不可或缺的核心功能，而智能合约功能则是一个可选项。

表 6-1　若干区块链项目的节点功能对比

功能	比特币	Fabric	Corda	Libra	Xuperchain	FISCO BCOS
准入控制	无	Fabric CA	根网络 CA、doorman、节点 CA、合法身份 CA	Libra 联盟、主节点（访问控制列表）	内置合约账号权限系统	网络准入机制、群组准入机制
数据存储	全节点、个人矿工节点	排序节点、主节点、锚节点、提交节点、背书节点	节点	验证节点、主节点	节点	共识节点、观察节点
数据共识/验证	矿工节点	提交节点	公证人节点	验证节点	矿工节点、验证节点	共识节点
通信服务	无中心	排序节点、主节点、锚节点	网络地图	主节点	无中心	链上信使协议 AMOP
智能合约	无	背书节点	纯函数	移动模块	WASM 字节码	二进制代码

6.2.4　共识层

共识机制是区块链中的关键，公有链与联盟链在协商一致的共识上根据自身特点也存在着选择上的区别。

比特币在共识算法上采用 PoW 机制，以太坊采用了 PoW/PoS 算法。Fabric v0.6 版使用 PBFT 作为共识算法，v1.0 ~ v1.4 版本使用 Kafka 共识算法，v1.4.1 版本提供了基于 Raft 共识的排序服务，Kafka 与 Raft 算法只支持崩溃容错。Libra 系统采用 BFT 算法簇中的 LibraBFT 作为共识算法，是变体的 HotStuff 链，只需执行几个步骤就能完成一轮共识，极大提高了交易处理的吞吐量。Corda 中由于节点的数字证书映射其真实世界的法律身份，节点之间相互了解，故不采取基于互不信任环境下的共识算法，其提出了公证人节点，对交易进行唯一性验证，避免双花。Corda 中的交易需要达成有效性与唯一性两类共识，前者是对所在交易链上与提交交易输入有关的交易进行验证，后者指验证提交交易中所有的输入都没有被消费过，避免产生双花错误。

在国产联盟链中，XuperChain 默认采用委托权益证明（Delegated Proof of Share，DPoS）共识算法，自主研发 DPoS 实现了 TDPoS 算法，共识可拔插，支持 PoW、xBFT、授权共识等多种共识机制。XuperChain 中的各平行链可根据实际需求选择不同的共识机制，通过提案/投票机制对共识算法进行升级。FISCO BCOS 基于多群组架构实现了插件化的共识算法，群组之间互不影响，可选择运行不同的共识算法，支持 PBFT 和 Raft 共识。FISCO BCOS v2.2.0 优化了 PBFT，FISCO BCOS v2.3.0 提出了 RPBFT 共识算法，保留 BFT 类共识算法高性能的同时，尽可能减少节点规模对共识算法的影响。

下节将对共识算法的原理进行更详细的介绍。

1. 自然分叉与区块确定性

公有链不可避免地存在一定自然分叉概率。以比特币为例，会出现多个矿工在短时间内相继发布不同区块的情况，由于网络时延的影响，网络中的其他矿工会接收到不同的区块，可能会导致区块链的分叉。虽然矿工的激励机制促使他们选择在最长的分支上挖矿，最终形成唯一版本的区块链主链，但是当自然分叉出现时，哪个分叉能够成为主链难以预知。因此，即使交易已通过验证，也无法确定它是否将最终留在主链上。在比特币中，用户通常等待六个区块确认，然后才可以认为交易是有效的。从这个意义上来说，永远不会有被绝对接受的交易，只可能随着链增长而逆转的可能性呈指数下降[6]。因此，公有链中确定区块的响应时间一般较长。

联盟链所使用的共识算法可以实现区块确定性（Block Finality）：一旦区块被验证，它就被保留在主链上，并且不允许分叉[6]，具有即时确定的特点。由于分叉发生的可能性与确定区块的响应时间有关，联盟链因此具有较快的系统响应。

2. 分叉与软件更新

当部分节点的软件更新到新版本后，更新后的节点和未更新的节点就会运行不同版本的协议[10]，这就可能导致分叉的产生。通过第 4 章 4.3.6 小节的学习可知，分叉通常可分为两类：一是"软分叉"，其中新版本认为有效的事务对旧版本也有效，即向前兼容；二是"硬分叉"，其中旧版本认为无效的事务可能对新版本有效[6]，即向前不兼容。这两类分叉如图 6-3 所示。

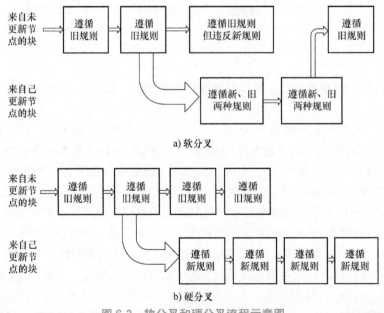

图 6-3　软分叉和硬分叉流程示意图

由于节点数量巨大以及他们之间可能存在潜在的分歧，公有链上的软件同步非常复杂。而在成员彼此互信并可以迅速达成共识的联盟链上，达成一致的软件更新相对容易。

公有链与联盟链在共识层上的主要区别有以下几点：①公有链的开放准入机制使得公有链更偏向于完全分布式和具有激励的共识，而联盟链中严格的准入控制使其可以更灵活地采用崩溃容错（Crash Fault Tolerance，CFT）算法或拜占庭容错（Byzantine Fault Tolerance，BFT）算法的变体；②在参与共识方面，公有链中的每个节点都有记账权，而联盟链的共识过程是由预先选择好的节点来进行控制；③公有链中的"挖矿"人数较多，效率低、耗电大，且交易的验证与完成耗时较长。而联盟链由于可预知节点，算法运行更加高效，大大提升了效率，降低了成本消耗；④公有链在区块生成上存在分叉现象，联盟链则具有即时确认的特点，不会出现分叉；⑤联盟链在软件同步上比公有链快速容易。

6.2.5　合约层

联盟链可以采取与私人交易相同的方式，将这些合约的可见性限制于一部分成员。按联盟规则对联盟链的读写、记账权限进行制定，相比于公有链的海量节点，联盟链的节点数相对较少，将区块的合约及可见性限制在联盟链内部甚至部分节点上，参与记账节点的数量显著降低，提高了共识验证的速度，从而提升了联盟链的性能。此外，在同一条联盟链上，有时因业务需求，交易仅在联盟链上的几个组织之间进行，其他组织是被屏蔽在外的，针对这种场景，通道应运而生。若某几个组织需要隐秘地进行数据交流，它们可以通过建立一通道来实现私密的数据通信。这样形成的每个通道有各自独立的账本存储和交易执行环境，某个通道内的交易对其他通道和整个联盟链网络来说都是无感知、不可见的，将合约的可见性限制于一部分成员。

在智能合约层，各区块链平台对于编程语言和执行环境的选择也有所不同，见表 6-2。比特币脚本是嵌在比特币交易上的一组指令，是智能合约的雏形，脚本语言不是非图灵完备的，指令单一[7]。以太坊采用 Solidity、Vyper 脚本语言在 EVM 环境下运行，是首个以图灵完备智能合约为主要功能的区块链。Fabric 采用术语"链码"来描述智能合约，分为系统链码和普通链码[9]，前者负责生命周期与配置等的管理，后者则是用于实现业务逻辑，即智能合约的开发。Libra 设计了一种新的编程语言 Move，为 Libra 提供安全可靠的可编程基础，在 Move 设计的虚拟机 Move VM 下运行。XuperChain 中的原创 XuperModel 模型实现了智能合约的并行执行与验证，XuperBridge 技术为所有合约提供统一接口，支持多种智能合约语言如。目前 FISCO BCOS 采用的是传统 EVM 根据 EVMC 抽象出来的 Interpreter 执行器，能够支持基于 Solidity 语言的智能合约。

表 6-2　若干区块链项目的合约层对比

平台	执行环境	编程语言
比特币	内置脚本引擎	Script
以太坊	EVM	Solidity、Vyper
Fabric	Docker	Go、Java
Corda	JVM	Java、Kotlin
Libra	Move VM	Move
XuperChain	XVM	Go，C、C++，Java 等
FISCO BCOS	EVM	Solidity、C++

公有链在执行智能合约时，需要为运行支付 Gas 费用，而联盟链则不一定需要。此外，公有链完全分布式的特点使得其在智能合约开发方面没有太多约束，而联盟链为实现隐私、安全与监管的保障，通常会在其中加入一些条款与限制。如 Corda 中的智能合约不仅包含代码，还

允许包含法律条文，以满足金融领域严格的监管环境[8]；Fabric 的多通道实现了不同通道上合约的执行分离，保护成员的交易隐私。

在智能合约方面，公有链和联盟链的区别包括：①公有链将会为智能合约的执行支付 Gas，而联盟链大多不需要；②相比公有链，联盟链在智能合约上增加了管控元素。

6.2.6 应用层与其他

1. 应用层

公有链与联盟链在应用方面也存在着区别。公有链基于公开、透明与开放的特点，允许任何人在链上创建应用，应用场景有点对点交互、数字资产交易（比特币、以太坊）等场景。联盟链具有的低成本、高性能、隐私化等特点适合于机构间进行交易、结算等 B2B 场景，即更适合于金融领域方面的应用场景，如 Corda 与 FISCO BCOS。

在应用层，比特币应用是基于比特币的数字货币交易[7]。以太坊除了以太币交易，还支持完全分布式应用。Fabric 中没有数字货币，其主要面向企业提供区块链应用。Corda 主要用于金融服务行业。Libra 的应用主要是基于 Libra 币的数字货币交易[5]，期望建立一套简单无国界的货币，为全世界提供金融基础设施方面的服务。FISCO BCOS 具体应用覆盖供应链金融、司法服务、积分卡券等领域。XuperChain 同时适用于公有链的应用场景和联盟链诸如面向企业和机构的应用场景，在电子政务、司法、智慧医疗、边缘数据等多个领域已开展应用。

随着区块链技术的版本升级，区块链利用在多方协作建立信任中产生的低成本优势，将更好地和其他前沿技术进行融合，实现应用落地，如区块链+金融、区块链+智慧城市、区块链+政务等，技术渗透到人类生活生产与管理的方方面面，改善与优化了各领域方面的应用服务。具体案例可参看本书第七章。

2. 数字资产

区块链中的内置代币是一种经济激励和防止垃圾交易的模型与手段。比特币系统中通过比特币进行交易转账，Libra 中的 Libra 币与一篮子法币关联，使用法定货币购买并增加存储，可进行交易转账[5]。以太坊中的内置代币除了实现上述功能外，还设计了收费渠道，支持运行智能合约所需消耗的 Gas。以太坊和 Fabric 通过智能合约实现功能，系统内没有多种数字资产支持，使系统设计更加简洁，资产行为高度自由化，但也由此带来了业务编辑过于烦琐和操作不统一的负面影响。与之相比，Corda 采用底层支持多种数字资产的方式，方便了资产创建者进行资产创建，也方便用户管理资产，适用于逻辑复杂的业务场景。FISCO BCOS 正在集成 Digital Asset 的智能合约语言 DAML，用户可以使用 DAML 来编写高效的智能合约，为合作拓展增加了更多机会。XuperChain 中通过各种可衡量资源按比例累加出 Gas，用于支付智能合约的执行操作，同时也被用以奖励矿工，防止恶意攻击。

3. 激励机制

激励机制是公有链的核心，却不是联盟链的必需。公有链面向所有用户开放，因此需要采用 Token 来激励参与者。联盟链多用于组织和机构之间的协作，并不一定需要依靠 Token 来激励参与者。企业使用联盟链的动机来源（多是出于业务合作与创新）可以大幅降低企业之间协作的成本。

例如，Fabric 和 Corda 项目都没有涉及 Token 和激励。XuperChain 中有对于区块链提供资源维护的使用者的奖励与针对恶意危害者的惩罚。每笔事务的提交执行，客户端都需要消耗一定费用，以激励矿工。

4. 监管兼容

公有链设计中的强匿名性、抗审查、数据不可篡改等特性带来了对区块链监管困难与合规性差的问题。联盟链技术的发展需要更多地考虑监管兼容的问题。目前一般建议采用"沙盒监管"模式，给予区块链发展空间，避免给予过多政策和监管的桎梏。沙盒监管提供了一个可以放松监管约束的测试环境，参与者在时间、空间以及消费者限定了范围的沙盒中，可以节省复杂的监管授权流程与高额成本，压缩审核时间，并尽可能将风险控制在可控范围内。沙盒监管在激励市场创新的同时也通过监管机制和参与者进行了良好的沟通，目前该技术还在迅速发展演进中。

6.2.7　小结

总结来说，公有链和联盟链没有优劣之分，但是在不同的场景下会各有自身的长处。

公有链是对所有人开放的区块链，具有完全分布式、公开、透明的特点，任何人都可以加入，参与到共识过程中，网络规模大，但也造成了交易速度慢、达成共识困难的问题。联盟链是只针对特定群体，有限的或满足条件的人准入，网络规模小，是多中心化模式。其内部预先指定了记账节点，网络中的其他节点可以进行交易，但没有记账权，有发生成员联合欺骗的风险。

公有链的维护治理通常采用社区众包的方式，代码完全开源，联盟链一般通过选举制度由联盟成员来管理，代码采用部分开源或定向开源的方式公开。区块上的交易信息一旦提交，公有链无法再修改，数据具有防篡改性；联盟链则可在达成共识基础上实现数据的回滚。此外，公有链上的区块链会产生分叉，而联盟链的即时确认保证了区块一旦提交就被保留在主链上，不允许分叉。

在共识算法的选择上，公有链偏向传统的、具有完全分布式或含有激励机制的共识机制，联盟链则更偏爱基于 BFT 的共识机制，也能灵活运行其他类型的共识算法。在智能合约上，公有链需要为智能合约的运行支付 Gas 费用，尽力实现完全分布式自治；联盟链则不一定需要支付费用，在智能合约中会加入一定的管控与限制以满足联盟链在隐私、安全和监管上的需求。

公有链项目中多有代币、钱包与挖矿功能，用以实现价值交换，通过激励机制支撑网络和共识过程。在联盟链中，这些功能并不是必需的，但在其中一定具有准入控制、身份管理、认证授权与监督管理模块。比起公有链，联盟链更多的将考虑监管兼容方面的问题，实现区块链环境的安全与有效治理。

表 6-3 对公有链和联盟链进行了总结和对比，结合这个表格，能够更清晰地了解两者的区别。

表 6-3　公有链与联盟链的区别总结

不同点	公有链	联盟链
参与者	所有人	预先或满足条件的成员
分布式程度	完全分布式	多中心
维护治理	社区众包方式	联盟成员选举制度
数据修改	防篡改	可回滚
记账权利	所有人	预选记账节点

（续）

不同点	公有链	联盟链
是否需要激励	需要	可选
是否会分叉	会	不会
特点	1. 匿名性 2. 交易速度慢 3. 全网数据公开 4. 网络规模大 5. 达成共识困难	1. 运维成本低 2. 交易速度快、可拓展性高 3. 更好的隐私保护 4. 网络规模小，灵活设计 5. 存在联合欺诈风险
行业代表	比特币、以太坊等	Hyperledger Fabric、Corda、Libra、Xuperchain、FISCO BCOS 等

6.3 联盟链的共识机制

本节主要描述针对联盟链的共识机制。前面的章节已经介绍过，在共识机制中使用容错能力（Fault Tolerance）来表示算法对恶意节点的容忍或是仅容忍崩溃失败，于是可以将算法分为拜占庭容错（Byzantine Fault Tolerance，BFT）算法和崩溃容错（Crash Fault Tolerance，CFT）算法。

在联盟链网络中，所有参与者都被列入白名单，并受到严格的合同义务约束以确保网络正常运行。因此，联盟链可以采用更有效的共识算法。表 6-4 列举了几种常见的联盟链共识算法 [5]。

表 6-4 共识算法汇总表

共识算法	容错类型	容错阈值	应用
PBFT	BFT	33%	Hyperledger Fabric0.6
Istanbul-BFT	BFT	33%	Quorum
Raft	CFT	50%	etcd、Corda、Quorum、Hyperledger Fabric1.4.1
Tendermint	BFT	33%	Tendermint
Hashgraph	BFT	33%	Swirlde
SCP	BFT	partioning	SCP 网络
PoET	BFT	TEE 错误	Hyperledger Sawtooth
Diversity Mining	CFT	可调，<50%	—
LibraBFT	BFT	33%	Libra

6.3.1 PBFT 算法

实用拜占庭容错算法（Practical Byzantine Fault Tolerance，PBFT）是第一个具有最佳拜占庭容错能力的高性能算法。在 3.4.2 节中已经介绍 PBFT 诞生的背景。PBFT 的主要目的是设计出一个低延迟存储系统，将算法的复杂度由指数级降低到多项式级，从而使得拜占庭容错算法在实际系统应用中得以实现 [11]。PBFT 的提出解决了早期的传统拜占庭算法的低性能问题，并具备拜占庭容错能力。它可以接受系统中至多存在 1/3 的恶意节点而不影响系统的正常运行。由于 PBFT 相较于传统拜占庭算法在性能上的优势，使其得到广泛的关注与应用。例如在交易事件多但是交易量小的数字资产平台的应用。此外，许多新的算法是在 PBFT 的基础上进行优化、改良而被提出。PBFT 整个过程可以分为五个阶段：请求（Request）、预准备（Pre-prepare）、准备（Prepare）、提交（Commit）和回答（Reply）[12]。接下来将重点讲述算法的基本原理与流程。

1. PBFT 基本原理

PBFT 算法是一种状态机复制算法，状态机在分布式系统的不同节点进行副本复制。每个状态机的副本都保存了服务的状态，同时也实现了服务的操作。在 PBFT 中，节点主要分为三类：客户端、主节点以及从节点。客户端负责发送请求消息，主节点接收请求消息并将消息按照序号排列，从节点则负责检查主节点接收的消息并判断是否发生超时。

PBFT 的协议部分也是由三部分组成：一致性协议、检查点协议和视图切换协议。一致性协议是对共识过程的描述，用于对客户端请求达成共识。检查点协议用于安全地从日志中丢弃消息，从而减少节点的内存开销，还可以用于帮助滞后节点同步最新状态。当共识失败时，可使用视图切换协议来帮助系统继续正常工作。在正常情况下系统运行在一致性协议和检查点协议下，当主节点出错时（例如在某个超时后没有响应），则触发从节点启动视图切换协议，确保系统有序地执行客户端发起的请求。

2. 算法流程

第 3 章中已经初步涉及了 PBFT 算法的相关内容，下面继续深入讲解。

PBFT 算法的核心思想是，有一个主节点作为网络的枢轴并发挥主要作用。主节点需要将客户端发来的请求排序后，发送给所有的从节点，PBFT 协议将共识过程分为如图 6-4 所示的五个阶段。

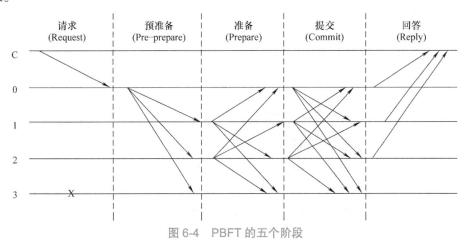

图 6-4　PBFT 的五个阶段

第一阶段：请求（Request）阶段，这个阶段是客户端发消息给主节点。

第二阶段：预准备（Pre-prepare）阶段，主节点接收到信息后，对其签名并分配一个唯一的序号，并将该消息发送给其他从节点。

第三阶段：准备（Prepare）阶段，在所有的从节点接收到主节点发来的 Pre-prepare 消息后，将一个包含当前视图号、消息序号和消息摘要的 Prepare 信息发给所有其他节点。如果节点收到了所有节点 2/3 以上的 Prepare 消息后，则进入到下一阶段并且该消息处于 Prepared 状态。

第四阶段：提交（Commit）阶段，即每个节点广播一个包括当前视图号、消息序号的 Commit 消息。当节点收到 2/3 个相同的 Commit 消息并且小于消息序号的消息都已被执行时，当前消息会被执行并被标记为 Committed 状态。

第五阶段：回答（Reply）阶段，即所有节点将执行结果，返回给客户端。这代表一次共识完成。

以上过程有两个难点。

首先，在第 3 阶段，某节点等待超过 2/3 的其他节点广播，其实是为了确认"已经有超过 2/3 的节点收到信息"这个信息。随后它需要再发送一次广播，告诉其他节点"本节点已经接收到了超过 2/3 节点已经收到信息"的信息。

接着，在第 4 阶段，节点又等待了一次超过 2/3 的节点广播，这次则是为了确认"已经有超过 2/3 的节点收到（刚才它发布的那条）'本节点已经接收到了超过 2/3 节点已经收到信息'的信息"这条信息。

为了进一步简化对 PBFT 算法流程的理解，下面举例说明。假设某老师想了解其班上四名同学 A、B、C、D 的短跑能力。所以组织他们在课后进行跑步比赛。于是，四名同学同时到达运动场，进行短跑测试。老师负责计时与记录。由于没有额外找裁判，所以随机从这四名同学中选取一个充当裁判。在赛跑中起跑阶段一般口令为："各就各位、准备、跑！"[13]。

在 PBFT 中，每一个客户端的请求需要五个阶段才能完成。通过采用两次两两交互的方式在服务器达成一致之后再执行客户端的请求，对应上文所举的例子，如图 6-5 的算法流程所示。

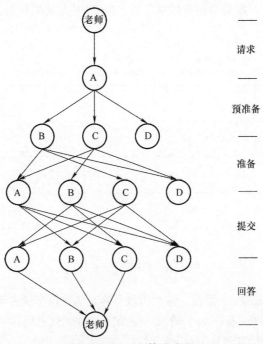

图 6-5　PBFT 算法流程

在短跑比赛过程中，老师即为客户端角色，4 位同学则视为 4 个节点 A、B、C、D，其中同学 D 没有正常参与比赛即视为恶意节点，则 $f=1$（f 为可容忍的拜占庭节点数）。

116

　　1）请求（Request）：老师负责比赛的计时操作，通过向同学 A（假设随机选取同学 A 为临时裁判）举手示意比赛可以开始。同学 A 看到老师的举手示意后，开始向其他三位同学传达信号。

　　2）预准备（Pre-prepare）:同学 A 将接收到的老师消息编为序列号 n，并且发布"各就各位"口令（即发布 Pre-prepare 消息）给其他同学。

　　3）准备（Prepare）：其他同学在接收到"各就各位"的口令后，进入准备状态，完成脚踩助跑器的动作。每个同学通过脚踩助跑器的动作，也在向其他同学广播其已进入准备状态。

　　4）提交（Commit）：同学 A 通过互相环顾动作，确认若有至少 $2f$（即 2）个人的动作和自己是一致的则发布"预备、跑"口令（即发布 Commit 消息）。接收到口令的同学做出相应动作表示可以起跑，该动作也在向其他同学广播提交消息以及声明自身的已提交状态。同理，同学之间通过相互环顾确认至少有两人与自己做出的动作一致，则视为大家都进入了已提交状态。

　　5）回答（Reply）：每个同学通过起跑姿势将可以起跑的信号反馈给老师，老师通过确认至少有 $2f+1$（在这里 f 为 1，$2f+1$ 即为 3）个同学做出起跑动作，则视为比赛开始。

3. 特点及应用

　　PBFT 采取的设计思路是将所有工作都放在服务器端进行，例如达成一致性、监测拜占庭主节点等。因此，它的一致性协议设计较复杂，其中有两个阶段需要服务器之间的两两交互，数据处理量大，计算复杂。此外，PBFT 算法虽然解决了拜占庭问题，但是在实际算法流程中还是基于中心化假设，也就是在每一轮共识中都需要有独立的领导者。在共识过程中由于领导人通常保持不变，从而导致其易受攻击。此外，若业务发生异常，交易的共识和领导人的重新选举都会耗费大量的时间并且对服务的性能造成影响。这是 PBFT 所面临的弊病。PBFT 在设定中最多可以容忍 1/3 的恶意节点。同时，由于节点需要跳过错误主节点，所以该算法假设网络是部分同步的。

　　在应用方面，超级账本 Fabric 的早期版本就是采用了 PBFT 算法实现共识。Istanbul-BFT 受启发于 PBFT，其针对区块链的应用场景做了一系列的修改并在 Quorum 中实现。国内的 FISCO BCOS 项目在早期也采用了 PBFT 算法。

6.3.2　Raft 算法

　　Raft 是一种非拜占庭容错（即只考虑故障节点，不考虑作恶节点）共识算法。Raft 既明确定义了算法中每个环节的细节，也考虑到了整个算法的简单性和完整性，被分布式系统广泛采用。它是一种基于领导者的算法，领导者选举是其共识协议的重要组成部分[14]。选举出来的主节点负责提出交易命令并广播给其他节点，如果主节点动作超时，将会进行主节点的重新选举，这表明 Raft 是一个强领导者的共识协议。从这一角度理解，Raft 和 PBFT 都很像人们生活中的操练队列，通过互相间的消息、口令来达成一致。每排的排头作为领导者，而每排的其他人都以排头为目标，调整自己的行动，最终达成集体一致。下面详细介绍 Raft 是如何通过这种强领导性达成群体一致的。

1. Raft 基本原理

　　Raft 算法是一种利用状态复制机，通过日志复制来实现的一致性算法[12]。每一台节点服务器保存着一份日志，日志中包含一系列的命令，状态机会按顺序执行这些命令。在任意给定时间，每个节点都处于以下三种状态之一。

1）领导者：所有对系统的修改都会先经过领导者，每个修改都需领导者写一条日志。

2）跟随者：所有节点都从跟随者状态开始，若没收到领导者消息则变为候选人状态。

3）候选人：会向其他节点"拉选票"，如果得到大部分的票则成为领导者。一个 Raft 集群包括若干节点服务器，对于一个典型的五个服务器集群，该集群能够容忍两台机器不能正常工作，而整个系统保持正常。此外，Raft 使用了算法分解来提升可理解性，主要分为领导者选举、分类账复制以及安全三个模块。

2. 算法实现流程

（1）领导者选举

Raft 使用一种心跳机制来触发领导人的选举。如图 6-6 所示，所有节点的初始状态都是跟随者，跟随者等待一定的时间，若没收到领导者消息则变为候选人状态，参与领导者选举。选举采取简单的票数多者当选规则，当选的领导者有任期的概念，这个任期是以整数一直向上增长的：1，2，3，…，n，$n+1$，…。在选举中需要重点考虑和处理的是平票的情况。如果发生平票情况，则领导者选举失败，此时每个节点被分配不同的"休眠期"。在休眠期的节点没有被选举权（即不能参选领导者），但是有选举权。在这种设置下，第一个结束休眠期的节点发起新任期的选举，而此时由于每个节点都有不同长度的休眠期，保证了每次选举一定会选出一个领导者。选举成功之后，领导者周期性地向所有跟随者发送心跳来表明领导者还在正常工作。若跟随者在一个周期内没有收到心跳，则称为选举超时（Election Timeout），于是跟随者就会假设没有可用的领导人而开始进行新一轮领导人选举。

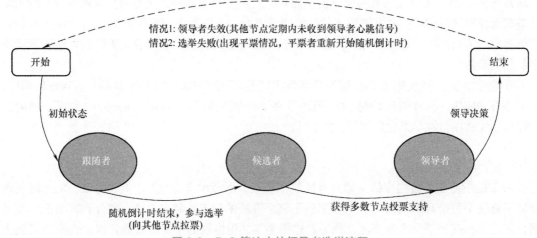

图 6-6 Raft 算法中的领导者选举流程

（2）分类账复制

Raft 的领导者选举机制保证其在正常运行中只有一个领导者，而其他所有节点都是跟随者。领导者定期向所有跟随者发送心跳，以保持权威。在此期间，所有的"写"交易均通过领导者进行。每笔交易都将被添加为节点分类账中的条目。分类账复制的具体过程如下。

1）客户端发出增加一个交易日志的要求。

2）领导者将收到的新日志内容复制追加到跟随者各自的日志中。此时，该条目仍未提交，并保持易失状态。

3）大多数跟随者服务器将交易记录写入账本，确认追加完毕，发出成功确认信息。

4）领导者收到大多数已撰写条目的跟随者确认反馈后，在下一个心跳中通知所有跟随者此条目已提交。

（3）安全性

确保每个节点都执行相同序列的安全机制。考虑一种情形：若某个跟随者在当前领导者提交命令时不可用，而该跟随者之后被选为了领导者。此时，这个新的领导者可能会使用新的日志来覆盖掉原先已经提交的日志从而导致节点执行的序列号不一致（因为它所用的新日志缺失了之前它处于不可用状态时，由当时的领导者提交的某个或某些日志）。而安全性就是用来确保新选举出来的领导者一定包含原先已提交日志的机制。Raft 算法增加了以下两个约束条件用以实现安全性。

1）被选为领导者的服务器，其日志必须包含所有已提交的操作命令。

2）新的领导者通过当前周期的日志提交来间接完成之前周期的日志提交。

3. 特点及应用

Raft 算法中有几个超时设置，控制选举过程为其中之一。选举超时时间是指跟随者成为候选人所需等待的时间。只要跟随者没有收到心跳消息，选举时间计数器就会减少。当选举时间到零时，跟随者转移到候选状态。当跟随者收到领导者的心跳消息时，选举时间计数器将重置为随机。Raft 的随机选举计时器有助于降低多名跟随者同时转变为候选人的可能性，这跟前文中所述的应对平票情况而采取的"休眠期"机制是同样的道理和目的。

Raft 共识算法的优点在于在高效地解决分布式系统中各个节点日志内容一致性问题的同时，也使得集群具备一定的容错能力。即使集群中出现部分节点故障、网络故障等问题，仍可保证其余大多数节点正确地步进。甚至当更多的节点（一般来说不超过集群节点总数的一半）出现故障而导致集群不可用时，依然可以保证节点中的数据不会出现错误的结果。etcd 集群的工作原理就是基于 Raft 共识算法而展开的。此外，Corda、Quorum 以及 FISCO BCOS 联盟链平台在设计过程中也都应用了 Raft 共识算法。

6.3.3　其他共识算法简介

1. Tendermint 算法

Tendermint 是一种易于理解的拜占庭共识算法，其设计初衷是针对联盟链的应用程序。其共识步骤类似于 PBFT，参与共识的有两种主要角色——验证者（Validator）和提议者（Proposer）。验证者为网络中拥有不同投票权重的节点，提议者则根据验证者的投票权重所占据的比例计算选出。Tendermint 规定在验证者进入下一轮提议时需有一定的等待时间用以接收提议人的提议，以此有效解决提议人提议区块时发生离线等网络问题。

此外，区别于 PBFT 算法，Tendermint 采用了锁定机制，当验证者对一个区块进行预投票时则被锁定到该区块，验证者必须完成对预提交区块的预投票。若区块没有成功提交，则验证者解锁并对新块进行下一轮的预提交。锁定机制有效避免了重复提交区块造成的冲突。在应用方面，以 Tendermint 为基础，Tendermint-core 提供了独立的共识引擎应用于 Hyperledger Burrow 和 Ethermint 中的 EVM。

2. 哈希图算法

哈希图算法（Hashgraph）是一种异步的拜占庭容错算法。它的核心是基于 gossip 协议，通过虚拟投票（Virtual Voting）得出共识结果。哈希图算法可以跟踪网络中已充分传播并且获得共识的事件，从而确保在同一个哈希图算法中的节点具备相同的输出。此外，哈希图算法还具备强可见性（Strong Seeing）用于解决分叉，即在哈希图算法中，事件 A 到事件 B 经过的所有传播路径的集合 S 若包含了超过 2/3 的共识节点，则称事件 A 强可见事件 B。在虚拟投票过程中，依靠强可见性确保节点投票一致。哈希图算法的作者提出，在节点不断同步的过程中，给定事件在图表的节点层次得到加深，从而确保被大部分节点知道该事件是有效的。在应用方面，Swirlds 分布式共识平台就是使用哈希图算法作为共识算法。

3. Stellar 共识协议

Stellar 共识协议（Stellar Consensus Protocol，SCP）是建立在联邦拜占庭协议（Federated Byzantine Agreement）之上的成果，是一种围绕复制状态机所设计的分布式一致性算法。SCP 通过让参与者独立选择他们信任的节点，获得被一致接受的成员资格列表。每个参与者都知道它的相邻节点中谁被认为是可信任的节点，等待它们中的大多数同意新交易后，则视该交易为有效。首先迭代提出候选值，然后通过提交一个值来达到邻域内的共识。这些过程是基于许可节点批准语句的原语，需要通过两轮投票才能完成。SCP 是第一个可证明的安全协议机制，同时具有完全分布式的控制、低时延、灵活信任和渐进安全四个关键属性[15]。SCP 的安全性取决于每个用户的良好配置，并且要求每个邻域彼此充分相交。若要采用 SCP，则给定的区块链平台应连接到 Stellar 网络，或尝试产生一个新的独立网络。

4. 消逝时间算法

消逝时间算法（Proof of Elapsed Time，PoET）是基于特定的可信执行环境（Trusted Execution Environments，TEE）的随机共识算法，旨在通过利用兼容可信执行环境（TEE）的硬件，例如软件保护扩展（Intel SGX），消除由通常的工作量证明方法带来的计算成本。对于每个区块，矿工都将等待某个给定的随机时间。在重复此过程之前，选择等待时间已过的第一个矿工来验证区块。这意味着等待时间最短的矿工被选为领导者。为了证明已经等待了所需的时间，节点在 TEE 中执行等待过程，从而产生对其执行的证明。从本质上讲，PoET 与基于 PoW 的共识机制相同，不同之处在于，密码难题被硬件强制的等待过程代替。目前，PoET 主要用于 Hyperledger Sawtooth 平台。

5. Libra 拜占庭容错算法

Libra 拜占庭容错算法（Libra Byzantine Fault Tolerance，LibraBFT）是专为 Libra 区块链设计的高效的复制状态机系统。它是基于 Hotstuff BFT（Consensus in Lens of Blockchain）的一种新型 BFT 算法，在 HotStuff 的基础上引入显示的活跃机制并提供了具体的延时分析，同时专注于更强的可伸缩性。通过验证者节点生成加密签名，以证明 Libra 区块链的状态。验证者负责处理客户发送的交易并在诚实的验证者之间保持交易历史的共识。LibraBFT 旨在实现强大的可扩展性，支持相较于其他联盟链更多的对等实体。此外，LibraBFT 包含了一种新颖的回合同步机制，该机制提供了同步下的有限提交等待时间。LibraBFT 的早期原型在吞吐量和延迟方面也显示出了较好的性能，可支持具有效率要求的大规模应用。

6.4 联盟链的准入机制

联盟链区别于公有链的核心就在于它具有一定的准入限制，即参与联盟链网络的节点必须具有明确可识别、可验证的身份，才能以该身份（通常对应着一定的权限）参与联盟链的各类交易活动。联盟链实现准入的过程本质是身份认证和权限管理的结合，即准入＝认证＋授权。其中身份认证是基础，认证成功之后根据认证结果给身份授予一定的权限，以确保联盟链内的成员和活动都是可信且受控的。

6.4.1　认证与授权的基本概念

不管是网络世界还是现实世界，用户身份认证和授权都是安全性方面的两个非常重要的概念。认证和授权虽然总是一起出现，但二者的含义完全不同。认证是验证用户身份的真实性，而授权是给予用户一定的访问权限。

1. 认证

身份认证就是通过某种凭据验证用户的身份，即证明用户真的就是他所声称的那个人。用户身份认证所依赖的凭据一般有三类。

1）用户知道的信息：只有用户本人知道，而其他人不知道的信息。如登录某系统的用户名和密码，知道密码就说明操作者是用户本人。

2）用户拥有的东西：只有用户本人持有，而其他人没有的东西。如人们在现实世界中用以证明身份的身份证，在网络世界中的数字证书、密钥等。

3）用户本身的特征：属于用户的独有属性。如人的视网膜、指纹等生物特征。

通过验证以上三种类型的凭据（可能是单个凭据，也可能是多个凭据叠加使用），就可以确定用户是不是他所声称的那个身份。随着安全性要求的不断提高，用户认证方式也在不断发展，现有的认证方式常是多种凭据共用，多因素共同保证用户身份的真实可靠。

2. 授权

授权以认证为基础，这也是为什么认证与授权通常一起出现的原因。如上所述，经过各种类型的凭据对用户身份进行验证之后，系统会授予用户一定的访问权限。即认证确定的是用户身份的真实性，而授权决定的是用户访问系统的能力及可达到的程度。

授权是确定经过身份验证的用户是否可以访问特定资源的过程。它验证用户是否能被授予访问特定信息、数据库、文件等资源的权限。简单来说，就像给予某人官方许可做某事的权力。例如通过验证学号来确认学生身份的过程称为身份验证，但是宣布某一批学号可以进入某栋宿舍楼，这就被称为授权。

总结来说，对系统的访问受身份认证和授权的保护。可以通过输入有效凭证来验证访问系统的任何用户请求，但只有在成功授权后才能接受。如果用户请求已通过身份认证但未获得授权，系统将拒绝该访问请求。表 6-5 总结了认证和授权的区别。

表 6-5　认证与授权的区别

认证	授权
确认用户身份是否真实可信	确定用户是否有进行特定数据操作的权限
是验证用户凭据以获得用户访问权限的必备过程	是验证是否允许访问的过程
身份验证通常需要用户名和密码	授权所需的身份验证因素可能有所不同，具体取决于安全级别

（续）

认证	授权
身份认证是授权的第一步	授权在成功验证后完成
例如，特定大学的学生在访问大学官方网站的学生链接之前需要进行认证，这称为身份认证	例如，确定成功认证后的学生有权在大学网站上执行哪些操作，这称为授权

6.4.2 联盟链中的认证机制

1. 认证的内容

因为联盟链明确规定参与网络的用户必须具有明确的可信身份，因此身份认证机制是联盟链中基础而必需的环节。联盟链上的用户认证包括对用户身份的简单认证和用户参与交易活动时的全流程认证。对用户身份的简单认证不考虑具体的交易场景，只讨论采用何种方式对用户身份进行验证。而用户参与交易时的全流程认证过程中，用户在不同联盟链网络中作为交易发送者或接受者，会有较为具体的认证和授权方式。关于交易的认证将在 6.4.4 节中结合具体联盟链案例进行介绍。

2. 认证的机制

身份认证是联盟链中所有认证的基础。联盟链中对用户身份进行认证的基本原理是基于密钥的数字证书机制。其基本流程为：每个参与网络的用户通过向特定机构申请，获得一个包含一对代表用户身份密钥的数字身份证书，该证书和其中的密钥就是用来验证用户身份的主要凭据。

关于证书颁发机构，其基础为公共密钥基础设施（Public Key Infrastructure，PKI），每个 PKI 具有自己的证书颁发机构（Certificate Authority，CA）。证书颁发机构可以是联盟链自身提供的，也可以是任何一个符合相关证书标准的第三方机构。一般来说，这些 CA 具有一定的层次关系，由一个指定的根 CA 和其派生出的多个中间 CA 组成，这一系列 CA 构成一定的信任链，其颁发出去的数字证书具有可追溯性，最终都可以追溯到对应的根 CA。

因此，如图 6-7 所示，从表面形式上来看，给节点颁发数字身份证书的机构不止一个（含根 CA 和至少一个中间 CA），即 CA 是分布式存在的。但从本质来说，CA 依然是中心化的。即使有不同的 CA 可以给节点颁发身份，但这些 CA 最终都归属于同一个 CA，由根 CA 派生出的多个中间 CA 只是为了将大量的证书签发并分发到多个 CA，从而缓解根 CA 的证书签发压力。

在给节点颁发身份证书之前，节点必须向 CA 之一提交证书签名请求（Certificate Signing Request，CSR），接收到 CSR 的 CA 便给该节点生成一对密钥，并将其密钥存在数字证书里，返回给节点。这对密钥非常重要，它代表着节点身份。密钥对包括一个公钥和一个私钥，其中公钥可以公开分发，而私钥由节点自己持有，不得泄露。

在认证过程中，这对密钥通过加解密配合，实现节点身份的认证。用户 A 通过自己的私钥对某段信息加密，用户 B 收到密文之后，根据用户 A 的公钥（因为公钥是公开的，用户 B 可以轻易得到用户 A 的公钥）对密文进行验证，得到加密前的信息，由此证明发信者的确是用户 A（因为用户 A 的公钥只能解开由用户 A 的私钥加密过的数据，即说明对信息进行加密的人就是真正的用户 A）。

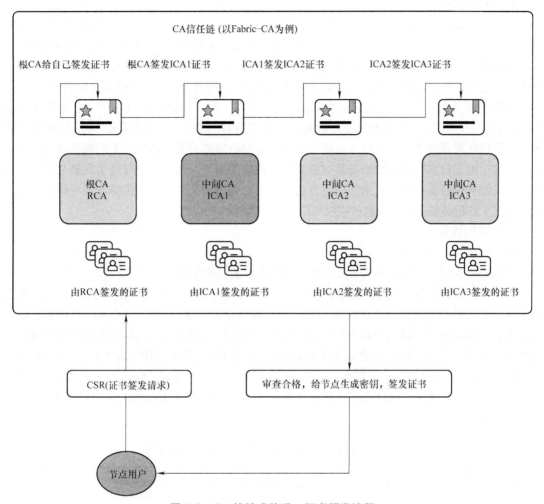

图 6-7 CA 的链式关系 + 证书颁发流程

联盟链认证机制的基本原理如图 6-8 所示，节点在发送消息或者参与交易时，用自己的私钥进行数字签名，接收到消息的节点通过发送者的公钥对签名进行验证，由此确认发送者的身份。当然数字证书不仅包含节点的密钥信息，可能还包含跟该密钥绑定的实体的一些属性，而基于这些属性，可以进行身份认证后的授权。

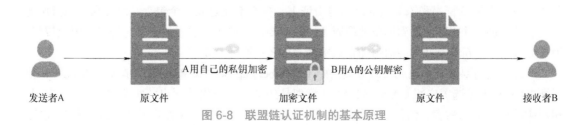

图 6-8 联盟链认证机制的基本原理

6.4.3 联盟链中的授权机制

1. 授权的内容

在对节点进行身份认证后，基于认证结果给予节点一定的授权，就是联盟链的授权。在联盟链场景中，授权有两种情况。第一种情况是给予节点简单的网络或通道接入权，这种情况下，节点都被统一看待，通过授权只是判断节点能否接入网络或通道。第二种情况是给予节点网络中预先设定好的角色权限，节点以该角色身份参与网络，同时具有与该角色绑定的权限。

与角色相关的授权与联盟链网络的角色设定有关。在有些联盟链网络中，会有提交节点（主要负责提交交易）、背书节点（对提交的交易进行背书签名）、订购节点（进行交易广播）等。从管理权限层面来看，有些节点还可能具有对网络或通道的管理权。关于联盟链内的节点角色划分，由于目前的联盟链项目都有各自特定的应用场景，角色划分与应用场景强相关，因此目前尚没有比较通用的节点角色设定方法。但可以确定的是，节点角色的设定对琐碎的操作权限进行了打包集成，基于角色的授权可以简化联盟链的授权机制。

2. 授权的机制

（1）授予新节点权限

在联盟链系统中，对新加入的节点授予权限有以下几种方式。

1）基于公钥的节点授权。例如，Quorum 在每个节点的列表中添加新节点的公钥。启用 TLS 后，在与另一个网络节点建立连接时需要对新节点进行身份验证。Quorum 系统拥有四种 TLS 模式，不同模式下动态添加与撤销节点的能力不同，见表 6-6。白名单模式不允许动态添加节点。只要在另一个密钥对之前未关联其 IP，就可以使用首次使用信任（Trust-on-first-use，TOFU）模式进行任何新节点的连接。TOFU 模式中只有第一个连接的标识为某个主机的节点才可以连接为同一主机。它依赖基于密钥的身份验证。CA 模式要求新节点提供有效证书（由 CA 信任根签名）。

表 6-6 不同 TLS 模式下动态添加、撤销节点能力

传输层安全模式	证书授权	证书授权且首次使用信任	首次使用信任	白名单
动态添加节点	是	是	是	否
动态撤销节点	是，通过证书吊销列表	是，通过证书吊销列表	是	否

2）基于证书的节点授权，通过提交 CSR 来注册证书获取节点授权。例如 Corda，新节点首先要在信任库中拥有基本属性，即根 CA、Doorman 的地址和网络映射的定义。通过提交 CSR 来向 Doorman 注册其证书，以获得节点 CA 证书。节点从节点 CA 证书中创建并签署另外两个证书，即 TLS 证书和该节点的已知身份证书，接着节点建立一个包含其地址和已知身份的节点信息记录，并将其注册到网络地图服务。在 Fabric 系统中，也采用了基于证书的节点授权。为了加入通道，新节点必须向通道的根或中间 CA 之一提交 CSR。

此外，它需要在其本地成员服务提供商（Membership Service Provider，MSP）中配置：信任证书的根、（可选）中级 CA 证书、MSP 管理员的证书、与先前列出的每个 CA（根或中间）相对应的证书吊销列表、信任证书的 TLS 根、（可选）中级 TLS、CA 以及（可选）此 MSP 成员必须在其证书中包含的组织单位列表。拥有证书后，新节点需要通过托管一个文件夹来构建

其本地 MSP[16]。

（2）吊销既有节点的权限

在联盟链系统中主要采用 CRL 完成对节点的吊销。证书吊销列表是 PKI 系统中的一个结构化数据文件，该文件包含了证书颁发机构（CA）、已经吊销的证书的序列号及其吊销日期。

在 Quorum 中，吊销一个节点需要在每个节点的列表上删除。根据实验证明，Quorum 可以从网络中动态撤销节点。如果启用了 TLS，则要求吊销的节点也必须吊销其 TLS 身份。白名单和 TOFU 模式不允许动态吊销。CA 模式依靠 CRL 来处理节点吊销。

在 Corda 中，使用 CRL 处理吊销，该吊销必须由证书的颁发者签名。所有 CA 必须使用 HTTP 协议提供的 CRL 分发点。

在 Fabric 中，节点吊销依赖于 CRL，这些 CRL 必须在节点和通道级别上都进行更新，必须从发布被吊销节点证书通道的根或中间节点对它们进行签名。

（3）访问控制列表

访问控制列表（Access Control List，ACL）是与对象关联的权限列表。它描述了对象对主体列表的访问权限，使用与每个对象关联的列表来存储授予主体的权限。从本质上讲，ACL 是一种保护机制，用于定义对象的访问权限。ACL 是一个通用框架，根据应用领域的不同，访问控制列表的组件可能采用不同的名称。例如，在操作系统 ACL 中，对象是文件、目录和 I/O 设备等。同时，对于数据库 ACL，对象是数据库表（关系）、视图等形式的。此外，就使用 ACL 的特定应用而言，主体可以是个人或群体。例如在联盟链中，ACL 的主体就是联盟链中的节点。访问控制涉及复杂的用户认证机制以及主体、对象和权限指定。ACL 是提供访问控制的常规方法。

在联盟链的部分场景中，由 ACL 实现节点的授权。如在某些通道或事务中，以 ACL 列表中的形式列出具有访问权的节点公钥或证书，在对节点身份认证之后通过查询其公钥或证书是否包含在对应通道或事务的 ACL，以确定是否让节点参与通道或事务。

（4）基于属性的访问控制

基于属性的访问控制（Attribute Based Access Control，ABAC）通过针对实体（访问者和访问对象）的属性、操作和与请求相关的环境评估规则来控制对象的访问，本质上也是一种保护机制。

ABAC 通过允许在访问控制决策中使用更多数量的离散输入，从而提供更精确的访问控制。通过提供这些变量的更大可能组合，便可以通过更大、更确定的可能规则集来表达访问控制政策。这种根据多输入属性组合进行的访问控制，比起传统的根据对象身份或所属组织进行访问控制的方式更加灵活。这种灵活性允许创建访问规则，而无须指定每个访问者和每个访问对象之间的单独关系。举例来说，某访问者在就业时会分配一组访问者属性，例如 Nancy Smith 是心脏病学系的执业护士。而被访问对象在创建时即被分配了其对象属性，例如带有"心脏病患者医疗记录"的文件夹 [17]。

联盟链在涉及角色授权的时候，可以采用 ABAC 的方式。在节点加入某个联盟链网络前申请身份时，颁发机构会为其生成一对代表身份的密钥，并将密钥中的公钥存在证书里，同时也会把与该节点相关的一些属性信息，包括属性名和属性值写在证书里。在节点参与交易时，经过身份认证之后，网络可通过查看节点的某些属性值给节点分配特定的角色，从而完成授权。

6.4.4　联盟链准入机制案例

以上对联盟链中的认证和授权做了概念性的阐述，下面提供几个具体联盟链项目的准入实例，从实现层面进一步阐述联盟链的准入。

1. Fabric

Fabric 以 MSP 实现准入 [18]。MSP 提供成员资格操作体系结构的抽象，它管理网络中的身份验证和授权。在不同层面上有不同的 MSP 实现。

1）Network MSP：通过列出组织 MSP 的清单定义网络参与者，并提供其特定授权。

2）Channel MSP：在通道级别定义管理权和参与权。每个参与渠道的组织都必须为其定义 MSP。通道上的对等方和订购者将共享相同的通道 MSP 视图，因此将能够正确地验证通道参与者。

3）Local MSP：实现节点的准入。允许用户端在其作为通道成员之一参与交易或承担系统中某个特定角色时（如在配置事务中作为组织管理员）验证自己的身份。

MSP 中列出了被 MSP 主体（可以是上述三个层面的主体之一，即整个联盟链网络、联盟链网络中的通道、联盟链网络中的节点）信任的证书机构列表，包括根证书机构和中间证书机构，而由列表中的证书颁发机构签发的身份证书会被 MSP 信任并给予权限。即 Fabric 以 MSP 实现的准入是基于证书形式的，主要环节如下。

Fabric 采用基于证书的身份认证，且提供链内的 CA——Fabric CA 给节点生成密钥，并颁发身份证书。当然，也可以选用任何可以生成 ECDSA 证书的 CA 代替它。Fabric CA 的体系架构如图 6-9 所示。

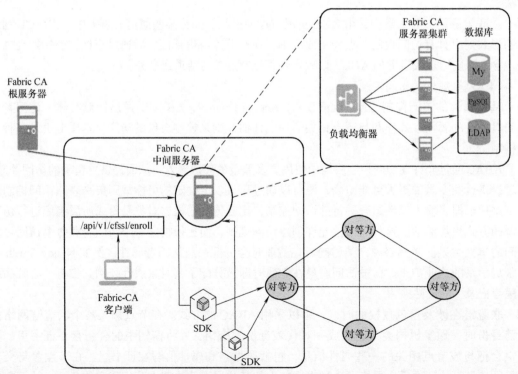

图 6-9　Fabric CA 的体系架构

Fabric CA 包括根 CA 和中间 CA, 其可以构成一条信任链, 链上的任何 CA 都可以接收来自节点的 CSR 并做出回应 (为节点生成密钥, 并颁发证书)。拥有证书后, 新节点需要通过托管一个文件夹来构建其本地 MSP 以完成后续的身份认证和授权。而节点的吊销依赖于证书撤销列表 (Certificate Revocation List, CRL)。CRL 中列出了已经被撤销的数字身份, 且身份撤销时需由颁发该身份证书的 CA 签名。在 Fabric 中, CRL 必须在节点和通道级别上都进行更新。

Fabric 网络中的节点具有不同的身份角色, 即背书节点 (完成对交易提案的背书)、对等节点 (主要是维护账本)、客户端节点 (将交易提交给背书节点, 并把交易广播给订购者)。为了对不同的节点给予特定的身份角色, Fabric 通道可以选择使用 ABAC 定义通道中的特定角色, 该访问控制基于证书中包含的身份属性。要启用此功能, 需要在每个本地 MSP 中对文件 config. yaml 进行相同配置以描述身份分类, 然后提取证书中包含的属性名称和值, 以做出访问控制决策。此外, 证书 ROLE 属性可用于在通道级别授予管理权限。

2. Quorum

Quorum 网络是以太坊的许可版本, 属于联盟链。Quorum 采用基于密钥的身份认证, 网络中节点没有特殊的角色, 所有节点都是一样的普通身份角色。Quorum 网络中的所有节点都有一个用户管理本网络节点准入的文件 (名为 permissioned-node.json), 这个文件中列出了所有允许参与该网络节点的公钥, 且公钥的列出顺序保持一致 [16]。当一个新节点想要加入网络时, 其公钥必须被写入到网络中所有现有节点的 permissioned-node.json 文件里; 当吊销一个节点时, 需要在每个节点的列表上将该节点的公钥删除。

在具体的交易中, 发件人节点身份验证依赖于使用可恢复椭圆曲线数字签名算法 (Elliptic Curve Digital Signature Algorithm, ECDSA) 基于密钥的身份验证: 每个用户都分配有一对非对称身份使用椭圆曲线 secp256k1 生成的密钥, 并具有其他网络节点的公共密钥的列表。交换的消息使用可恢复的 ECDSA 进行签名, 该 ECDSA 允许接收者从消息签名中提取发送者的公共密钥, 并将其与其他许可节点的公共密钥列表进行比较。如果条目匹配, 则节点通过接收者, 否则连接被拒绝。图 6-10 为 Quorum 准入机制设计示意图。

Quorum 引入了交易隐私的概念, 并区分了公共交易和私人交易。公共交易与以太坊交易相同, 网络中的任何人都可以访问, 而私人交易则意味着仅由发件人定义的有限数量的节点可访问。Quorum 中每个事务都与一个 ACL 相关联, 该 ACL 包含授权节点的公共密钥。接收节点通过发送者的公钥对加密交易进行验证, 从而确认信息是发送者所发出。

3. Corda

Corda 也采用基于证书的身份认证, Corda 网络具有以下四种类型的证书颁发机构 [16]。

1) 根网络 CA (Root Network CA)。

2) 门卫 CA (Doorman CA): 充当中间 CA。

3) 节点 CA (Node CA): 每个节点在发布用于签署其身份密钥和 TLS 证书的子证书时充当其自己的 CA。

4) 合法身份 CA (Legal Identity CA): 节点众所周知的合法身份, 除了进行签名交易外, 还可以颁发机密合法身份的证书。

Corda CA 颁发层次关系示意图如图 6-11 所示, 被授予加入网络权限所需的步骤如下。

1) 新节点必须在其信任库中拥有根 CA, Doorman 的地址和网络地图服务。

2) 节点需要通过提交 CSR 来向 Doorman 注册证书, 以获得节点 CA 证书。

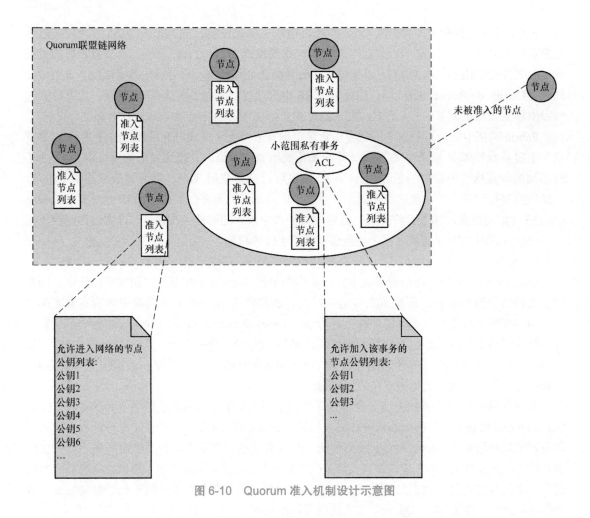

图 6-10　Quorum 准入机制设计示意图

3）节点从节点 CA 证书中创建并签署另外两个证书，即 TLS 证书和该节点的已知身份证书。

4）节点建立包含其地址和已知身份的节点信息记录，并将其注册到网络地图服务中。

Corda 节点获取的数字证书会将一个已知的节点身份映射一个真实世界中的法律身份和一个公钥。因此，节点之间都是身份可知的。节点间基于互相了解信任的条件下进行交易。Corda 中的通信仅在点对点基础上进行，没有全局广播或 gossip 网络，数据是在需要了解的基础上共享的，交易根据发送者的指定，仅发送到授权节点上。Corda 跟 Fabric 一样，也使用 CRL 处理吊销，且吊销必须由证书的颁发者签名[19]。

Corda 主要用于金融服务行业领域。因此，在加入网络前，每个节点通过流程获取身份证书，之后向网络地图服务发布证书，节点间基于互相信任进行交易。Corda 中的交易发送者基于节点的身份证书进行认证。事务在 Corda 中被视为常规消息，因此，当给定事务与节点关联时，事务发送方身份验证的处理类似于消息发送方身份验证。由于交易在利益相关者之间直接共享，因此不得处理访问交易的授权。与很多许可的区块链平台相反，所有交易都是私有的，这意味着它们仅在其利益相关者之间共享，并且由公证人提供调用交易的授权。

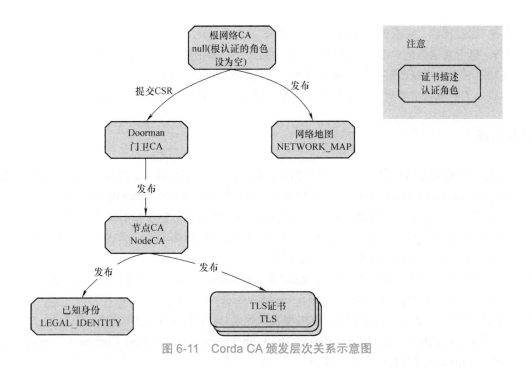

图 6-11 Corda CA 颁发层次关系示意图

本章小结

本章从基本概念、分层结构、共识机制与准入机制这四个方面对联盟链技术进行了系统性的介绍，在介绍中重点讲解了联盟链与公有链技术的区别，并穿插介绍了知名联盟链项目的设计方案。联盟链技术还在迅速的发展演化过程中，虽然在不同行业领域诞生了多个具体的联盟链项目，但是尚未形成成熟的体系结构与设计方法论。本章是对既有的联盟链项目进行总结梳理与功能抽象的一次尝试。联盟链技术可以看作是公有链技术与可信计算领域中的其他成熟技术（如认证与准入机制）的融合，是公有链技术在功能上的拓展。联盟链的架构使区块链技术能够更加灵活地与具体的业务逻辑相结合，形成丰富的应用形态，从而广泛地应用于金融、物联网、电子政务、社会治理等领域。

思考题与习题

6-1 理解有限信任场景下区块链应用的特点，并简述联盟链提出的意义与动机。

6-2 与公有链相比，联盟链在哪些方面具有优势？请举例说明。

6-3 联盟链项目中，Fabric、Corda、Libra 网络层满足什么协议？网络拓扑是什么结构？

6-4 结合本节内容，说说联盟链相对于公有链有何不同，谈谈 Fabric、Corda 与 Libra 有哪些应用于服务领域。

6-5 比特币、以太坊、Fabric、Corda 与 Libra 分别在数据结构与模型上是什么设计？

6-6 根据本节内容，请简要说说 PBFT 与 Raft 算法的运行流程。

6-7 共识算法是联盟链系统中重要的组成部分，试比较各个算法的优缺点。

6-8 通过比较，现有的共识算法是否有更好的改善优化方法？

6-9 思考在联盟链的准入中认证和授权的关系，二者是如何配合实现准入的？

6-10 对于一个联盟链来说，准入机制一般是怎么设计的？设计时的根据是什么？

6-11 了解现有主要联盟链项目的最新准入机制，比较其各自特点，归纳其共性。

参考文献

[1] 工业和信息化部信息中心. 2018年中国区块链产业白皮书[R/OL].（2018-05-20）[2020-6-22]. http://www.miit.gov.cn/n1146290/n1146402/n1146445/c6180238/part/6180297.pdf.

[2] 单志广，何亦凡. 正本清源：为什么区块链是一次新的信息化革命[EB/OL].（2019-12-31）[2020-6-22]. https://www.ndrc.gov.cn/xxgk/jd/wsdwhfz/201912/t20191231_1218233_ext.html?from=groupmessage&isappinstalled=0.

[3] VOIGT P, VONDEM B A. The EU general data protection regulation（GDPR）[EB/OL].（2018-05-25）[2020-6-22]. http://www.lsoft.com/resources/gdpr.asp.

[4] 李董，魏进武. 区块链技术原理，应用领域及挑战[J]. 电信科学，2016, 32（12）: 20-26.

[5] BRÜHL V. Libra— A Differentiated View on Facebook's Virtual Currency Project [J]. Intereconomics, 2020, 55（1）: 54-61.

[6] DIB O, BROUSMICHE K L, Durand A, et al. Consortium blockchains: Overview, applications and challenges[J]. International Journal On Advances in Telecommunications, 2018, 6（11）: 1-2.

[7] 邵奇峰，金澈清，张召，等. 区块链技术：架构及进展[J]. 计算机学报，2018, 41（5）: 969-988.

[8] RICHARD G B, et al. Corda: anintroduction[R/OL].（2016-08）[2020-06-29]. https://www.researchgate.net/publication/308636477.

[9] ANDROULAKI E, BARGER A, BORTNIKOV V, et al. Hyperledger fabric: a distributed operating system for permissioned blockchains[C]//Proceedings of the thirteenth Euro Sys conference. 2018: 1-15.

[10] LIN I C, LIAO T C.A survey of blockchain security issues and challenges[J]. IJ Network Security, 2017, 19（5）: 653-659.

[11] CASTRO M, LISKOV B.Practical Byzantine fault tolerance and proactive recovery[J].ACM Transaction son Computer Systems（TOCS）, 2002, 20（4）: 398-461.

[12] ZHENG Z, XIE S, DAI H, et al. An overview of blockchain technology: Architecture, consensus, and future trends[C]//2017 IEEE international congresson big data.IEEE, 2017: 557-564.

[13] 蒋勇，文延，嘉文. 白话区块链[M]. 北京：机械工业出版社，2017.

[14] HUANG D, MAAND X. ZHANG S. Performance Analysis of the Raft Consensus Algorithm for Private Blockchains[J].Transactions on Systems, Man, and Cybernetics: Systems, 2020, 50（1）: 172-181.

[15] G P A, SCHETT M A. Deconstructing Stellar Consensus（Extended Version）[J]. arXivpreprintarXiv, 2019, 12（13）.

[16] LAGARDE M J. Security Assessment of Authentication and Authorization Mechanisms in Ethereum, Quorum, Hyperledger Fabric and Corda[EB/OL].（2019-3-14）[2020-6-22]. https：// www. epfl. ch/labs/dedis/wp-content/uploads/2020/01/report-2018_2-marie-jeanne-security-assessment.pdf

[17] CASTRO M, LISKOV B. Practical Byzantine fault tolerance and proactive recovery[J].ACM Transactions on Computer Systems（TOCS）, 2002, 20（4）: 398-461.

[18] HU V C, KUHN D R, FERRAIOLO D F, et al. Attribute-based access control[J].Computer, 2015, 48（2）: 85-88.

[19] Hyperledger Fabric. A blockchain platform for the enterprise[EB/OL].（2020）[2020-6-22]. https：//hyperledger-fabric.readthedocs.io.

[20] HEARN M.Corda：A distributed ledger[DB/OL].（2016-11-03）[2020-06-29]. https://docs. corda.net/_static/corda-technical-whitepaper.pdf.

[21] WAN Z, CAI M, YANG J , et al.A novel blockchain as a service paradigm[C]//International Conference on Blockchain.Springer, 2018, 10974：267-273.

[22] LU Q, XU X, LIU Y , et al. uBaaS：A unified blockchainas a service platform[J].Future Generation Computer Systems, 2019, 101：564-575.

第7章 区块链的应用案例

导　读

基本内容：

　　中央提出，要发挥区块链在促进数据共享、优化业务流程、降低运营成本、提升协同效率、建设可信体系等方面的作用[1]。在实际应用中，区块链可以在多个行业具体领域发挥上述作用，为人们的商业社会和日常生活带来可信任的环境。本章主要围绕金融、商业、民生、智慧城市、城际互通、政务服务这六大领域，并划分为十四个重点细分行业，以案例形式介绍区块链技术的应用场景，探讨区块链能够发挥的作用与带来的变革。

学习要点：

　　掌握区块链技术的具体应用逻辑；了解区块链应用在各个行业的典型案例和应用现状，并通过比较理解传统行业模式与区块链系统模式的异同，以及区块链可以解决哪些种类的问题。

7.1 区块链 + 金融

　　金融是区块链技术最典型也是最早应用的行业之一。区块链的首个应用——比特币就属于金融范畴。在实际应用过程中，金融包括多种细分领域，如支付（国内和跨境）、证券、供应链金融等。

7.1.1 支付

　　支付流程包括两个重要的环节——支付方式和清结算。支付方式主要是由支付方和接收方协商确定，如现金支付、银行汇款、刷卡支付，移动支付等。而区块链更多在另一个重要环节体现价值，即支付的清结算。不管前端选用怎样的支付方式，都需要经过后端的清结算才算完成整个交易。清结算的方式需要整个支付系统内所有的参与者达成共识，也就是说需要多方协作。

1. 传统支付清结算模式

最基本的支付和清结算模式基于银行账户。国内银行支付主要基于境内银行间的网络来完成。各国都有自己的境内清结算中心,如中国人民银行的现代化支付系统(China National Advanced Payment System,CNAPS)、美国的自动清算中心(Automatic Clearing House,ACH)。而各国境内持牌的银行一般也都会接入该国结算中心的系统,因此境内汇款的清算过程相对高效。另外,由于各国银行的备付金账户都开在央行,结算过程本质上是央行系统中各银行备付金账户间的结算,并不涉及真实的资金转移,因此结算过程可以与清算同步完成。

对于跨境银行支付来说,由于目前并不存在一个全球清算中心,且一个国家的支付结算系统不会随意允许其他国家的银行加入,因此在跨境汇款的过程中通常需要引入代理银行(Correspondent Bank)。目前银行间跨境支付主要依赖环球同业银行金融电讯协会(Society for Worldwide Interbank Financial Telecommunications,SWIFT)的通信网络进行信息交互,以及全球代理银行网络进行清结算。这种依赖中介的模式决定了它高昂的手续费成本,其中包括汇出行手续费、使用 SWIFT 系统的通信费、中间各家代理行的手续费。如果涉及非直接换汇,还存在一定的汇率损失。除此之外,中间经过多层代理银行和多个清算系统也将耗费大量的时间,导致汇款时效性低,一般情况下需要三个工作日左右才能到账。跨境银行的汇款清结算流程如图 7-1 所示。另外,整个汇款过程中,收付双方都无法跟踪,不知道钱款汇转至哪一步,甚至在汇出时都无法得知准确的手续费用,因为中间经过几层代理银行、各家手续费是什么标准只有完成清结算之后才知道。

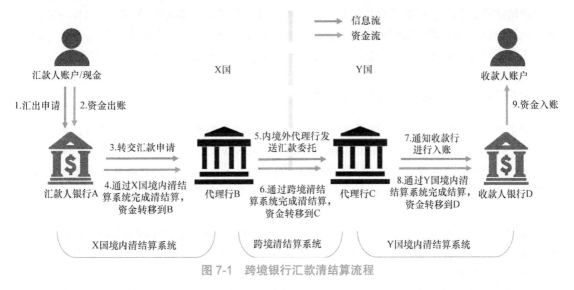

图 7-1 跨境银行汇款清结算流程

此外,不管是境内还是跨境支付,银行都会出于安全性考虑,在支付端设置一些限制。例如中国一些银行设置的手机银行和网银的转账最高限额为单笔 100 万人民币,日累计 500 万人民币,因此置业付款等大额转账无法进行。而银行柜台转账虽然上限较高,单笔可达 100 万人民币,但需要支付手续费,且需要线下排队,效率低下。除此之外,各国境内的清结算机构都有固定的清结算时间段,如中国境内大额转账清结算由央行清结算系统在每个工作日的 17:15~20:30 之间进行,在清结算时间段外进行的转账支付将无法实时到账。

除了基于银行账户的支付清结算模式外,还有其他模式,例如,基于卡组织的支付和清结算模式、基于独立汇款公司的支付和清结算模式以及基于第三方移动支付的支付和清结算模式。这些模式通常创造了一个比代理银行系统更便捷的网络，无须经过一层层的消息处理，可以提高支付的效率。但他们仍然有一些限制，如卡组织主要服务于 C 端持卡用户，不适用于企业的支付需求以及大额支付需求；独立汇款公司的手续费则极高，部分国家高达 10%；有币种和金额限制，比如西联在中国汇出上限为 15000 美元，仅接受美元汇出。

另外，以上的模式基本都需要依赖银行账户和银行间的清结算系统。但在很多国家银行服务并不普及，比如菲律宾。根据菲律宾中央银行 2017 年发布的调查显示，菲律宾 86% 的家庭没有银行账户，主要原因是民众没有足够的钱存入银行，或民众对银行的信任缺失。在这类地区，现有的支付服务模式并没有办法满足无银行账户人群的支付需求。

因此，现有支付清结算模式中主要存在以下问题。

1）手续费高、时效性低。

2）支付限制较多，如金额上限、时间限制、币种限制。

3）汇款过程不透明，无法追溯。

4）主要服务于银行客户，没有银行账户的人群支付服务仍然比较匮乏。

2. 区块链改变清结算模式

区块链技术可以通过两种模式应用到支付清结算领域中，改善现有支付系统存在的问题。

第一种方式为基于分布式账本的多方协调模式。这种模式主要利用区块链的不可篡改性和公开透明性，建立多主体之间的可信共用账本。因而，银行间只需通过区块链上的智能合约进行自动清结算，无须进行层层代理银行的人工审核以及各种单一系统的清结算。这样一来，各银行间可以进行点对点的支付和结算，显著提高了清结算效率。这一模式是对银行系统（即现有大部分支付方式的底层清结算系统）的改善，因此它可以直接适用于大部分现有支付工具。

案例分析：中国招商银行区块链跨境直联清算

招商银行于 2016 年年初开始探索区块链技术与银行业务的结合。2016 年 6 月，招商银行完成了全球现金管理（Global Cash Management）领域的跨境直联清算业务验证性测试（Proof of Concept，POC）。在模拟环境稳定运行半年后，2017 年 2 月 24 日，招商银行宣布正式实现区块链技术的商用，将其应用于跨境直联清算、全球账户统一视图以及跨境资金归集这三个场景。

招行以往的跨境直联清算系统主要存在以下一些问题，如只支持总行与海外分行之间的交换，海外分行之间没有办法直接进行交换；手工审批环节多，系统操作复杂；新的海外机构加入困难，实施周期很长等。

通过应用区块链对原有系统进行改造，招行将六个海外机构以及总行都连入区块链，网络中任意机构都可以发起清算请求或进行清算。基于区块链的新跨境直联清算系统显著提高了清算效率，报文传递时间由 6 分钟减少至秒级。同时，处于私有链封闭网络环境中的报文也难篡改、难伪造，提高了安全性。另外，由于分布式的架构具有多个节点，不会出现中心失效影响整个系统运作的情况，增强了系统的可用性。

第二种方式为基于数字货币的支付和清结算模式。该模式独立于银行系统，除了利用区块链分布式账本的不可篡改性，还需要借用数字货币这一新型载体。数字货币可由区块链记账与非对称加密形成价值载体，通常不要求使用者拥有银行账户，而是通过数字钱包进行支付。用户只需拥有联网设备就可进行支付和转账，极大降低了支付双方的壁垒，可服务于无银行账户的群体。另外，数字的存在形式是一串代码或是一种记账形式，转账完成的同时清结算也就自动完成了，真正实现信息流和资金流的合一。

因此，数字货币可实现点对点的支付，中间成本极低。除此之外，由于数字货币具有可编程性，其支付可以实现更透明的链上追溯。同时，可以通过设置用户授权保护用户的隐私。

近几年，全球出现了众多用作于支付的数字货币。它们通常以法币作为抵押物，1:1 锚定，可保证价值稳定，因而更加适合用作支付。主要包括私人部门发行的数字货币项目，如由脸书（Facebook）等巨头联合发起的 Libra 项目，由瑞银集团（UBS）、巴克莱、纳斯达克等 14 家银行和金融机构联合发起的公用结算币（Utility Settlement Coin, USC）项目，由摩根大通（JP Morgan）发起的 JPMCoin 项目等；以及政府部门发行的法定数字货币，如中国发行的 DCEP。截至 2020 年年中，全球已有部分国家开始研究和测试法定数字货币，但目前还极少有正式发行的。

案例分析：摩根大通银行间清结算数字货币 JPMCoin

摩根币（JPMCoin）是美国知名商业银行摩根大通发行的数字稳定币，运行在其联盟链 Quorum 上，价值 1:1 锚定美元，美元储备放在摩根大通的指定账户中。只有通过摩根大通 KYC 的机构客户才能使用 JPMCoin 进行交易。

Quorum 的目标是充当公司和银行之间的桥梁。摩根大通已将 220 家银行纳入其银行间信息网络。Quorum 将有助于消除外国代理行之间的痛点。

当一个客户通过 Quorum 区块链向另一个客户发送资金时，将以 JPMCoin 作为资金载体进行发送。由于 JPMCoin 基于区块链技术，可以全球化点对点支付，因此使得客户间的资金清结算效率提高。JPMCoin 兑换支付流程如图 7-2 所示，具体过程如下。

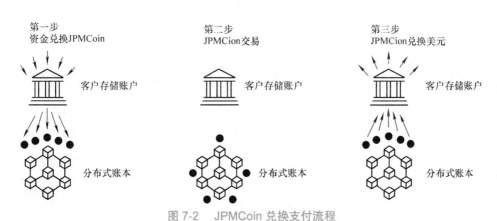

图 7-2　JPMCoin 兑换支付流程

第一步，摩根大通的客户将资金存入账户（Client Reserve Account），在区块链上兑换为 1:1 等量的 JPMCoin。

第二步，使用 JPM Coin 通过区块链网络与摩根大通的其他客户进行交易，例如银行间拆借、证券交易支付等。

第三步，客户获得 JPMCoin 后可以在区块链上将其兑换回美元。

7.1.2 证券

证券行业可细分为交易前、交易中、交易后三个环节。交易前环节包括证券的发行、投资人的 KYC 等，交易中环节包括证券的买卖和转让，交易后环节包括登记、清算、交收、分红派息等。区块链技术的价值主要体现在交易前环节和交易后环节。

对于交易前环节，传统的证券发行，需要提交招股书，且需要聘请第三方审计公司对历史财务报表进行审计。对于发行方来说，中介成本非常高；对于投资人来说，证券的发行需要基于对发行方和中介机构的信任。如果发行方财务信息造假，而审计事务所又有心或无意地忽略了这一事实，不管他们是否会被处罚，投资人都将蒙受无法挽回的损失。

而基于区块链，可以从公司创立阶段就进行链上的股权登记，且每年的财务信息、报税信息、股权变更等信息都在区块链上保存。一方面能够增加一级市场股权交易的流动性，另一方面也为未来可能发生的证券公开发行打下信任基础。在进入二级市场之前，可以设置参与者的权限，实现部分参与者可见。在公开发行证券时，由于一切历史都记录在区块链上，则无须依赖中介的背书，这可以节省大量中介费，而监管机构也可以在区块链上对该企业的历史进行追溯，降低审核成本。

对于交易后环节，传统交易后流程冗长烦琐，涉及主体繁多，且会存在重复性的数据核对，所消耗的人力和时间成本较高。证券交易后的流程如图 7-3 所示，也正是因为这些复杂环节，证券市场难以实现 T+0 的交易。

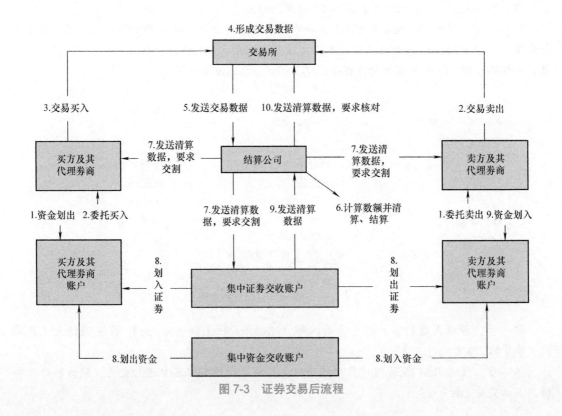

图 7-3　证券交易后流程

区块链在证券交易后流程可以发挥如下作用。首先，基于区块链发行的证券可以实现点对点的交易，在此基础上可以引入智能合约，让整个网络基于事先设定的规则进行自动清算与交割。另外，区块链网络也可以给各个参与方设置不同的权限，如"投资""发行""记账和结算""监管"等，使得不同参与者根据自己的权限有序在网络中执行操作，获得真实无篡改的数据。

另一方面，区块链证券具有可编程性，结合投资人在 KYC 之后建立的不同权限的链上身份，可以通过程序对投资人的交易做出限制，如可交易的证券类别、各个证券所对应的有交易权限的投资人群体等。这样一来，就可以实现在可信环境中执行部分监管的要求，如禁售、停牌等。

案例分析：纳斯达克股权登记平台 Linq

美国知名证券交易所纳斯达克（NASDAQ）早在 2015 年就推出了基于区块链的股权登记平台 Linq。

此前未上市公司进行股权融资和转手交易涉及很多基于人工和纸质文件的工作，例如它需要人工处理纸质股票凭证、期权发放和可换票据，需要律师手动验证电子表格等。这样的工作一方面效率低下，难以保存；另一方面可能产生很多人为错误，难以留下审计痕迹。

而通过 NASDAQ Linq 进行私募的股票发行者享有数字化所有权。出售私有股权的初创公司可以在系统上查看股份证书向投资者的发放情况、证书的有效性以及其他信息，如资产编号、每股价格等；还能以更便利的交互模式搜寻和查看最近的证书，或查看哪些投资者在企业内持有最多的股份；并且将股权从登记到执行的数据信息连续记录在区块上，并形成唯一的数字凭证，保证信息的完整性和可追溯性。

另外，现有股权交易市场标准结算时间为 3 天，区块链技术的应用却能将时间缩短到 10 分钟，能有效降低资金成本和系统性风险。交易双方在线完成发行和申购材料，也能有效简化多余的文字工作，发行者因繁重的审批流程所面临的行政风险和负担也将大为减少。

2018 年 6 月，区块链创业公司 Chain 成功使用 Linq 平台发行了公司股份，成为 Linq 平台上首支私募股票。

7.1.3　供应链金融

供应链金融是指在融资过程中引入核心企业、物流公司等供应链参与主体作为新的风险控制变量，对供应链上申请融资的企业提供信贷支持及其他综合服务的融资模式。

1. 供应链金融的模式与难点

供应链金融主要服务对象是产业链上的中小企业。倚靠着核心企业的高资信，通过企业资源计划（Enterprise Resource Planing，ERP）及其他系统精准地掌握供应链上商品流通以及资金流通的信息，并结合物流企业提供的抵押物信息，为供应链上的企业提供融资服务。与传统融资方式最大的不同在于，供应链金融不是单独对个体企业进行资信考核，而是侧重于对供应链上的核心企业及整体供应链的运营情况进行考核。供应链金融模式如图 7-4 所示。

由于供应链金融依赖链上的各个环节，因此其存在典型的多方协同问题与信任成本高问题。具体来说，这些问题包括数据无法打通造成的供应链信息孤岛，信任缺乏导致的核心企业信用难以跨级传递，商业票据无法拆分导致中小企业资金使用率不高，流转较为困难，以及可能存在的贸易造假、重复融资、合同违约等情况。这些问题在传统的供应链金融模式中难以避免，制约了银行等金融机构对供应链中中小企业的融资效率和金额。

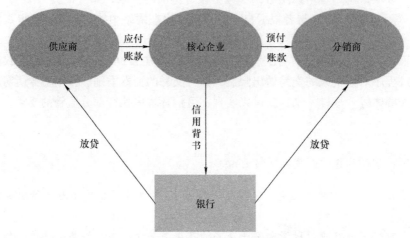

图 7-4　供应链金融模式示意图

2. 区块链改善供应链金融模式

传统供应链金融模式的难点本质上均由信任问题所衍生。区块链技术凭借其分布式账本技术、密码学基础等具有不可篡改、可追溯、高透明等特性，解决供应链金融中核心的信任问题。通过建立高效透明的信任机制，为供应链金融生态体系的运行降本提效。

1）可以将供应链中的企业、保理公司、金融机构、物流机构及监管方等架设为区块链生态节点，对供应链上真实贸易数据加密，并在生态各节点交叉验证后上链，实现贸易信息的真实可信、可溯源，最大程度上打通供应链条上所有参与企业的信息流通。

2）可以将应收账款、贸易单据等凭证上链实现金融资产数字化。数字凭证可以实现链上可流转、可拆分，可以作为支付凭证给上级供应链，也可以作为信用凭证抵押给金融机构获取贷款，以缓解企业现金流困难，提高融资效率。

3）基于区块链的供应链金融可以成为一个企业征信平台。信息一旦上链，就无法篡改，并受区块链节点的监督。企业可以通过授权信用查询，将履约的信用记录出示给合作伙伴或是金融机构。金融机构或监管机构也可以通过基于区块链的企业征信平台，了解企业的信用历史，或是未来的履约能力，对整体的营商环境有全面了解，降低尽职调查的实施难度，实现更好的风险控制。

案例分析：联动优势——基于区块链技术的跨境保理融资授信管理平台

联动优势是由中国移动与中国银联联合发起成立的移动金融及移动电子商务产业链服务提供商。联动优势针对涉及跨境贸易的中小供应商企业融资难、融资贵、融资慢等问题，联合了跨境支付机构、境内保理公司、境外电商平台，共同推出了"基于区块链的跨境保理融资授信管理平台"，为中小企业提供基于跨境贸易订单的融资授信服务，解决中小企业融资问题。同时也帮助保理公司有效地控制业务风险，有助其进一步扩大业务服务范围。联动优势授信管理平台业务流程如图 7-5 所示。

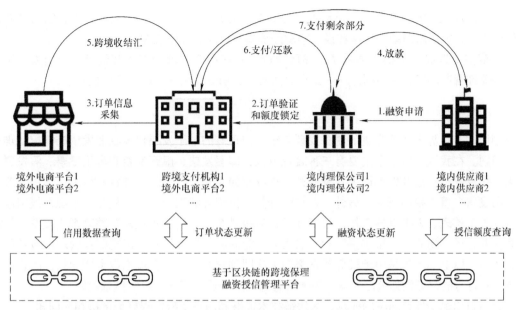

图 7-5　联动优势授信管理平台业务流程

通过数字证书进行准入许可，对参与方进行身份认证和授权，确保数据上链前的真实性。基于自主可控的联盟链，确保了数据上链后不被篡改。

平台采用未花费的交易输出模型对授信额度进行精确而灵活的控制和调整，一方面，授信平台严格控制供应商每次融资额度不超过其总体授信额度；另一方面，授信平台及时根据其订单状态、融资情况、还款情况对授信额度进行精确的调整。

对保理公司而言，通过跨境支付公司，可以确保订单回款将优先还款给保理公司，有效降低贷后风险，从而可以为更多的供应商提供融资服务，扩大其放贷业务范围。对供应商而言，通过跨境支付公司，简化订单回款和融资还款等操作，提高业务效率。通过保理公司，供应商可以及时地获得融资服务，提高资金效率。

同时，平台开放了标准接口，更容易对接订单和融资的所有相关方，能够更全面地跟踪订单和融资的全生命周期过程，打破了各家公司间的数据孤岛，有效防范供应商利用相同订单进行多头借贷和超额融资，提高了保理公司的风控能力，降低由于供应商还款能力造成的资金风险。另一方面，在已有数据的基础上，提供授信额度查询、信用数据查询等增值服务，帮助供应商能够更方便地使用其授信额度进行融资，帮助境外电商平台更容易地选择良好的供应商。

自 2017 年项目上线至今，联动优势的注册供应商超过 11 万家，超过 1.3 万家供应商从融资授信管理平台获得融资服务，加快了供应商的资金周转效率，缓解了其资金压力，提高了资金效率和业务运营效率。保理公司从授信平台获取供应商的运营数据和订单信息，审核效率提升了 3 倍，融资审核期限大幅缩短。自平台运营以来，供应商的还款履约率为 100%，保理公司的坏债率维持在最低水平。

7.2　区块链 + 商业

商业是一个广泛的概念。要利用区块链技术探索数字经济模式创新，为打造便捷高效、公平竞争、稳定透明的营商环境提供动力，为推进供给侧结构性改革、实现各行业供需有效对接提供服务，为加快新旧动能接续转换、推动经济高质量发展提供支撑。

本节主要选取三个相关领域来阐述区块链技术在商业领域的作用和优势，分别为电子发票——促进营商环境、商品溯源——提高商品质量、积分营销——改善商业模式。

7.2.1 电子发票

中国拥有世界上较为先进的税务发票系统，但现有的电子发票仍面临假发票难管控、难杜绝的问题。在我国，假发票主要有三种表现方式，即假发票、虚开发票和套用发票。假发票即私印、伪造发票；虚开发票即为真票假开，指没有如实开具发票的一种舞弊行为；套用发票则指套用发票自填自报的行为。另外，发票的开具、报销等流程烦琐，对税务局来说，报销涉及很多的人工整理、人工审核工作，效率低下；对报销企业来说，每次需要整理纸质发票，核算金额，并且还要担心"一票多报"和"假发票"等问题，尽可能降低出现财务管理风险及税务违法风险。以上痛点均是由于税务管理部门无法明确获知企业资金流水数据所导致，而企业又不愿意将自身的财务数据公之于众，税务管理部门和企业均存在一定的信息割裂。

针对目前电子发票面临的痛点，区块链技术能够利用自身特性很好地解决相应问题。

1）保障发票真实性。将发票产生即上链保存，确保每张发票对应着真实消费，保证了发票的真实性、唯一性，结合区块链的不可篡改性，从源头上杜绝了"假发票"问题。

2）解决一票多销的问题。报销环节中，区块链让各个环节的部门成为节点，对接多个系统，互相打通，实现电子发票链上流转发票可快速查证，降低了审核过程的时间成本，打通"支付 - 开具 - 报销 - 入账"的全流程，极大精简了开票、报销的流程，解决一票多销的问题。让开票更便捷，让消费者更舒心，也降低了纸质票本来的印刷成本与其中各环节的人工成本。同时，区块链电子发票可以追溯全生命周期，开具、流转、报销、存档等所有发票流向环节可以进行全方位管理，能够帮助税局等监管方实现实时性更好的全流程监管。

案例分析：腾讯区块链电子发票

2018 年 8 月，由国家税务总局指导、国家税务总局深圳市税务局主导落地，由腾讯区块链提供底层技术支撑的区块链电子发票实现落地。首张区块链电子发票在深圳国贸旋转餐厅开出，此次深圳市税务局携手腾讯落地的区块链电子发票，将"资金流、发票流"二流合一，将发票开具与线上支付相结合，打通了发票申领、开票、报销、报税全流程。图 7-6 展示的是首张区块链电子发票，发票具体操作可以分为四个步骤。

1）税务机关将开票规则部署上链，包括开票限制性条件等，税务机关在链上实时核准和管控开票。

2）开票企业申领发票，将订单信息和链上身份标识上链。

3）纳税人认领发票，并在链上更新纳税人身份标识。

4）收票企业验收发票，锁定链上发票状态，审核入账，更新链上发票状态，最后支付报销款。

腾讯的区块链电子发票利用区块链的分布式记账、多方共识和非对称加密等机制，解决了发票流转信息上链，打通了信息孤岛，并且通过链上身份标识，确保了发票的唯一性和信息记录的不可篡改，同时纳入税务局等监管机构，帮助政府实现更好的全流程监管。最后，腾讯区块链电子发票将税务机关、开票企业、纳税人、收票企业整合到区块链上，实现发票开具与线上支付相结合的效果，打通了发票申领、开票、报销和报税的整体流程。腾讯区块链电子发票业务流程如图 7-7 所示。

图 7-6　首张区块链电子发票

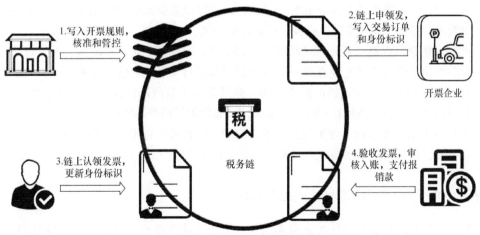

图 7-7　腾讯区块链电子发票业务流程

对于商家而言，区块链电子发票提高了运转效率，节省了财务管理成本。企业开票、用票更加便捷、规范，发票在线申领、在线开具，还可以对接企业的财务软件，实现实时入账和即时报销，真实可信，后续可拓展至纳税申报。

对于纳税服务方而言，区块链电子发票实现"交易数据即发票"，有效解决开具发票填写不实、不开、少开等问题，保障税款及时、足额入库。此外，通过区块链管理平台，可实时监控发票开具、流转、报销全流程的状态，对发票实现全方位管理。

对于消费者而言，通过手机微信，消费者结账后即可自助申请开票，一键报销，发票信息将实时同步至企业和税局，报销款便会自动到账，免去了烦琐的流程，收票、报销实现电子化与便捷性，达到"交易即开票，开票即报销"。

深圳的区块链电子发票已广泛应用于金融保险、零售超市、酒店餐饮、互联网服务等数百个行业，惠及 1.5 万多家企业，共开具发票 1600 多万张。

7.2.2 商品溯源防伪

消费者进行购物时，常以商品品牌与知名度作为选择依据。对于一个企业，建立良好的品牌效应，意味着将吸引更多的潜在消费者。然而，企业的逐利性使假冒伪劣现象事件频发，损害了消费者的利益与安全，也损坏了企业的名誉和信誉。溯源防伪技术的合理利用，将有效维护企业品牌利益与消费者权益，推动产品质量的提高。

防伪溯源是指对商品的生产、加工、运输、流通、零售等环节的追踪记录，通过产业链上下游的各方广泛参与来实现。传统的防伪溯源通过二维码、条码、射频识别（Radio Frequency Identification，RFID）技术等手段，记录和传输商品生产与流转信息，以便为查询、追责、管理等溯源行为提供凭证的多环节协同行为。

传统的防伪溯源主要面临数据存储中心化、易篡改、政府监管难、流通环节数据分散等问题。一方面，商品从生产到流通的环节往往链条很长，有些场景如跨境贸易则更复杂，供应链管理系统上的参与者互相独立，难以提供可靠信息，导致产业链上出现参与方间信任不足、数据存储信息孤立、通信与数据格式标准不一等问题。频繁出现的不透明产品信息、品控难且追溯难的商品及失职责任难界定等现象，使产品质量难以得到保障。另一方面，互联网溯源产品已经在逐步发展，但很多仍然是企业自主登记，无法保证数据源头的真实性，或由单一机构进行供应链管理和登记，无法确保数据没有被篡改和编造。

因此，区块链可以利用其分布式账本、时间戳等技术特点，结合物联网、人工智能等相关技术，让各个供应链环节的企业在统一账本中进行数据自动登记上链，并进行交叉验证，保证商品信息的真实性。并且区块链的链式结构、时间戳和哈希值可以保证上链信息的不可篡改，让终端的消费者可以随时查到真实的商品数据，从而保障了消费者的权利。

基于区块链的可追溯性，如果有产品质量问题，监管机构将可以更快定位问题源头，进行高效监管监督，推动企业主动提高产品质量，减少假冒伪劣产品。

案例分析：云南玉溪普洱茶区块链防伪溯源平台

2019 年 12 月，京东数字科技集团正式在云南省玉溪市推出普洱茶区块链防伪溯源平台。该平台将人工智能、物联网与区块链技术相结合，将普洱茶饼独特的纹理特征记录与数字"身份证"进行匹配，从源头上保证了真正的普洱茶饼与数字信息的唯一对应。此外，包装外的二维码和茶饼图案形成"两码合一"，结合区块链无法篡改记录的特征，有效解决了普洱茶流通过程中的痛点。

经过揉捻、蒸茶、压制等一系列工序，最终的普洱茶饼纹路完全是随机的，就像动物的DNA 一样，世界上不可能有两个完全相同的普洱茶饼。因此，每个普洱茶饼的纹路也就是它独一无二的"身份证"。

　　这个溯源平台通过人工智能图像采集，获得每块茶饼的独特特征，将这一"身份证"写入包装上的二维码，并存入区块链，形成链下 ID 和链上 ID 一一对应，保证了链下实体茶饼不会被转移或调包。在之后的运输过程中，还引入了深度学习图像识别和局部特征匹配技术，以确保任何环节中茶饼都可以验证真伪。

　　以"茶脸"识别"身份证"为核心，京东数科在普洱茶区块链追溯平台实现了"出生证 + 身份证 + 居住证 + 学历证"的多重认证，以可信供应链打通了产业流通领域的全部环节。比如在茶叶种植采摘的环节，结合茶园物联网（Internet of things，IoT）设备的布局，采集种植信息并进行图像留存，从源头颁发"出生证"；在生产加工的环节，基于茶饼纹路的独特性，评价检测溯源专业机构颁发"身份证"；在仓储物流环节，由茶仓联合协会颁发履历认可的"居住证"，涵盖保值增值的认证图像留存、仓库地理标识等；此外，在流通销售环节，由专业认证机构 + 大众的社交点评方式对茶叶的安全与品质，进行如同"学历证"的综合评价。普洱茶区块链防伪追溯平台应用还将集聚玉溪当地政府资源、当地知名茶企，充分进行落地应用，实现种植采摘、生产加工以及销售流通的全渠道追溯，共同推动普洱茶产业进行数字化全面升级。图 7-8 展示了普洱茶识别追溯系统应用界面截图。

图 7-8　普洱茶识别追溯系统应用界面

7.2.3　积分营销

　　会员及积分管理是企业最主要的营销手段之一，通过会员等级、折扣促销、积分礼品兑换等方式来输出会员权益，提高会员忠诚度，增强企业整体用户黏性。

　　目前，传统的企业积分运营体系存在诸多痛点，影响了会员激励与管理的效率。一是传统积分体系通常较为封闭，积分"自产自销"，获取途径和使用途径都较为受限，无法与其他积分便利的兑换。对于用户来说，可能在多个平台处均有会员积分，或存在很多长尾积分，无法综合利用，实现效用最大化。从企业的角度来看，生态内积分的封闭性也使得会员积分的权益价值较低，对会员的激励效果和营销效率都相应减弱。

第二，积分的一个常用权益兑现方式为兑换礼品、服务等，除了企业本身已有的产品，大部分的礼品可能来自外部的服务商，如航空公司积分、支付宝积分等通常都可以兑换各种商品。在出现外部权益服务商的情况下，积分之间的对账是一个非常烦琐的工作，通常由服务商收到用户支付的积分后再与企业进行清结算。而传统积分由单一企业进行数据的记录和维护，整体发行以及在平台、商户、用户之间流转的过程不透明，数据可任意篡改，可能出现积分滥发、失效、对账错误等损害用户和商户利益的情况。

而基于区块链的会员积分体系则可以利用区块链分布式账本的技术特性，有效解决当前积分系统封闭及各方信息不透明的情况，建立更多透明可信的积分体系。通过区块链，可以搭建企业间的积分兑换平台，取代基于文件传输的积分兑换方案，使得企业之间能实现积分实时清算，用户能够随时随地兑换其他企业的积分，促使碎片化积分发挥最大的价值，从而帮助企业更好地维护用户，发挥会员积分的营销效果，增强营销有效性。对于存在多个权益服务商的平台，区块链技术通过让多方共享账本，信息互通，从而更好地监管积分的发行、销毁和流通，进行积分在平台、用户和服务商之间的支付和清算，提高积分清结算的效率。

积分结合区块链技术将可以形成一个可信的积分营销体系。未来平台也可不断扩大生态服务商，加入营销商环节，当会员积分可以作为生态内支付权益的手段后，还可通过区块链积分的可编程特性实现营销商、服务商、平台之间的实时分润，让营销数据和效果透明化，更好地实现精准营销，增强用户黏性，同时减少多方合作的信任成本，实现多方共赢。

案例分析：思创银联——海马星球加油智能服务平台

海马星球是火币中国和思创股份联合打造的以区块链技术为基础，面向消费者和民营加油站的智能服务平台。该平台运用区块链技术建设了通用积分系统，包括价值稳定的支付积分和奖励积分两种积分系统。支付积分创造了统一的结算体系，基于区块链和智能合约，可以自动生成财务报表，向接入系统接受积分支付的服务商提供真实透明的积分数据；奖励积分则面向服务商和用户，使用支付积分消费即可获得奖励积分，对各类服务提供统一的奖励积分体系，使各服务商的会员积分可以互相融合，拥有更多、更集中的权益兑换选择，从而让消费者更有动力使用服务平台。海马星球区块链积分平台模式如图7-9所示。

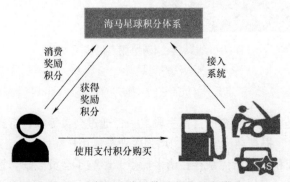

图 7-9　海马星球区块链积分平台模式

7.3　区块链 + 民生

民生领域切实涉及每位公民的权益。理论上，所有需要信任、价值、数据共享、协作的民生服务，都可以通过区块链技术改善现有模式，下面主要从教育、医疗、公益三个领域进行分析。

7.3.1　教育

一个人的一生都离不开教育。从教育时间来看，包括早教、K12 教育、高等教育、实习（职前教育）、工作，以及工作后的各类自学和考试等。从教育形式和角度来看，包括学校教育、培训机构、在线教育等。

目前，教育领域中主要有以下一些问题可以利用区块链技术进行改善。

首先是各类证书作假与学术欺诈。根据伊利诺伊大学（University of Illinois-Champaign）物理学教授乔治·戈林（George Gollin）对文凭造假现象的调查发现，仅美国每年都有约 20 万份虚假学历证书从非法文凭提供商处售出。造成学术欺诈的一个重要原因就是教育信息统计的不完整和分散，使得认证成本高，验证困难。其次，简历等个人经历信息不对称。企业为了验证简历上所有信息真实无误所要付出的成本极高，何况部分信息如实习经历、工作经历等并未进行数字化的录入，难以进行查验。这给应聘者在简历造假上创造了可能，招聘上的人才资历真实性认证存在难点。第三，当前在线教育的教学质量无法保证。由于在线教育的信息不对称性强，教育机构与教师的资质、教育评价都可能存在造假的情况，学生及家长难以判断教育机构的服务质量。

因此，对于以上信息不对称的情况，区块链技术主要利用其不可篡改、可追溯的特点来保证教育信息的真实性。

对于学生个人建立全维度的教育和职业信息体系。除了将学历学位及学习成绩等常规的学生信息上链储存，同时也能记录学生在学习过程中的其他重要数据，如奖项荣誉、社团活动、实习经历、职业等级证书等其他信息。求职过程中，通过建立企业、学校的互通，让企业将学生或员工的实习经历、工作经历上链，使得企业招聘时能够直接从区块链平台上获得相关的真实数据，降低验证难度，增加简历可信度。链上数据的真实性让企业可以减轻部分用于背景调查的人力及成本。

对于教师建立链上评价体系和教师个人价值体系。学生或家长可以在接受教育服务后对教育机构或教师的服务进行真实评价并上链，这些评价会驱使教育服务提供者提升自身的教学质量，杜绝虚假教学资质的教育机构及教师的存在，保障学生的权益。另一方面，对于有出色教学内容和评价的教师可以建立自己的链上价值，跳出中介平台直接和学生进行点对点的教育和知识付费。

案例分析：伦敦大学学院区块链学历认证试点

伦敦大学学院区块链技术中心（University College London Centre for Blockchain Technologies，UCL CBT）与伦敦的区块链初创技术公司 Gradbase 一起开展了一项试点计划，为所有 2016 年和 2017 年的金融风险管理理科硕士毕业生颁发了基于区块链的学历证书，并提供便于验证的二维码，使毕业生可以通过扫描二维码验证可信的学历信息。

具体流程为：该试点范围内的毕业生可以在 Gradbase 的网站上注册其学位详细信息，UCL CBT 检查这些数据的有效性之后，能够生成一个电子表格，并将其轻松地再次上传到 Gradbase 的平台上，同时在区块链上发布可以验证这些学位真实性的交易，最后向学生发送二维码。二维码可以放在学生的简历、名片、个人网站上，也可以嵌入领英（Linkedin）中，向任何人展示学历的真实性。区块链能够保证数据的 7×24 小时的可用性和不可篡改性，这意味着真实的数据永远不会被篡改，并且始终可验证。Gradbase 的区块链学历认证二维码如图 7-10 所示。

图 7-10　Gradbase 的区块链学历认证二维码

通过区块链学历，通常由大学注册机构和联合组织执行的缓慢而昂贵的手动检查将会过渡到由分布式账本组成的网络进行的即时加密验证和自动检查。雇主可以在招聘过程中提早进行学位检查，签发机构能够极大节省应对验证请求的工作时间。同时，拥有真正学历的候选人可以享有应得的优势，减少就业市场上的不公平。

案例分析：广西壮族自治区高等教育自学考试网络助学平台“正保自考 365”

“正保自考 365”（www.zikao365.com）是正保远程教育旗下以自考咨询和自考辅导课程为主的教育型网站，拥有 2000 多名老师及 300 多名高校教授组成的强大师资团队，以及完整的教学体系。“正保自考 365”也是广西招生考试院唯一指定的网络助学平台。目前广西壮族自治区的广西大学、广西民族大学、广西师范大学、桂林电子科技大学等众多院校均已加入该平台，且已有 70 个国家及地区承认高等教育自学考试学历及学位。

由于“正保自考 365”是一个在线教育网站，学生的过程性考核、课程表现等较为细节的学习过程无法被很好地监督和认证，对于学生的学习激励也不够强。而区块链技术则拥有不可篡改，可验证等特点，可以基于区块链记录并存储学生的学习过程，对其学习行为进行细致的追踪和记录。这一方面有利于学校更好地管理学生学习状态，提供更具个性化的培养计划；另一方面也可以为学生颁发区块链上的学习证明，更具有可信度，促进学习者、学校和雇主共享学习过程和学习认证等方面的数据，建设可信的教育信息化管理平台。

因此，为确保考核成绩及学历学位真实可信，正保将区块链技术引入自考平台内，利用区块链技术对自考学生的培训过程、考核成绩、学历学位等信息进行认证记录，促进学生、教育机构及企业之间的数据共享，打破当前数据孤岛的现状，让数据更加透明化。同时，利用区块链点对点传输、可验证、不可篡改及可追溯等特点，对学生的教育背景提供可靠的数据支撑，并且做到数据的可信、可追溯，便于毕业审核及招聘单位寻求人才。

正保远程教育的区块链平台"Link100 职业能力链"已经于 2019 年 3 月获得国家互联网信息办公室发布的第一批境内区块链信息服务备案。正保自考平台也给自考生颁发了国内首批"区块链结课证书"。例如图 7-11 展示的是"正保自考 365"的一份链上结课证书。

图 7-11 "正保自考 365"链上结课证书[2]

7.3.2 医疗

医疗健康行业以保障人民群众身心健康为目标，主要包括医疗服务、健康管理、医疗保险以及其他相关服务，涉及的产业面广、产业链长，包括制药制剂、医疗器械、保健用品、保健食品及健身用品等。

随着互联网科技的发展，传统医疗产业的信息化、数字化改造已大部分完成，"互联网＋医疗"的各种商业模式也趋于成熟，进入了稳健发展阶段。寻医问诊、报销支付等流程变得更加便捷、更加扁平化，互联网技术的嵌入也解决了部分信息不对称的问题，但由于医疗领域的特殊性，行业当前仍存在许多问题或症结尚未解决。

其中最主要的问题来自医疗数据的隐私敏感性造成的数据孤岛。相关法律规定医疗机构应当将患者数据严格保密保存，因此多数医疗机构不轻易、也不能将医疗信息对外公开，造成医疗信息流通不顺畅，各个医疗机构形成了数据孤岛。这将导致就医过程中诸多的不便，比如在患者转院转诊的过程中，患者将面临相同项目重复检查的窘境，造成金钱及时间上的浪费，医疗资源未能有效利用，患者就医体验差。数据孤岛也导致临床数据缺失，不利于药物研发。

此外，在药品方面，假药、劣药的制造销售难以根除。由于缺乏适当的追踪机制，药物供应链中从制造、流通、储藏到销售等环节存在着部分的不规范现象，例如医药销售网点不具备经营资格、药物或疫苗储藏标准不达标，导致了假药、劣药的出现。根据世界卫生组织对中低收入发展中国家的调查，考察了超过 4.8 万个样品药物，得出了发展中国家市面上销售的药物中每 10 种就有 1 种是假药或劣药的结论。

使用区块链技术，将在保障患者数据隐私的前提下，解决医疗数据的信息流通问题，改善机构之间互为数据孤岛的现状，重建医患之间的信任，提高行业效率。

在医疗诊断中，使用区块链技术构建电子病历数据库，将患者的健康状况、家族病史、用药历史等信息记录在区块链上，并结合安全多方计算（Secure Multi-Party Computation，MPC）、可信执行环境（Trusted Execution Environment，TEE）等隐私保护技术保护患者相关信息数据，确保患者隐私不被侵犯。通过区块链平台上的数据共享，更大范围、不同层次医疗机构之间的信息通道得以打通，并设置数据使用权限。这样，将可以减少患者的重复诊断，提高就医体验。数据孤岛打通后，临床医疗资料也可以被更好地利用，进行后续研发。

针对假药、劣药，可以建立基于区块链的药物供应链平台，本质上是商品的溯源。从药物原材料的获取到药物的生产制作、储藏和流通销售等环节，进行适当的监控和追踪。消费者可以通过区块链平台看到所购买药品的生产厂家、日期数据及流通环节等是否符合标准，也可通过区块链技术配合物联网对药物或疫苗的储藏温度、出入库时间等进行实时监控，保证药物的真实性与质量安全，在原本《药品经营质量管理规范》（Good Supply Practice，GSP）及《药品生产质量管理规范》（Good Manufacture Practice，GMP）的强有力监管基础上，更进一步实现公开监管与追踪，打击假药、劣药市场，保障各方权益。

案例分析：阿里健康常州市"医联体 + 区块链"项目

2017 年 8 月 17 日，阿里健康宣布与常州市开展"医联体 + 区块链"试点项目的合作，将区块链技术应用于常州市医联体底层技术架构体系中，预期解决长期困扰医疗机构的"信息孤岛"和数据隐私安全问题。

该方案目前已经在常州武进医院和郑陆镇卫生院实施落地，将逐步推进到常州天宁区医联体内所有三级医院和基层医院，部署完善的医疗信息网络。

阿里健康在该区块链项目中设置了多道数据安全屏障。首先，区块链内的数据均经加密处理，即便被泄露或者盗取也无法解密；其次，约定了常州医联体内上下级医院和政府管理部门的访问和操作权限；最后，审计单位利用区块链防篡改、可追溯的技术特性，可以全方位了解医疗敏感数据的流转情况。

引入阿里健康的区块链技术后，医联体内部可以实现医疗数据互联互通，优化了医生和患者的体验，同时也推进了分级诊疗、双向转诊的落实。通过区块链网络，社区居民能够拥有健康数据所有权，并且通过授权，实现数据在社区与医院之间的流转。医联体内各级医院医生，可以在被授权的情况下取得患者的医疗信息，了解患者的过往病史及相关信息。患者无须做重复性检查，减少为此付出的金钱及时间。图 7-12 为常州医联体区块链应用流程示意图。

区块链技术实现了医院之间的信息互联互通，符合政府"让数据多走路，人只走一次路"的指导方针，但这样的技术应用，会减少患者检查次数，相应减少医院收入，降低人事费用，可能会影响到相关方的利益。因此，需要政府建立试点，自上而下推行，并且需要推出新的商业模式，激励其他医院加入生态中，生态整体才能健康可持续地运行。

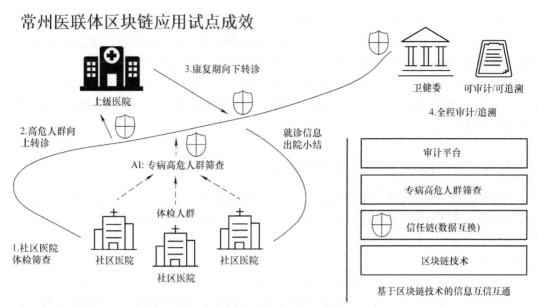

图 7-12 常州医联体区块链应用流程示意图

7.3.3 公益

公益事业包括慈善捐助、志愿服务、公益扶贫等领域。近些年，受到一些负面案例的影响，慈善行业的受信任程度实际上在不断削弱。

目前，公益捐助、扶贫等领域存在资金和物资流向不透明、使用率不高，社会监督与公开机制不够健全等问题。不少现行的公益慈善机构，采用的机制不够透明。它们往往会搭建多个资金池，众多捐助者向资金池中注入善款，同时管理单位再从资金池向需要扶贫支持和公益支持的个人和团体发放资助。很多时候慈善机构的行为类似"黑盒"，捐助人无法真正了解资金和物资的去向。对于扶贫来说，资金要经过多级机构，真正的资金使用也是不透明的，甚至扶贫的对象可能也并不清楚。无论是慈善捐助还是扶贫，都有可能会有作恶者从中渔利而遭遇诟病，影响大众的公益热情。另外，因为信息的分割和应急机制的不健全，公益活动中还存在资金利用效率低的问题。

因此，区块链可以在公益扶贫领域发挥它的特点，优化慈善流程，建设可信体系，增进舆论大众对第三方慈善机构的信任和信心。

1）提高资金和物资流向透明度。慈善机构、捐助者、受捐者、上下游环节、三方监督等相关机构和个人，可以成为区块链系统节点，对相关款项进行链上实时核验和跟踪。一方上链后，其他多方共同监督。当捐助者，三方慈善或者受捐者发现资金数量不符，那么它们可以对中间环节进行质询和复核，这样将会大大提高问题的发现和解决效率。同时，利用区块链公开透明的特点，也可以让所有捐赠明细上链，接受公众监督。

另一方面，目前某些慈善机构通过数字资产接受捐助，例如 2019 年 10 月，联合国儿童基金会（United Nations International Children's Emergency Fund，UNICEF）宣布设立加密数字货币基金，接受比特币等加密数字资产的捐助。数字资产由于是区块链原生资产，可以确保捐款资金的真实，帮助捐助人实时了解捐赠资金走向，简化捐助人的捐款流程，使捐助更方便、快捷，尤其在跨地区、跨境捐助上提高了效率，降低了成本。

2）建设基于区块链的公益信息共享平台，提高资金管理和利用程度。通过区块链系统，各慈善机构收集到的需要救助捐款的信息可以进行共享，更全面地帮助捐助人了解需求信息，更好地对资金和物资进行综合利用，确保分配给最紧急、效用最高的需求者。同时，管理机构也可以接入区块链，进行实时监督、指挥、调配，做好全局工作，进一步提高资金和物资的利用程度和管理效率。

案例分析：支付宝区块链爱心捐赠追踪平台

传统的捐款平台由运营方发布募捐信息，捐款人将款项交予运营方，再由运营方将款项拨送至募捐方。而运营方对款项使用情况公布不透明，难以获得公益参与者的信任。当更多人参与公益，如何确保善能够精准送到被捐助人手里就成了公益的焦点，捐赠款项去向透明化成为公益事业的重中之重。

蚂蚁金服应用区块链，与中华社会救助基金会合作，在支付宝爱心捐赠平台上线了"听障儿童重获新声"公益项目。这个项目是区块链在公益场景运用的一次尝试，所募集善款将用于十名听障儿童的康复费用。此项目相比于传统公益，此系统最大的不同在于可以追踪善款流向。

支付宝拥的善款来源非常分散。作为小型筹款项目，所接受的每次捐赠数额较小。因此，这样一个项目接受了超过万次的捐赠。由于区块链的分布式记账，每一次捐赠都会将捐赠金额、捐赠时间、捐赠人等信息记录在区块链上，每一笔善款流向也以同样的方式记录。区块链具有不可篡改性和可溯源性，任何用户都可以随时查询公益项目筹款进度与款项用途，既能让善款更有效地发挥作用，又有助于赢得公众的信任。

7.4 区块链 + 智慧城市

智慧城市是运用物联网、云计算、大数据、人工智能、区块链、空间地理信息集成等新一代信息技术，促进城市规划、建设、管理和服务智慧化的新理念、新模式。建设智慧城市，有利于推进城市基础设施智能化、规划管理信息化、公共服务便捷化、社会治理精准化、产业发展现代化，对加快工业化、信息化、城镇化、农业现代化融合，提升城市可持续发展能力具有重要意义。推动区块链底层技术服务和新型智慧城市建设相结合，有利于提升城市管理的智能化、精准化水平。

7.4.1 交通运输

交通运输是经济社会的重要基础，随着全球互联网化的推进，运输行业的发展速度越来越快，运输业数字化转型的趋势也逐渐明显。2019 年，交通运输部印发《推进综合交通运输大数据发展行动纲要（2020—2025 年）》的通知，指出到 2025 年，要实现综合交通运输大数据标准体系更加完善，综合交通运输信息资源深入共享开放，交通运输行业数字化水平显著提升。

当前交通运输行业在发展中，由于参与主体多样，物流环节复杂，往往在数据共享和协作方面存在困难，导致运输企业在运行时存在以下问题：①通过各个物流系统对接可能存在效率低下、信任成本高企的问题，无法保证数据的准确性；②对商品的真实性难以保障；③小型企业由于信用评级较低，在运输业这一信息不对称较为严重的行业中融资困难。

因此，对于交通运输行业，区块链可以利用其对信息可信度的赋能能力，帮助交通运输行业增强信任与协作，主要包括以下几个方面。

1）运输信息追踪。通过区块链技术打造一套链上的运输信息系统，可以让运输链上的参与者加入其中，并将各自的运输信息上链进行交叉验证，实现商流、物流、信息流、资金流四流合一。为进一步确保信息上链的真实性，未来可以与物联网技术结合以实现数据的自动上链。区块链结合密码学技术可以为不同的参与者设计数据权限，以确保数据隐私的最大程度的保护。通过这一区块链运输系统，可以提高运输上下游的风险控制能力，提高商品的可追溯性，从而加强信用。

2）助力运输流程优化。通过区块链和电子签名技术可以实现运输凭证签收无纸化，将单据流转及电子签收过程写入区块链存证，实现承运过程中的信息流与单据流一致。在后续对账和数据运用过程中，可以结合智能合约与人工智能技术，有效提高运输对账流程的效率，并加强货运安排的智能化。

3）助力中小企业获得运输供应链融资。运输业是供应链金融的基础行业，通过区块链系统，使得各类运输单据上链，形成可信的存证数据，加强中小企业在金融机构处的信用，改善融资难问题。

案例分析：中都物流、星展银行——汽车供应链物流服务平台"运链盟"

星展银行（中国）有限公司、中都物流有限公司与上海万向区块链股份公司合作，于2018年11月30日宣布上线"运链盟——汽车供应链物流服务平台"这一解决方案。

该运链盟构建了 BJEV、CCL、SP 服务商三个区块链节点，构建了电子运单的公共账本。销售公司、仓储库、中都物流、承运商与经销商的数据上链，不仅有利于其实时互通信息，更有利于提升订单建立、运单传递、货物签收与资金结算等流程间的衔接程度，从而提升汽车供应链物流的处理效率。图 7-13 为运链盟平台的服务架构。

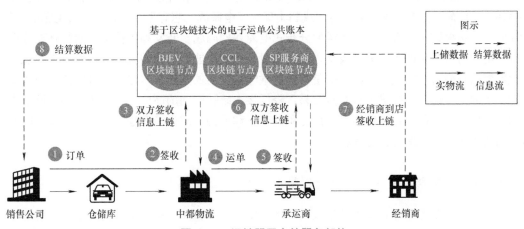

图 7-13　运链盟平台的服务架构

除此以外，数字化的运单模式推动了线上对账单业务的开展，承运商可以轻松便捷地运用线上平台进行融资申请，有效地改善了其可能面临的现金流压力。一方面，企业可以使用应用程序接口（API）提出融资请求，并实时查询他们的业务办理状态。另一方面，银行可以借助这一平台，以更低的成本和更高的效率支持中小型企业，并提供更兼容并包的金融解决方案。

2019年7月月底，运链盟平台已实现了稳健运行，线上注册的承运商超过50家，其中有七家已经开通与银行合作的融资服务，且线上业务开展顺利，实现超2200万的融资总额。2019年11月，长安民生物流加入运链盟，助力汽车供应链共享服务平台的建设。

7.4.2 能源

能源行业主要涉及电力、石油、天然气和新兴能源等领域，囊括上游的开采、勘探、生产，中游的提炼、分发、输送，以及下游的分销、交付和使用等。它是服务工业商业、居民生活的核心行业，维护着人们经济生活的正常运转。

20世纪以来，人类活动加剧，世界人口和总体经济产出大幅增长，同时也伴随着能源的大幅消耗。波士顿大学学者研究发现，即使目前气候维持当前变化，直到2050年，全球能源需求还会上涨25%。巨量的能源需求带来了气候变暖等问题，发展和使用清洁能源是所有人类应该重视的课题。

除此之外，贫富发展不均衡也是困扰能源行业的问题之一。在发达地区和欠发达地区分别存在能源过度消费和能源不足的现象，如何促使能源的均衡分配，是能源行业需要解决的问题。同样，平衡各发电站和用电者之间的关系，提高能源使用效率也是需要解决的问题。

区块链技术能够保证系统透明、稳定可信以及防篡改，并且在点对点网络中存在可以自动执行的智能合约，这给能源行业带来了新的发展思路。

1）能源供应链。能源市场交易的参与者众多，其中包括券商、交易所、物流公司、银行、监管机构和代理机构等。在传统的模式下，交易输送过程速度慢耗时长，造成的摩擦成本将小型机构排除在外。如果应用区块链技术，上下游之间可以快速完成配合，交易时间和信息被记录在账本中，同时智能合约可以保证交易在特定的时间执行，大大提高协作效率，节约纸质办公成本。

2）分布式微电网交易，推动清洁能源发展。微电网是指由分布式电源、储能装置、能量转换装置、负荷、监控和保护装置等组成的小型发配电系统，它有助于实现分布式电源的灵活、高效应用，解决数量庞大、形式多样的分布式电源并网问题。开发和延伸微电网能够充分促进分布式电源与可再生能源的大规模接入，实现对负荷多种能源形式的高可靠供给，是实现主动式配电网的一种有效方式。而区块链是有效的微电网交易的基础技术之一，可以让分布式的清洁能源（如太阳能）直接进行点对点交易，降低接入统一电网的高成本，有效改善能源电力的利用率。同时微电网系统能够推进地区能源的产出和使用，减少能源运输的消耗，解决能源分布不均衡等问题，更弹性、更高效。

案例分析：国家电网——区块链电网服务平台

区块链电网服务平台是由国网区块链科技有限公司探索的"区块链＋电力系统"的解决方案。其为电网系统里首个司法级可信区块链云平台，并与北京互联网法院"天平链"联通，保障平台用户身份信息真实可信。以传统电网为枢纽，区块链能源平台整合新能源产业全资源，将用户所有业务需求信息上链，实现了能源端与用户端的链上连接。管理方面，该平台不只着眼于能源调配的协同，还积极助推对内业务的质效提升，将科技、服务、金融等多方应用贯通上链，实现了多环节的共同发展。图7-14展示了国网区块链平台的服务架构。

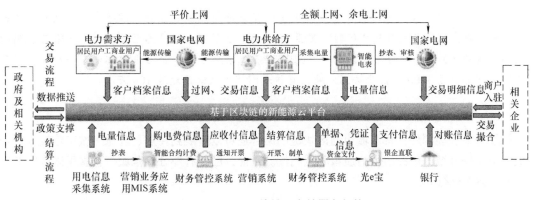

图 7-14　国网区块链平台的服务架构

该平台具备区块链在节点信息共享、分布式存储、数据不可篡改、信息可溯源等方面的优势，对能源系统各环节实行上链管理，打破了数据壁垒。其具体操作包含可信身份认证、节点数据同步共享、隐私安全保护三个模块。

1）可信身份认证：电网参与者，无论是电力用户还是能源供应方，抑或是平台运营管理方，都必须在进入平台之前进行严格的身份认证，并结合"天平链"的身份确认，使并网身份认证具有法律效力。而这一身份认证体系又不同于传统强认证，它采用了区块链云端轻量级电子签名技术，通过跟踪电子签名，构建认证过程溯源链，既安全又方便，实现了多元化身份的统一管理。各方交易均在链上进行，用户身份、合同具体内容等关键数据都上链保存，并同步在链上所有节点。在确保身份信息安全的前提下，交易线上签约，链上保存的合同可以被随时查询，并且过去交易可溯源，有效解决各类合同纠纷问题。这一认证过程有效切除了线上交易的不信任疑虑，是平台能够系统化运营的基础。

2）节点数据同步共享：利用区块链的分布式储存特征，将监管部门、新能源供给方、电力用户、发电企业等主体重要数据链上储存，防止数据被篡改。各方也可以查询链上全部数据，解决数据保密问题与主体间信任缺失问题，达到各环节信息互通，提升主体间协同效率，构建全生态、全场景、高互信的新能源服务基础设施。能源供给侧与消费侧实现信息对称，通过区块链智能合约，提高新能源吸纳水平，解放中心化电网系统中的能源调度部门。图 7-15 说明了国网区块链的数据传导过程。

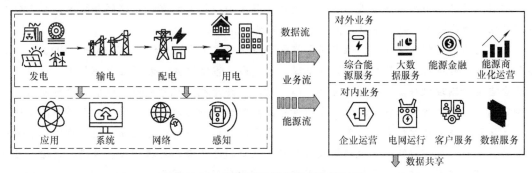

图 7-15　国网区块链的数据传导过程

3）隐私安全保护：该平台对认证用户达到唯一识别，通过加密技术，设置敏感信息权限，用户只需以唯一身份识别进行交易，既保护了用户的隐私安全，又保护了企业的商业机密。

目前，该项目已在多地进行试点，极大提升了当地新能源业务的办理效率，为该新能源云平台的全面推广积累了大量实践经验。截至 2019 年，区块链能源平台已累计接入 130 万座新能源电站、达到 3.5 亿千瓦的装机容量，实现 1022 家入驻供应商，突破 350 亿的交易规模，带动产业链上下游超过 3000 家企业协同发展，直接或间接带动就业超过 100 万人。

7.4.3 其他

除了交通和能源外，智慧城市与区块链的结合还可以扩展到住房、环保、城市建设等多个领域，全面提升城市市民的生活质量和便利性。目前，已经有部分示范城市，这里以雄安新区作为典型案例进行分析。

案例分析：中国雄安新区智慧城市

雄安新区是中国第 19 个国家级新区，也是首个由中共中央、国务院印发通知成立的国家级新区，位于河北省保定市东部，由雄县、容城县、安新县及其周边部分地区组成，于 2017 年 4 月 1 日正式成立。

雄安新区在建设起初，就开始积极运用区块链技术为自身的智慧城市建设进行了赋能。2018 年 4 月出台的《河北雄安新区规划纲要》就已明确指出，"超前布局区块链、太赫兹、认知计算等技术研发及试验"。2018 年 5 月，河北省委副书记、省长许勤在雄安新区全球推介活动上提出，雄安会运用大数据、云计算、区块链、人工智能等新技术，规划建设雄安智能城市大脑。未来雄安将在数字城市中模拟仿真，在现实城市中优化运行，真正实现城市智能治理和公共资源智能化配置。

可以说在政府的支持下，雄安是带着区块链基因诞生的智慧城市。经过持续不断地建设和发展，雄安利用区块链已在租房、环保、工程资金管理等多个领域为城市发展积极赋能，并落地情况良好。

1）"区块链＋租房"方面，雄安已建成区块链租房应用平台，也是全中国首例把区块链技术运用到租房平台的案例，由蚂蚁金服提供核心区块链技术。雄安区块链租房平台依靠区块链的多方验证、不可篡改等特点，使得房源信息、房东和房客信息、房屋租赁合同大大提升真实性，有效解决了双方任意篡改合同信息等以往租房领域的顽疾问题。同时，在用户隐私问题上，对一些敏感信息会用加密算法进行加密，使用了多方安全计算和零知识证明等技术，在不会泄露用户信息的前提下，会用在租房相关的必要用途上。

2）"区块链＋环保"方面，雄安新区市民服务中心建立了数十台使用（Light LED）屏、二维码以及区块链技术应用的智慧垃圾收集器，市民通过移动端 App 扫码后倾倒垃圾。垃圾箱内系统会自动检测垃圾种类进行垃圾分类，给予垃圾投递者相应积分奖励，这些积分可以用于兑换制定商品。区块链技术将垃圾位置和重量信息即时传送到垃圾运输公司，做到精准高效处理垃圾。区块链技术在垃圾分类中落地应用，只需要给社区配备智能垃圾箱，引导市民正确使用软件登录平台，就可以快速实现垃圾精准分类。区块链全程参与垃圾回收、分类、运输、处理过程，全部数据共识储存，各物业、环保部门、监管部门可以同步了解所有信息，实现全方位快速处理垃圾。

3）"区块链＋工程资金"方面，作为雄安新区开发建设的主要载体和运作平台，雄安集团推出了区块链资金管理平台，利用区块链技术，对涉及拆迁、安置、建设的资金进行穿透式管理，能够提高资金使用效率，优化工程项目管理，同时有效保障新区建设者的劳动报酬权益，实现新区经济发展与社会治理体系完善、民生政务水平提升的有机统一。此外，雄安集团与光大银行已达成合作，光大银行正在通过"阳光区块链"这一金融工具，全面服务于雄安新区 67 个各类型拆迁、安置、建设大型项目。

7.5 区块链 + 城际互通

区块链技术能够促进城市间在信息、资金、人才、征信等方面更大规模的互联互通，保障生产要素在区域内有序高效流动。

7.5.1 数字身份

数字身份是城市的信息基础设施，是每个公民的个体标识。其主要环节包括注册、签发、验证和管理，即身份所有者注册身份、身份提供者签发身份、身份依赖者验证身份，以及对身份信息和数据的管理。数字身份的各个环节都需要经过密码学算法来实现。目前常见的身份认证方式包括口令、智能卡、生物特征识别、数字签名、数字证书等。

1. 传统数字身份的痛点

（1）身份数据分散和重复认证

不同行业不同部门的身份认证系统各不相同，一个公民可能在不同的身份系统中保存着不同的身份信息和行为数据。这些身份数据中很多相互重叠，一方面造成了资源存储的浪费，另一方面也给用户使用身份带来了不便，往往需要重复注册和认证。不同身份系统中的用户身份数据由各系统单独存储，无法共享和流通，也无法综合利用，对于身份提供者来说跨域认证效率低。

（2）中心化认证效率和容错性低

在传统的身份认证系统中，往往依赖中心机构如权威的 CA 机构进行身份签发。目前 CA 机构的相互认证以树状结构为主流，最顶端的根 CA 是系统的核心，通常为政府机构。一方面，这种中心结构可能存在性能问题，影响效率；另一方面则是安全问题，虽然无须置疑根 CA 的信用问题，但这种单中心的结构容易使其成为攻击的目标，一旦中心失效，则与之关联的下级 CA 均会受到牵连。由于 CA 也有民间团体，因此无法完全保证每个 CA 的信用。据谷歌官方安全博客，2013 年 12 月 7 日，他们发现一个与法国信息系统安全局（The National Cybersecurity Agency of France，ANSSI）有关系的中级 CA 发行商向多个谷歌（Google）域名发行了伪造的 CA 证书，在网络安全行业影响十分恶劣。

（3）身份数据隐私与安全

当前数字身份的身份信息散落在各个身份认证者和服务商手中，可能是身份提供者本身对用户信息的保存，或者是身份依赖者在验证了用户身份后即获取了用户的身份信息。有些服务方可能在未获用户授权的情况下对这些数据进行处置，毫无顾忌地收集、存储、传输、买卖用户信息，这实际上是对于用户隐私信息的严重侵犯。

（4）传统身份证明无法覆盖所有人

并不是所有人都拥有诸如身份证号这种具有权威统一的身份证明或标识。全球大约有 11 亿人没有官方身份证明，包括大量的难民、儿童和部分妇女，他们可能无法获得应有的权利，比如教育、医疗、保险、金融等。他们虽然可以拥有一些非官方提供的身份，但却缺乏足够的信任，以支撑他们获得应有的权利。因此，这些人群急需可信身份。

2. 区块链赋能数字身份

区块链能够更好地实现数字身份的统一性，在保护用户信息安全和隐私的情况下进行身份数据共享与互认，以实现数字身份的城际互通。

（1）跨机构安全身份授权

目前数字身份数据分散，难以共享，传统的身份授权方式不够安全。在统一身份标识无法快速实现和成熟的背景下，可以利用区块链的分布式账本让身份共享和授权更加安全，其核心思想是通过联盟链的形式来彼此鉴权和认可对方的登录请求，并授权访问对应的用户数据，形成可信安全的身份信息互通体系[3]。

图 7-16 为跨机构区块链身份授权流程，具体如下。

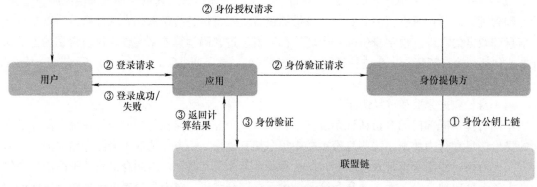

图 7-16　跨机构区块链身份授权流程

1）拥有用户数据的服务商将用户信息加密生成私钥和公钥，其中公钥生成该运营商的数字签名，将公钥和数字签名上链，私钥则保存在用户本地，如用户身份识别卡（Subscriber Identity Module，SIM）中。

2）用户登录联盟链中某一应用（依赖方）时，该应用会向有用户身份信息的服务商（身份提供方）发起请求，接收到请求后，服务商向用户发送授权申请，等待用户同意。

3）应用获得用户授权后，在链上对用户身份进行匹配，匹配成功后即说明对用户身份认可，可以登录。

在这种方式下，应用主要依托于服务商的信用，可以不必要获得用户信息即完成身份验证，保护了用户隐私。而应用本身也可以作为服务商，为其他应用提供用户身份授权，以此形成一个分布式的可信身份网络。

本节所描述的跨机构身份验证方案采用了区块链思维，即将身份信息标识（证书）上链，具有用户信息的身份提供方扮演了和 CA 相同的角色，为用户提供身份认证。

（2）区块链提供可信数字身份

区块链能够利用其链上信息真实可信、不可篡改等特点为没有身份的人群提供低门槛的可信身份。

首先，区块链技术可以和生物识别技术相结合，创建真实唯一、难以伪造的数字身份。其主要思想为：让用户的生物特征成为其身份标识，如指纹、面部、虹膜等，提取其二进制特征向量，经过哈希（Hash）处理后以数字摘要的形式存储在区块链上，形成不可篡改的数字身份，代替传统所需的身份识别号（Identity Document，ID）。其次，可以利用区块链形成用户不可篡改的行为记录，与其身份绑定，增强其身份特性和可信行为特性。这对于提升普惠金融是很有意义的方式。

据世界银行统计，2017 年世界上仍有 17 亿人没有银行账户。这是一个十分惊人的数字，意味着世界上有 17 亿人无法利用银行进行基本的储蓄、汇款等业务。更重要的是，银行绝大部分现有金融服务又依赖于客户的 KYC 情况、过往金融记录等银行数据，而很难将金融服务延伸给这些真正需要融资的贫困人群。通过区块链数字身份，可以对很多以往无法统计的金融行为进行记录，由于信息的不可篡改性，用户的金融信用会加强，更有助于其获得金融机构的认可，使其能够获得应有的金融权利。

（3）区块链实现自我主权身份与数据管理

自我主权身份更强调用户身份的自主权和身份数据的控制权。区块链提供分布式的信任环境，是实现自我主权身份的必要技术。基于区块链的自我主权身份的核心思想是创造一个全局唯一的身份标识分布式身份标识（Decentralized Identity，DID），具有高可用性、可解析性和加密可验证性。目前相对有影响力的 DID 标准主要包括万维网联盟（The World Wide Web Consortium，W3C）提出的 DID 标准，以及分布式身份标识基金会（Decentralized Identity Foundation，DIF）的 DID Auth 等。

以 W3C 的 DID 标准为例，DID 系统主要包括了基础层的 DID 标识符、DID 文档，以及应用层的可验证声明（Verifiable Claims，VC）。

DID 标识符：是全局唯一的身份标识，类似一个人的身份证、账号等。

DID 文档：描述如何使用该 DID 的简单文档。

VC：DID 文档本身无法和用户的真实身份信息相关联，需要 VC 来实现，是整个系统的价值所在。VC 类似数字证书，是对用户身份的证明。VC 也有一套类似 PKI 的系统。

1）发行者（Issuer）：拥有用户数据并能开具 VC 的实体，如政府、银行、大学等官方机构和组织，即身份提供方。

2）验证者（Inspector-Verifier，IV）：需要验证用户身份的应用，即身份依赖方。

3）持有者（Holder）：向 Issuer 请求、收到、持有 VC 的实体，一般为用户（身份所有者）或用户的身份代理。开具的 VC 可以放在 VC 本地钱包里，方便以后再次使用。

4）标识符注册机构（Identifier Registry）：维护 DID 的数据库，如某条区块链、分布式账本。

在 DID 系统中，VC 储存在用户本地，存储在用户控制的存储区中。出于对用户隐私的保护，通常为链下存储，而将加密后的信息摘要传到链上，用户拥有 VC 的控制权。VC 出具时可以根据 IV 对信息的需求做到隐私信息的最大保护，如可以只提供可信机构对用户身份的认可 VC，或"是""否"类型的回答，无须暴露用户的真实信息。IV 一方面在区块链上验证用户的 DID，另一方面通过 VC 来验证身份信息。

此外，DID 本身只是一种身份标识，其无须根植于某个区块链，只要接受这一身份标识格式，DID 可以移植到各个区块链中，完成跨链单一的身份，相比于传统的区块链地址有更强的便利性和可用性。

通过区块链和 DID，用户可以将所有身份信息自己掌握，且实现单一身份，做到真正的自主主权身份和数据自治，保护用户应有的权利和数据隐私。DID 系统运行流程如图 7-17 所示。

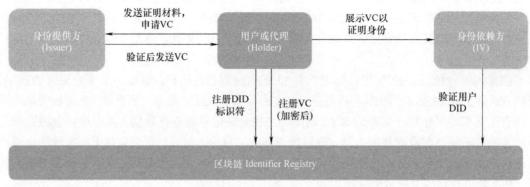

图 7-17　DID 系统运行流程

2017 年 6 月起，迪拜政府与英国初创区块链技术企业 ObjectTech 合作，共同研发迪拜机场基于区块链技术的安全系统。

ObjectTech 表示，电子护照有望替代迪拜国际机场的人工核对电子护照程序。该系统结合了生物识别验证系统和区块链技术，使用"预先核准的完全数字化护照"来验证乘客的入境许可。从乘客进入机场到领取行李这一整个过程中，该系统将通过短通道里的三位扫描系统，进一步验证个人信息。通过区块链技术，该企业表示数字化护照融合了一种称为"自管理个人身份认证"功能，有利于个人隐私保护，让乘客能够控制哪些人有权查看他们的护照信息。ObjectTech 创始人与 CEO 保罗·费里斯（Paul Ferris）在博客中表示，他们计划为国际旅客提供更快速和安全的出入境服务，让乘客完全掌握他们的电子数据。

在这一尝试中，在获得居民自身授权的前提下，基于区块链的电子护照实现了居民身份信息在城市间的共享。

7.5.2　征信

征信是指专业化的、独立的第三方机构为个人或企业建立信用档案，依法采集、客观记录其信用信息，并依法对外提供信用信息服务的一种活动。互联网金融出现以来，得到了市场的高度认可，形成了爆炸式增长的趋势。

征信产业包含了数据的搜集、提炼、整合、分析，形成对数据生产者的信用分析结果，并为用户提供征信报告。整个过程中的数据都有很强的隐私性，因此征信机构都是得到法律许可、专业化的、独立的第三方机构，确保征信结果真实可信，并负有对数据的保密义务。

但目前的征信机构仍然存在一些发展的痛点。

1）数据无法共享，利用率低。互联网征信体系中，各征信机构能够方便采集自己可得的数据，然而大多数征信机构取得的数据来源狭窄，无法形成全面真实的信用评估，尤其是一些小型的征信机构。各方都想获取外部机构其他覆盖层面的数据，却都对自己的征信数据进行保密储存，不愿共享，分别形成了独立单一的信用评估体系，数据利用率大打折扣，分析结果准

158

确性也难以保证。甚至部分机构将虚假信用数据分享出来，误导同行，导致征信机构之间互相不信任，也使征信整个行业缺乏社会信任。

2）数据采集、利用过程不透明。征信机构通过购买数据或者寻求合作的方式进行信用数据采集，然而这一过程难以监管，处于法律的"灰色地带"。数据采集不规范、不透明，数据滥用，数据违规交易，个人信息泄露等一系列问题都难以根除。信用数据繁杂，采集门槛低，部分征信机构对于数据保密程度不够，甚至网络上出现的"信息倒卖"很容易造成大量互联网用户信息泄露问题。

针对以上问题，"区块链 + 征信"体系可以有两种运行模式，分别为区块链数据交易形式与区块链数据采集形式。区块链数据交易体系中，数据拥有者与征信机构通过区块链进行数据交易，建立标准规范的数据交易和共享平台，作为征信产业体系的纽带。在区块链技术进一步覆盖社会生活之后，区块链网络中将会存有包括医疗、购房、消费、信贷等各方面记录，这些数据本身就形成了高质量的征信原始数据，对这些数据进行加密设置，拥有权限的征信机构能够获得所需数据进行信用评估，这便是区块链数据采集形式征信体系。区块链征信体系的两种模式如图 7-18 所示。

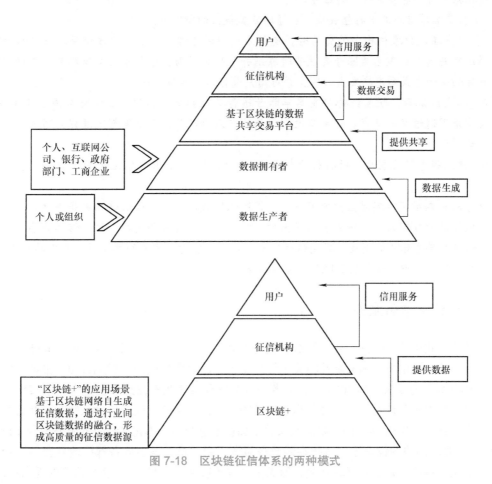

图 7-18　区块链征信体系的两种模式

通过使用区块链技术，可以在保障数据隐私的同时进行征信数据的共享，且数据提供、查看、使用等过程均透明、可追溯，方便各方进行监管，促进征信数据共享行业健康发展。

案例分析：中国银行组建区块链解决网络交易欺诈问题

当前，网络科技快速发展，在为人们生活带来便利的同时，也造成了网络诈骗频发的问题，对用户财产安全带来了巨大的威胁，用户对互联网信任度降低，限制互联网的进一步发展。银行和其他支付机构，由于自身业务特殊性，均成立了独立的反欺诈系统。这种反欺诈系统非常分散，涉及跨系统支付的交易欺诈问题，很难进行有效识别，风险预警机制失效，事后处理追究程序也比较烦琐。这一漏洞使用户对小型诈骗事件追究积极性减弱，更降低了"轻犯罪"的成本。

在这种现状面前，中国银行组建联盟链，通过链上信息对问题账号进行全面排查。联盟链包括了所有用户与支付机构，实现监管统一完整化。其具体步骤分为以下几部分。

1）由监管部门、公安机关和支付端合作，制定问题账号判定规则，通过链上数据筛选问题账号。建立黑名单与灰名单制度：黑名单是曾经实施过诈骗行为的账号；灰名单为陌生账号及通过检测具有高危异常行为的账号。

2）将黑名单与灰名单打包成块，广播给联盟链上的所有节点。

3）用户在发出跨机构支付交易时，支付方利用联盟链排查交易双方账号。正常账号可以直接通过交易请求；黑名单账号会被暂时冻结并且反馈原因；如果是灰名单账号，支付方通过短信或其他提示方式向用户发出预警，并对用户进行二次身份确认。

4）二次认证后，联盟链将对灰名单账号进行二次判断，转化为正常账号或黑名单账号，以此决定是否通过交易请求。如果二次判定仍为灰名单账号，则重复判定过程，通过更多信息进行确认。

5）建立账号转化制度，所有行为都会影响系统判断，并且判断结果的改变会同步至所有节点。

账号转化制度可以实时监控所有行为，提高识别效率。二次确认过程提高用户的风险防范意识。联盟链的分布式储存解决了不同支付机构之间的数据孤岛问题，促进信息共享。这种通过联盟链进行排查账号的制度，提高银行的反欺诈识别能力，完善网络支付体系中的预警机制，推动"轻违法"处理，做到对互联网诈骗零容忍。

7.6 区块链 + 政务服务

近年来，我国"互联网 + 政务"服务快速发展。党的十八大以来，我国电子政务发展政策环境持续完善，党中央、国务院及相关主管部委先后出台多份通知、意见，切实推动了各级政府电子政务水平的提高。如 2017 年，国务院办公厅印发《政务信息系统整合共享实施方案》，提出了加快推进政务信息系统整合共享，促进国务院部门和地方政府信息系统互联互通的重点任务和实施路径。2018 年，国务院印发《关于加快推进全国一体化在线政务服务平台建设的指导意见》，要求加快建设全国一体化在线政务服务平台，推进各地区各部门政务服务平台规范化、标准化、集约化建设和互联互通，形成全国政务服务"一张网"。这些政策的提出和落实，加快推动了我国电子政务发展进程，我国 32 个省（区、市）和 40 多个国务院部门已全部开通网上政务服务平台。

对于电子政务的发展，Gartner曾提出五级数字政府成熟度模型概念。第一阶段为初始阶段，该阶段的重点是将服务转移至网上；第二阶段为发展阶段，以开放为主题，侧重于开放数据与开放服务，践行透明与开放的准则；第三阶段为巩固阶段，该阶段的核心是以数据为中心，将原有简单听取公民需求的做法转变为主动探索和战略收集与利用数据进行改进；第四阶段为应用阶段，该阶段数据能够有规律地跨组织边界流动，促进各部门之间的交互；第五阶段为优化阶段，或者称为智慧化阶段，政府利用数据驱动创新，并深度融合多项新兴技术。

综合来看，我国电子政务现处于Gartner的五级成熟度模型的第三阶段与第四阶段的转变期，第四阶段意味着数据有规律的跨组织流通，部门之间可以进行更便捷的交互和提供更好的服务。但由于我国电子政务在前期发展时标准规范未统一，导致目前电子政务的数据交互、协同、共享上面临一定的困难。

1. 跨部门协作与数据共享不足

"互联网＋政务"的发展，使得电子政务的服务实现了相当大的飞跃，企业、群众可以通过网上服务入口办理多项业务，使用简单、便捷的政务服务。但同时，早期电子政务系统搭建，均是根据不同部门自身业务需求进行独自搭建，各部门均独自构建了一套互联网政务体系，致使各部门之间的网络基础设施、业务系统、数据资源均处于割裂、碎片化状态，并且缺乏标准统一的数据结构和数据接口，导致同地区的政务系统跨部门数据共享和业务协同力度不足。从现有情况来看，企业、群众网上办事需要登录不同部门的网站，各部门没有形成高效的政务服务协同机制，造成信息重复采集的情况较为普遍。

2. 城市数据监督不到位

现有的电子政务改革过程中，城市数据的治理与监督并未得到足够重视，政府监督与管控时而出现盲区，时而出现监管缺位。以城市治理为例，针对政府的重大投资项目、重点工程和社会公益服务等敏感领域，依靠信息公开并不能形成有效约束力，在这些项目的进行过程当中，政府实际上在某些情况下存在一定盲区，当出现违法违规操作，政府并不能及时发现，造成监管缺位，一旦这些项目出现问题，将对政府公信力造成一定影响。另外，现有的政府信息管理框架并不能对城市数据进行有效采集、校核、加工和存证，一旦发生违法违规事件，证据的缺失会对调查取证、追责等带来巨大困难。

区块链技术为跨地区、跨部门和跨层级的数据交换和信息共享提供了可能，提供了可追溯、可监管的政务信息。区块链助力跨部门政务协作如图7-19所示。

首先，区块链的分布式数据结构有利于建立政府部门之间的信任和共识，在确保数据安全的同时促进政府数据跨界共享。所有部门可以成为链上节点参与"记账"且数据公开透明，数据的交换都有迹可循，数据交换的容错率也较高，这就为建立和维系政府部门之间的信任和共识提供了技术条件。即便是层级和规模都很小的政府部门，也可以通过区块链技术参与数据共享。这就大大提升了政务服务的整合力度，真正实现"数据跑腿"取代"人跑腿"，提升群众的获得感和满意度。

同时，区块链应用有利于明确政务数据归属权，明晰数据权责界定。结合公私钥体系，政务数据一经产生就确定了归属权与管理权，为后续的授权使用明晰了权责归属。另外，结合智能合约技术，能够实现数据共享与业务协同过程中的使用权的权限与分配。在政务数据授权共享、业务协同的同时，能够将所有的数据流转使用记录留存于链上，凭借区块链所具有的不可篡改、可溯源的特性，为后续数据泄露等事故提供有迹可循的、清晰的溯源依据。

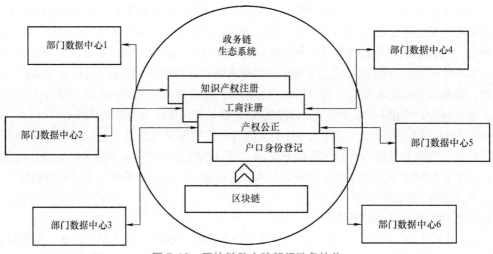

图 7-19　区块链助力跨部门政务协作

　　区块链也能赋能城市数据监督，提升管控与约束力。区块链能够发挥其数据的不可篡改特性，结合物联网技术，实现城市政务数据的全流程存证，扫清原本因技术局限无法覆盖的监督盲区，补足监管的缺位，增强城市数据监督管控与约束力，为后期的核验、举证等提供便利，提升政府公信力。例如，在政府重大投资项目上，实现建设主体的全流程数据上链，利用区块链的存证和不可篡改特性，对其产生较大约束力。此外，将相关监管机构、企业纳入区块链生态中，通过数据上链，促使监管机构能够实现更全面的监管，营造良好的监管环境，并为未来利用数据进行科学决策、智慧政府提供坚实的支撑。

案例分析：江苏南京区块链电子证照共享平台

　　2017 年，南京市信息中心牵头，启动了区块链电子证照共享平台的项目建设，将房产交易、人才落户、政务服务等多项民生事项纳入区块链政务数据共享平台中，实现了政务数据跨部门、跨区域共同维护和利用。南京市现在的政务数据和电子证照绝大多数通过区块链政务数据共享平台共享到各个业务系统，包括工商、税务、房产、婚姻、户籍等。

　　截至 2019 年，南京市区块链电子证照共享平台已经对接公安、民政、国土、房产、人社等49 个政府部门，完成了 1600 多个办件事项的连接与 600 多项电子证照的归集，涵盖全市 25 万企业、830 万自然人的信息[5]。

案例分析：区块链服务网络政务专网

　　区块链服务网络（Block-chain-based Service Network，BSN）是由国家信息中心牵头开展顶层规划和设计，会同中国移动通信集团公司、中国银联股份有限公司、北京红枣科技有限公司共同构建的首个国家级联盟链，致力于打造跨公网、跨地域、跨机构的区块链服务基础设施，推出了针对政务的专网产品——BSN 政务专网。BSN 以联盟链为基础架构，通过公共城市节点建立连接，形成区块链全球性基础设施网络。BSN 公网类似于互联网，BSN 专网则类似于局域网，专网依托于公网的技术架构，可以实现与公网的互联互通。

在技术架构的设计上，BSN 政务专网的基础设施层支持专有网络、公有云、私有云等部署形态，也支持跨网混合部署；区块链平台层则支持超级账本（Hyperledger Fabirc），金链盟（FISCO BCOS）等区块链引擎；节点网关层提供封装的、通用的、稳定的、可靠的服务和接口。

在实际应用上，政务专网将为各系统、各部门、各用户分配统一的身份 ID，实现数据与应用的统一管理，运营平台也将针对区块链应用的接入采用统一审核制度，确保应用的安全准入机制。区块链政务专网内提供多种通用的内置应用，能够实现各系统数据的融合共享、公文档案的安全存储，以及电子合同签章等功能。各委办局在接入系统后，可以将自己的业务需求共享到平台上，并且由委办局自身定义数据结构与脱敏操作，数据上链后，使用单位将在原数据归属者的授权下获取数据，提升数据共享效率与实现数据协同。

在安全架构设计上，全方位考虑了包括身份鉴别、访问控制、安全审计、通信保密、资源控制、主机安全等十个方面。图 7-20 展示了 BSN 政务专网架构。

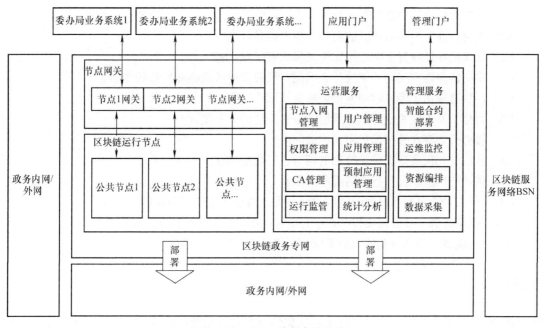

图 7-20　BSN 政务专网架构

BSN 政务专网已经在杭州城市大脑平台成功部署，完成了"城管道路信息及贡献管理""酒店消毒管理""内部最多跑一次"等多个应用的上链，产生了良好的效果。

2020 年新冠肺炎疫情期间，依托区块链技术，杭州市下城区搭建了"1Call 链"项目，使疫情大数据实现了全网同步、安全加密，极大提高了数据获得率和安全性。员工在线填写承诺书并提交后，会自动生成一个"承诺书特征码"同步到区块链，确保电子承诺书相关数据不被修改。不仅员工自己可以进行点击查询，后台也可以通过特征码，对不同员工的承诺书进行分类鉴别保存，确保信息的安全透明有效，提高办事效率。

与此同时，后台信息的分类鉴别，也为线下工作提供了参考。通过杭州城市大脑下城平台"工地复工精密智控管理系统"，工作人员可以统计出未来 3~7 天内即将返杭员工的来源地、所属项目，合理安排包车。这就是区块链与政务结合的一个经典场景。

本章小结

本章介绍了区块链技术在金融、商业、民生、智慧城市、城际互通和政务服务领域的应用，并列举了多个典型行业内应用来阐述区块链技术的优势和作用。区块链技术的分布式账本可以保证数据的不可篡改性、可追溯性、透明性。结合非对称加密技术和相关隐私保护技术，区块链主要在数据共享、价值传递、加强监管等方面发挥作用，可以有效解决现有各个行业内数据孤岛、虚假信息、监管困难等痛点，为政务和企业工作降本增效，提高多方协同。

未来，区块链将会在更多领域赋能实体经济，成为数字经济时代的基石，创造可信的社会新体系。

思考题与习题

7-1 比特币属于区块链的哪种行业应用？理解区块链在其中发挥的主要作用。

7-2 支付行业中应用区块链的两种主要思路是什么？

7-3 区块链在证券行业中应用比传统模式有哪些优势？

7-4 供应链金融主要为了解决什么问题？简要叙述区块链能发挥的作用。

7-5 区块链应用于溯源时如何保证数据从源头真实？

7-6 为什么基于区块链的积分营销能改变传统的商业模式？

7-7 教育行业存在哪些信息不对称的问题？

7-8 区块链如何实现在保护隐私的同时进行数据共享？

7-9 区块链解决了公益行业的哪些问题？

7-10 什么是微电网？简要叙述区块链在促进清洁能源使用中发挥的作用。

7-11 区块链数字身份相比传统数字身份存在哪些优势？可以应用于哪些行业？

7-12 区块链在各个行业的大规模应用可能还存在哪些困难？

参考文献

[1] 新华网. 习近平在中央政治局第十八次集体学习时强调把区块链作为核心技术自主创新重要突破口加快推动区块链技术和产业创新发展 [DB/OL].（2019-10-25）[2020-06-29]. http：//www.xinhuanet.com/politics/leaders/2019-10/25/c_1125153665. htm.

[2] 正保远程教育. 正保推出基于区块链技术的高校共建自学考试网络助学平台 [DB/OL].（2019-10-31）[2020-06-29]. http：//www. cdeledu.com/news/dongtai/xu1910313556. shtml.

[3] 刘千仞，薛淼，任梦璇，等. 基于区块链的数字身份应用与研究 [J]. 邮电设计技术，2019，518（04）：87-91.

[4] 中央党校电子政务研究中心. 2019 数字政府发展报告 [R/OL].（2019-7-21）[2020-06-29]. http：//www.egovernment.gov.cn/art/2019/8/2/art_194_6195. html.

[5] 江苏省互联网协会. 南京区块链产业应用协会. 江苏省区块链产业发展报告 2019[R/OL].（2019-9-4）[2020-06-29]. https：//baijiahao.baidu.com/s？id=1643732750209627690&wfr=spider&for=pc.

第 8 章 区块链的安全问题

导　读

基本内容：

区块链去中介化、自治化特点给现有网络和数据安全监管手段带来了新的挑战，尤其是涉外通信安全、金融安全事件频繁发生，给区块链在新模式下的应用管理敲响了警钟。本章将从区块链安全保障的总体思路谈起，从链上数据、私钥保存、系统机制、底层开发、其他安全等层面，依次介绍区块链面临的安全问题。

学习要点：

掌握区块链安全保障的总体思路；理解区块链各个层次上的各类安全问题；了解主流安全攻击方式。

8.1　安全保障的总体思路

当区块链安全问题越来越趋向于用户、平台层面，并且已延伸到了传统的网络安全、基础设施及移动信息安全时，人们对区块链安全问题的关注不应局限于区块链本身，还要重点关注区块链技术的使用者及其衍生应用产品。如图 8-1 所示为区块链安全保障整体，整体思路主要从区块链技术自身、社区验证和治理机制三大层面展开。

1. 区块链技术自身

对于区块链自身，主要采用内部审查机制，如通过软件测评、安全开发库等技术手段，来保障和提升区块链产品应用安全水平和抗攻击能力。常见的技术手段包括面向产品源代码的静态分析 [1]、动态分析 [2]、模糊测试 [3]，以及面向产品应用的系统漏洞挖掘、安全开发库等。常见的测试方法包括白盒测试、黑盒测试和灰盒测试。

以面向源代码的静态分析技术为例，其主要是对源代码或由源代码生成的中间代码进行分析，匹配已知的规则特征。该技术不需要通过实际执行代码来发现源代码中存在的安全缺陷，多选用白盒或灰盒测试方法。流行的静态分析技术包括语法模式匹配、数据流分析、符号执行、形式化验证等。其优势是代码覆盖率高，分析速度快，缺点是由于遗漏执行信息和输入信息等原因，误报率和漏报率都较高。

区块链技术自身	社区验证	治理机制
静态分析 动态分析 模糊测试 系统漏洞挖掘 安全开发库	漏洞悬赏计划 黑客大赛	预警机制与应急响应 软分叉或硬分叉 监管审计节点 业务安全检测 适宜的激励机制

图 8-1　区块链安全保障总体思路

2. 社区验证

社区验证方面主要采用外部审查机制，如自治社区的漏洞悬赏计划、知名企业的黑客大赛等。将全世界的白帽黑客、安全研究人员和安全爱好者聚集在一起，共同为区块链产品或服务挖掘漏洞，不断地检查代码以提升健全性。据统计，在 Hackerone 社区中，约有 12% 的白帽黑客年收入在 2 万美元以上；有 25% 的人所获漏洞奖励占其年收入的 50% 以上；近 1/4 的人没有报告其发现的漏洞，仅因为对应的公司没有提交漏洞的渠道。

3. 治理机制

治理机制主要指内部治理机制，如建立预警机制与应急响应机制、支持软分叉或硬分叉功能、设立监管审计节点、进行业务安全监测及设计适宜的激励机制等，如在联盟链这样的多中心系统中，通过关闭系统来升级区块链底层，或者紧急干预，回滚数据等。这些手段有助于控制风险、纠正错误，协助自治社区更好的运营区块链网络。同时，也有助于及时监管、防范和治理可能存在的安全风险，尽可能避免因黑客攻击、网络故障等安全事故导致的用户损失。

8.2　链上数据安全问题

链上数据安全问题主要包括非法访问用户、未经授权访问数据、弱密码、用户私钥窃取、链上数据监管缺失、敏感数据上链泄露等。

应用区块链所面临的链上数据安全问题已引起广泛关注。虽然相较于传统信息系统，其采用的共识机制，更适合共享信任、传递价值，但在公有链环境下，节点未经授权，即可访问链上数据信息，包括用户地址、交易细节等，造成了严重的隐私保护难题。而在许可链环境下，节点虽需获得授权才可访问链上数据信息，但因存在中心化节点，链上数据安全问题不容小觑。

以比特币为例，用户采用非对称加密体系的公钥作为匿名地址，来隐藏用户的真实身份，看似能够有效隐藏，其实不然。伴随着大数据技术的发展，社会工程学的进步，通过对大量交易数据、行为数据进行挖掘和分析，完全有可能梳理出匿名地址与真实世界的直接或间接的关联信息，从而追溯到用户的真实身份信息。

此外，一些敏感、机密数据被直接上传到链上，即便是密文上传，一旦破译口令泄露，随后想要删除极其困难，造成机密数据的永久泄密。这都给区块链数据的安全带来了挑战。

8.3　私钥保存安全问题

私钥保存安全问题主要包括私钥保存不当、私钥泄露等，可采用冷钱包、纸钱包方式保障私钥保存安全。

"冷钱包"又称为离线钱包，此概念在第 4 章有所提及，包括硬件钱包、纸钱包和脑钱包。这类钱包是一种不需要联网，也可完成交易的软件应用或硬件设备。

硬件钱包是一种将用户私钥单独存储在安全加密芯片上的钱包。其运用二维码通信技术，可保障私钥永远不联网，相对于其他保管手段，能有效地防止黑客窃取，是最安全的存储方式之一。其在处理支付信息时不需要联网，根据设备自身存储的加密信息以及随机生成的种子密码来获取私钥和地址。通过联网软件扫描冷钱包的二维码，完成加密数据的传输以及交易的处理。

纸钱包是一种将用户公钥和私钥保存在纸质载体上的应用模式。纸质载体是非常安全的钱包模式之一，其私钥在无联网状态下生成且保存，不存在因联网而被盗的可能。脑钱包与纸钱包原理类似，区别在于脑钱包是将用户公钥、私钥保存在人类脑海里，而非纸质载体上。通常来说，脑钱包会利用一个人脑可以记住的短口令，通过一定的变换手段得出私钥。但是由于黑客会对常见单词进行穷举，一般来说如果脑钱包口令过于简单，容易遭到暴力破解。纸钱包等非联网钱包的优点是规避其在联网被盗层面的安全风险，但其创建与使用都不方便。

此外，近年来因私钥被黑客窃取而发起的区块链攻击事件频繁发生，可能导致用户信息外泄、账号盗用、资产丢失等安全事件，直接影响区块链生态的健康繁荣。如著名的"Mt.Gox 事件"。Mt.Gox 曾是当时世界最大的比特币交易商，但是因 2014 年遭黑客攻击而损失过大，无法偿还用户资产，而被迫宣布破产。2020 年年初，黑客利用社会工程学手段，成功入侵并盗取某交易所万余枚用户账号后，再利用二级市场大量抛售获取巨额非法收益。

8.4　系统机制安全问题

系统机制安全主要包括网络与存储、数据结构与算法、共识机制等在内的安全问题。

1. 网络与存储

主要是区块链网络中节点组网、数据传输、数据存储所面临的安全风险，包括节点间的连接质量、节点身份的伪造和假冒，数据传输中的监听和窃取、数据存储的丢失和恶意篡改等一系列影响保密性、完整性、可靠性的安全问题。

2. 数据结构与算法

主要是采用安全程度低的加解密算法、加解密算法编码缺陷、数理逻辑结构异常导致解析错误、交易数据树结构设置不合理等安全风险。加解密算法和数理逻辑结构若没有前沿密码学理论作为支撑，程序员实现的加解密算法存在代码缺陷，或错误实现加解密算法，都会导致区块链应用面临巨大的安全风险。

以加解密算法为例，区块链应用常用的加解密算法正面临着巨大的安全威胁。尤其是区块链存在的技术基础——哈希算法和非对称加密算法 [4]，为区块链实现数据可追溯、不可篡改提供了可能。诸如 SHA2-256 哈希算法、ED25519 非对称加密算法，其本质是一个数学求解难题。虽以现有技术手段在有限时间内几乎不可能破解，但随着基础数学、密码学、量子计算等理论的深入研究，这些理论上不可破解的算法，在不久的将来可能会被破解。MD5 算法、SHA-1 算法就是前车之鉴。

此外，若区块链应用采用的加解密算法存在安全漏洞或后门，将为区块链应用带来致命威胁。如 RSA 算法曾被恶意埋入后门代码，面对黑客的攻击几乎无安全性可言。

3. 共识机制

主要是一些不当的机制会遭到作恶者的利用，例如容错率低的共识机制、基于 IP 进行投票的机制等会遭到女巫攻击，从而带来安全问题。典型共识机制攻击包括如51%攻击、女巫攻击[5]、日蚀攻击、分布式拒绝服务（Distributed Denial of Service，DDoS）[6] 攻击等。

51% 攻击是指个人或机构通过某种手段掌控 51% 以上的节点算力，以影响区块链正常运行，篡改节点数据的一种攻击手段。51% 攻击曾一度被认为不可能发生，然而伴随着矿池的中心化趋势，51% 攻击的可能性也越来越大。

女巫攻击是指个人或机构通过伪造多个节点身份，以欺骗周边节点的信任，篡改节点数据的一种攻击手段。在区块链网络中，创建新身份或新节点往往是不需付出代价。其常见的攻击方式主要有：直接通信、间接通信、伪造身份、盗用身份、同时攻击、非同时攻击等。发起女巫攻击主要有三个步骤。

1）伪造虚假节点加入。由于新节点可在遵循基本条款的基础上，自由加入和退出区块链网络。利用此过程，黑客伪造虚假节点加入区块链网络，通过广播节点加入请求信息，获取大量周边节点的反馈，并根据此分析周边若干节点的真实身份，形成网络拓扑结构，为高效实施女巫攻击做准备。

2）误导节点路由选择。区块链的网络构建和运行，需依赖节点动态维护的路由列表。每个节点定期广播状态信息，来加入周边节点的路由列表，并根据收到的广播信息，更新自身的路由列表，从而构建和维护区块链网络运行。利用此过程，黑客通过入侵节点路由表，阻塞节点间的信息通信，误导周边节点发生路由错误，降低路由更新和节点查找效率。

3）发布虚假资源。黑客入侵节点路由表后，伪造真实节点发布虚假信息，从而实现传输非授权文件，发起异常交易，破坏共享文件，消耗节点资源等。

日蚀攻击与女巫攻击类似，都是通过入侵节点路由表，伪造虚假节点，并将其隔离于区块链网络外，进而发布虚假信息。不同点在于，女巫攻击伪造的虚假节点数量有限，重在发布虚假信息，对区块链网络影响有限。而日蚀攻击则伪造大量虚假节点，意在通过恶意节点实施路由欺骗、存储污染、拒绝服务及 ID 劫持等攻击行为。区块链网络被隔离为若干个子网，大量真实节点被迫脱离区块链网络，所有网络请求被黑客劫持，反馈信息多为虚假伪造，对区块链网络的影响严重。

DDoS 攻击是指个人或机构控制大量计算机资源，对一个或多个目标发起请求，从而阻塞区块链网络的一种攻击手段。传统 DDoS 攻击，需利用木马、病毒等方式入侵大量主机，形成"僵尸"网络[7]，再通过 Trinoo、TFN、TFN2K、Stacheldraht 等工具，发起 DDoS 攻击。而"僵尸"网络的数量，直接影响 DDoS 攻击的威力。新型 DDoS 攻击，则不需建立"僵尸"网络，利用轻量目录访问协议（Lightweight Directory Access Protocol，LDAP）[8]，将分布式存储、网络带宽作为 DDoS 攻击的放大平台，便可发动大规模攻击，峰值可以达到 TB 级别。这种攻击方式不仅成本低、威力大，而且还能确保攻击者的隐秘性。

8.5　底层开发安全问题

底层开发安全问题中，智能合约开发面临的安全问题最为突出。智能合约作为区块链的核心技术之一，可以自动执行程序，按事先编写的业务逻辑去存储、接收和发送信息以及数字资产。其极大地提升了区块链的应用前景，但也面临着各类安全风险。

首先，由于智能合约可以存储大额的数字资产，对攻击者有很强的利益吸引；其次，许多智能合约代码在区块链上都是公开的，使得它们更容易被恶意人员去研究攻击；第三，智能合约通过共识部署在链上，部署后也无法修改。尤其是功能强大的智能合约，其逻辑越复杂越容易出现逻辑漏洞，而一旦出现安全漏洞，修复漏洞的成本也会非常高；最后，当前合约编程语言、合约运行环境及合约开发模式相比传统软件工程领域还不完善，也是导致安全漏洞产生的潜在风险。

如图 8-2 所示为智能合约安全漏洞类型分布图。从交易所整数溢出漏洞，到合约逻辑漏洞，再到区块链越界写缓冲区溢出漏洞等，智能合约的安全问题频发，已成为区块链安全的重灾区。

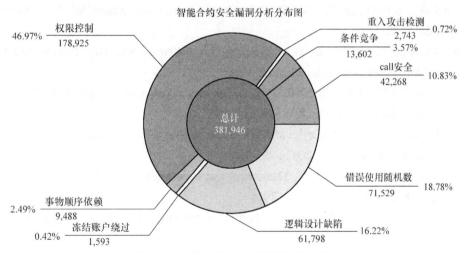

图 8-2　智能合约安全漏洞类型分布图

为了防范智能合约开发造成的安全漏洞，可以通过在开发过程中使用形式化验证、静态分析、动态分析等技术，引入智能合约开发框架、安全分析工具，制定编程规范与项目管理规范等手段提升智能合约的安全性。

本章小结

本章首先归纳了区块链安全保障的总体思路，总结、概括了区块链技术通过其技术自身、社区验证及治理机制三个方面保障安全的手段。其后又分别介绍了区块链中的链上数据安全问题、私钥保存安全问题、系统机制安全问题、底层开发安全问题等。通过对各个层次的安全问题的介绍，深入地探讨了区块链技术自上而下面临的安全挑战。

思考题与习题

8-1 区块链安全保证的总体思路分为哪几个部分?

8-2 静态分析技术的特点是什么?

8-3 你知道哪些漏洞悬赏计划? 试举例。

8-4 链上数据安全问题主要包括哪些方面?

8-5 冷钱包有什么优点和缺点?

8-6 现有的非对称加密算法有可能被破解么? 为什么?

8-7 典型的共识攻击有哪些?

8-8 试描述女巫攻击的过程。

8-9 智能合约潜在的安全风险主要有哪些?

参考文献

[1] WICHMANN B A, CANNING A A, CLUTTERBUCK D L, et al. Industrial perspective on static analysis[J]. Software Engineering Journal, 1995, 10（2）: 69-75.

[2] MYERS G J, SANDLER C, BADGETT T. The art of software testing[M]. New York ： John Wiley & Sons, 2011.

[3] BARTON M A T, JARED D, C M. Fuzzing for Software Security Testing and Quality Assurance[M]. Wisconsin ： Artech House, 2008.

[4] KOVALENKO I N, KOCHUBINSKII A I. Asymmetric cryptographic algorithms[J]. Cybernetics and systems analysis, 2003, 39（4）: 549-554.

[5] JOHN R, DOUCEUR J R. The sybil attack[C]//Proceedings of the first international workshop on peer-to-peer system（IPTPS）, 2002 : 251-260.

[6] AMIRI I S, SOLTANIAN M R K. Theoretical and experimental methods for defending against ddos attacks[M]. New York:Syngress, 2015.

[7] SABANAL P. Thingbots: The future of botnets in the internet of things[C]//RSA Conference, 2016.

[8] Network working group[EB/OL].（2006-6-30）[2006-6-30]. https : //tools. ietf. org/rfc/rfc4511. txt.

第9章 区块链的治理机制

导　读

基本内容：

　　区块链作为一个开放、透明、信息对称的可信计算平台，可以成为一种治理工具，增强人们在互联网上组织大规模协作的能力，甚至催生新的治理机制。本章对区块链治理的一些理论、特点和设计进行介绍，例如区块链治理中的参与角色分析、契约描述、治理工具、博弈工具和管理机制等。还讨论了区块链网络社群组织的含义、目的和特点，并对于如何治理区块链网络社群给予了逻辑思路框架，有助于在实践中进行社区治理的分析。

学习要点：

　　了解网络社群的含义；理解区块链社群需要治理的原因；了解区块链治理的特点；了解什么是分布式自治组织以及其典型案例；掌握"激励相容"的概念和区块链治理机制的设计要素。

9.1　区块链治理的定义和目的

　　治理（Governance）是理解区块链的一个视角。治理本是一个政治学术语，通常指国家治理，即政府如何运用国家权力（治权）来进行决策，以管理国家和人民。近年来，治理的概念不断向外延伸。在商业领域，公司治理（Corporate Governance）指公司等组织中的管理方式和制度等。在 IT 领域，IT 治理指企业有关 IT 决策权的归属机制和有关 IT 责任的承担机制，鼓励 IT 应用的期望行为的产生，以连接战略目标、业务目标和 IT 目标[1]。同样，在互联网取得充分发展之后，新型的网络社群组织大量涌现，治理也同样延展到网络社区之中。特别是互联网平台企业往往具有以往的企业所不具备的全新的生态组织形式，即以一个规模相对较小的企业为中心，借助技术平台，来组织、服务和管理一个数量巨大的合作伙伴和用户社群。要想在这个商业生态中顺利建立秩序、组织协作、创造价值、解决矛盾、实现发展，无疑需要有效的治理。

契约是理解治理问题的钥匙。治理之所以有必要，是因为现代人类组织实际上是一系列契约的集合。契约的订立、维护和执行过程，也就是治理的过程，是一切组织的运行过程中最重要的组成部分。

互联网时代，网络社群成为一种新的人类组织，对应着一组新的契约规范，因此同样需要治理。

网络社群是指由网络连接、具有明确的成员关系、一致的群体意识和规范，并围绕一组特定目标进行持续互动和分工协作的人群组织[2]。相比于传统的人群组织，网络社群规模和结构差异巨大，范围模糊，并且跨越各种传统的组织边界，个体之间比较平等，连接相对松散、动态，激励和管理手段比较有限。但与此同时，网络社群蕴藏着巨大的经济潜力和创造力。

相应地，网络社群治理指网络社群中的利益相关方协调行动，做出决策和实施决策的过程，包括决策和规则的建立、维护、实施、调整、废止等。

网络社群的治理同样可以从契约的订立、维护和执行的角度来理解。互联网兴起之后，大量的互联网社群出现。大多数互联网社区的治理都未经认真的审视和设计，而是"不假思索"地将一切权利交由中心化系统的运营者。这一方面是一种自然的过程，另一方面也是技术条件所限，因为建立在传统互联网中心化基础设施之上的社群，逃离不了该中心化运营者的约束。如果社群的利益与中心化运营者发生冲突，后者可以单方面决策、修改系统并强迫社群中的大多数接受。在互联网发展过程中这样的案例屡见不鲜，这也就使得具有分布式精神的区块链社群治理成为空谈。

区块链治理的讨论源于比特币独特的社群发展模式。比特币创始人中本聪在比特币发展早期就不再出现于网络。自此之后，矿工、开发者、交易者和爱好者组成了比特币社群，在并没有一个中心机构负责协调运营的情况下，围绕写入比特币代码中的若干简单规则进行互动与协作。而这种互动与协作，使得比特币在十年时间中成长为一个影响亿万人的知名项目，更为其早期参与者带来了不菲的收入。这证明了基于一套透明算法规则、由多个不同的利益相关方协同维护发展的网络经济生态，不仅可以存在，而且可以具有很强的竞争力。

区块链作为一项技术，本身并不与特定的组织形态绑定。很多传统商业机构以区块链为工具，在互联网上组织或激励大规模的网络生态发展。政府和其他公共管理机构也开始注意到区块链在社会治理方面的巨大潜力，开始快速推进相关领域的应用。

因此区块链治理要解决的问题是：如何发挥区块链的技术特点，在区块链网络组织内相关利益各方之间建立和维护有效的契约，并确保契约得到高效执行，从而促使网络组织向目标方向发展。

9.2 区块链治理的特点

区块链治理是在区块链网络社群中实施的治理，与此前出现的网络社群的治理模式相比，区块链治理具有鲜明的特色。

1）代码化治理：区块链社群倾向于将尽可能多的治理规则以代码表达，并且发布在区块链上，利用代码的精确性和区块链不可篡改的特点，确保治理规则清晰、无歧义、可靠可信。

2）透明：区块链社群普遍要求一切治理规则公开透明，其中代码化的规则需要开放源代码，非代码化的规则也需要公布。

3）自动化：由于大量的治理规则由代码表达，因此能够以智能合约的形式自动执行，减少人为的干预。

4）低成本、高效率：同样由于治理的代码化、自动化，大量的治理决策可以在短时间内精确执行，并且成本极低。

5）设备友好：区块链可以与智能设备相结合，从而将设备转化为执行规则的工具，例如根据区块链上定义的治理规则来决定一间房屋的智能门锁是否开启。

6）安全敏感：如果治理规则存在漏洞，或者实现代码存在错误，则可能被利用而导致错误，可能造成重大损失，并且纠正成本高昂。因此对于规则制定的严密性、可靠性以及代码的正确性要求非常高。

7）契约刚性：区块链上的治理契约，一旦部署完成，将会按照预定程序不折不扣的执行，不以任何个人和组织的意志为转移，回滚的代价往往非常巨大，因此具有鲜明的刚性。

在区块链组织发展的早期，人们普遍认为分布式是区块链治理的核心特征，并认为分布式自治组织相对于传统中心化组织有明显的优势。但随着区块链实践的逐渐丰富，在治理机制的研究方面出现了明显的分歧。一部分研究者继续坚持以充分的分布式网络作为区块链治理的前提，特别强调使用密码学、分布式计算等技术手段创建有明确目的性的博弈结构，令大多数参与者在自利的动机下通过自由交易和民主投票达成对整体有利的发展目标。另一部分研究者则认为治理需兼顾效率与公正，而将治理的信息与权力集中到专业机构，是提高治理效率的有效模式，因此区块链同样可以作为中心化治理的有力工具。虽然区块链治理不一定仅针对分布式网络社群，但分布式社群治理确实是只有在区块链上才能真正实现的，即区块链是分布式社群治理的必要而非充分条件。

分布式自治组织（Decentralized Autonomous Organization，DAO）是区块链上分布式社群治理的重要尝试。

如果认为企业的本质是一组由法律保护的契约，那么分布式自治组织可以理解为在区块链上以智能合约的方式实现这组契约，并利用区块链的契约刚性来保护契约，将企业本身"代码"化，而形成新的组织形式。分布式自治组织的参与者可以围绕这组智能合约互动，驱动组织全自动化运转，无须设立管理和行政团队，也可以免除设立法律实体的麻烦。

分布式自治组织最著名的尝试是 2016 年以太坊上的 The DAO 项目。The DAO 项目意图创造一个投资性质的分布式自治组织，全体社群成员通过投票来进行治理。例如，项目资金的用途需要投票决定，相关的提议由智能合约支撑。

2016 年 6 月 17 日，在 The DAO 项目上线运营之后不久，一名黑客抓住了 The DAO 智能合约代码中的漏洞，将整个项目 30% 的资金窃为己有。这一著名的攻击事件导致 The DAO 项目失败，并迫使以太坊社群在同年 7 月 20 日进行硬分叉。

The DAO 项目展示了区块链治理的特色，既体现了高效率和丰富的想象力，又反映了安全在区块链治理中的重要性。

9.3　区块链治理机制设计

设计合理的区块链治理机制是区块链项目实施中最重要也是最困难的挑战之一。

如前所述，一切治理行为都是契约的创建、维护或执行行为，因此以契约为主线，构建区块链治理机制的大致步骤如下。

首先分析和标识系统当中主要的参与角色，然后勾画出这些角色之间主要的契约，并依据契约对各个角色的行为加以规定。基于这些行为，设计治理工具和机制，特别是博弈和激励机制，以及议事决策机制。激励机制设计的目标是"激励相容"，而决策机制设计的关键是平衡效率与公平。

由于社群状态的变化，区块链治理机制的设计通常不是一个瀑布式的线性过程，而是一个反复迭代的过程。

9.3.1　参与角色分析

区块链社群通常是一个开放组织，因此其治理主要是在开放条件下，在不同利益相关方之间创建契约关系。不同的利益相关方是依据其在契约当中的权利义务关系划分的，同一类利益相关方可以划入同一角色，也就是说治理是在不同角色人群当中发生的，本质上是在不同角色人群之中建立和执行契约的过程。

一般区块链治理有以下几个角色参与。

1）系统：代表区块链组织整体的拟人化角色，由自动化执行的智能合约和程序，以及按照事先约定并得到批准的算法负责与其他角色进行交互。

2）社群成员：区块链社群的普通成员是参与和接受治理的基本角色。

3）治理中心：绝大多数区块链社群都会设置一个中心化的治理组织，一是为了提高决策效率，二是为了在契约没有约定的情况下代表全体社群成员实现快速决策，在经济学上称为"行使剩余权力"。在项目实践中，通常设立基金会、联盟等组织作为治理中心。

4）开发者：区块链项目通常都需要技术人员持续进行开发、升级、修复错误等工作，某些具有平台性质的项目还需要大量的第三方为之开发扩展应用，因此开发者是区块链治理当中不可或缺的角色。

5）合伙人：区块链社群中集中承担义务并享受权利的角色，在很多项目中被称为"节点"。

6）外部用户：如果区块链项目提供了可供外部使用的功能，那么，不直接属于社群但在外部与区块链项目互动的人，也应当作为外部用户被纳入治理体系进行分析。

具体实践中，角色分析需要因地制宜，根据具体的项目具体讨论。比如在比特币社群中，没有明显的治理中心，也没有外部用户，持有比特币的用户就是成员，而比特币矿工实际上充当了合伙人的角色。

9.3.2　描述契约

角色清晰之后，应当明确地以文字方式规范地描述各角色之间的契约关系、契约行为和权利义务。

例如，比特币中系统、矿工与用户之间的契约关系可描述如下。

1）用户持有比特币，并且可以自由的进行转账交易。

2）矿工负责维护比特币账本，诚实记录每一笔转账交易，拒绝不合格的交易请求。

3）系统负责对矿工的诚实行为予以奖励，对欺诈行为予以惩罚。

在实践中，通常需要把契约写入区块链或智能合约系统以保证契约执行。

9.3.3　治理工具设计

治理需要工具，一方面治理者需要尽可能完整、准确地掌握整个区块链系统和社群互动的信息；另一方面，也需要能够及时地施加激励或惩罚，这都需要相应的工具。到目前为止，通证（Token）是区块链中实施治理的最主要工具。

通证是在区块链上创建的数字对象，具有全局唯一、可流转、可编程、不可复制、不可修改、易于验证等特点，因此特别适合用来代表价值。或者更具体的说，通证可以作为数字化的价值智能合约。

在区块链治理当中，通常使用有价值的通证作为激励工具，激励参与者完成契约行为。很多情况下，为了完成复杂的契约行为，需要设置多个不同类型的通证，相互组合。

根据通证所代表的价值合约的性质，可以将通证划分为如下几类。

1）权益性通证：通证代表整个系统总价值当中的一个份额单位。

2）功能性通证：通证作为系统运行的一个"部件"，在系统运转中承担某项功能。

3）外部资产通证：通证代表系统外的资产项。

权益性通证和功能性通证的价值是系统内生的，仅靠系统本身就可以确保其价值承诺。外部资产通证的价值是系统本身无法保证的，因此需要通过法律合同等方式将系统外（链下）的资产与系统内（链上）的通证进行绑定，予以保障。

9.3.4 博弈机制设计

区块链治理的一个特点，就是通过激励和博弈机制，实现"激励相容"[⊖]，即让每一个角色追求自身利益最大化的行为与契约行为统一起来。经济学当中的理想市场机制，就是一个激励相容的机制。但市场机制的目的是均衡，而不是发展。通常区块链系统有强烈的发展目标，因此需要主动设计博弈机制，以推动各个角色在追求自身利益的过程中推动系统的整体发展。

区块链治理中的博弈机制设计是一个复杂、实践性强且多样化的工程，主要有以下三点考虑。

1）采用理论与经验结合的形式。经济学现有博弈论和机制设计给予了区块链治理一定的理论技术，但在解决复杂问题当中还存在局限性。因此在实践中还需要充分借鉴经过历史检验的机制，如最低工资、奖金、提成、保证金、罚款、债券、股权、期货、期权等，是历史验证有效且人们比较熟悉的机制。在博弈机制设计当中，应尽可能借鉴上述机制，且做到简单明了。发明全新的博弈机制在实践中具有不可知的风险，如果其中存在漏洞，可能导致整个系统在治理上被攻击甚至失败。

2）充分认识短期利益与长期利益的关系。通常的博弈机制设计都要求参与者在短期利益与长期利益之间做权衡，不能鼓励参与者为了追求短期利益而采取对长期利益有害的行为。这也是博弈机制设计当中的一个重点和难点。

3）将剩余权力交给权益最大、流动性最差的利益相关方。经济学家很早就意识到，所有契约都是不完备的^[3]，因此无论如何设计完善契约规则，总会有很多情况无法覆盖。对于这些无法覆盖的情况，也需要分配决策和管理的权力。在经济学上，将这些处理契约规定之外的情况的权力称为剩余权力^[4]。剩余权力应当分配给在整个系统中权益最大而且流动性最差的角色，因为只有这样的角色才会被迫从长期利益出发，选择最符合系统长远利益的决策。权益较小并且流动性很好的角色，很容易采取机会主义行为。

⊖ 哈维茨（Hurwiez）创立的机制设计理论中"激励相容"是指：在市场经济中，每个理性经济人都会有自利的一面，其个人行为会按自利的规则行为行动；如果能有一种制度安排，使行为人追求个人利益的行为，正好与企业实现集体价值最大化的目标相吻合，这一制度安排就是"激励相容"。

9.3.5 管理机制设计

如果将博弈机制设计视为"立法"的过程，管理就是"行政"的过程。如 9.3.4 节所说，任何契约都是不完备的，都会遗留很多情形，由剩余权力的掌握者，也就是管理者来管理。在区块链治理实践当中，这是一项巨大的权力，因为能够用代码完整表达的契约通常是一小部分，也就是说大多数日常决策可能都是交由管理者来负责的。这往往与区块链社群的"初心"相悖。为此，区块链治理机制设计中需要对于"管理者如何管理"这一问题进行设计。包括核心机构人员的产生、议事规则、投票制度等。这一设计过程与当代民主政治体制有诸多相通之处。

区块链治理机制的设计，是一个崭新的话题。在这方面的理论和实践都刚刚起步，但其展现了巨大的前景，可能会对人类社会组织、协作、决策和运行的方式产生重大改变。

本章小结

本章主要介绍区块链网络社群的治理机制。区块链治理是利用区块链技术对网络社群契约开展的创建、维护和执行行为。由于区块链治理具有代码化治理、透明性、契约刚性等特点，是治理分布式社区的必要条件。区块链社区治理的典型形式是分布式自治组织，其中 2016 年以太坊上的 The DAO 项目是一个典型的案例。在实践中，区块链治理主要围绕如何设计社群中的博弈机制以实现"激励相容"的目标进行展开。

思考题与习题

9-1 为什么网络社群需要治理？

9-2 为什么比特币网络能够在没有中心机构运行的情况下稳定运营？

9-3 区块链治理存在哪些不足？

9-4 区块链治理的核心目标是什么？

9-5 区块链治理中一般包括哪些角色？分别发挥什么作用？

9-6 各种类型的通证如何在区块链社群中发挥激励作用？

9-7 什么是激励相容？

9-8 列举一些常见的区块链社群治理方法。

9-9 区块链社群里面的剩余权利如何分配？为什么？

参考文献

[1] WEILL P, ROSS J W. IT Governance : How Top Performers Manage IT Decision Rights for Superior Results [M]. Boston : Harvard Business Review Press, 2004.

[2] 黄菁, 杨帆. Wiki 知识共享与企业 Wiki 理论初探 [J]. 图书与情报, 2009（1）: 55-60.

[3] 易玄. 不完备审计契约的缔结、履行与效率研究 [M]. 北京: 经济科学出版社, 2012.

[4] 陆雄文. 管理学大辞典 [M]. 上海: 上海辞书出版社, 2013.

第 10 章　区块链的监管问题

导　　读

基本内容:

　　区块链作为一种新兴技术,其监管与法制发展仍处于早期阶段。区块链技术带来了新的概念,但也给传统监管制度带来了新的挑战。因此针对区块链应该有新的监管思路和体系,以促进区块链行业健康有序发展。本章主要探讨区块链给传统法律监管带来的挑战,分析区块链在法律定性、技术安全监管和金融领域集中存在的各种风险与法律应对难题,并总结国际上区块链应用领域的监管方法与趋势。

学习要点:

　　了解区块链应用领域涉及的风险与法律规制途径;了解区块链应用领域的法律监管思路;了解虚拟货币、智能合约的法律特点以及区块链技术的联系;了解豪威测试、沙盒监管的内涵与监管目标。

10.1　区块链给传统法律监管带来的挑战

10.1.1　区块链相关领域的法律定性问题:以智能合约为例

　　区块链作为一项新技术,在许多应用领域面临着法律定性困难的问题,例如智能合约与传统合同的冲突,区块链存证的法律认定问题,虚拟货币的法律性质不明等。以智能合约为例,建立在区块链之上的智能合约,使得交易方能利用代码来记录有约束力的商业关系的部分或全部条款,并利用软件来管理合同的履行。能否利用传统合同法来确定智能合约的发布和代码执行的性质,为法律应对智能合约提供制度框架,这是法律讨论的首要议题。

　　1. 智能合约在法律上的认定

　　从法律人的角度看,智能合约的称谓具有误导性,因为智能合约能否属于法律意义上的合同，尚处于争论之中。"肯定说"认为，虽然区块链技术构建起全新的分布式信任机制，但并未改变智能合约构造仍然符合传统合同中所具有的"要约-承诺"结构，仍属于法律意义上的合同[1]。"否定说"认为，根据《中华人民共和国民法典（合同编）》（后文简称《民法典（合同编）》）对于"合同成立"的构成要件可看出，合同的成立核心在于双方的"意思表示"，而智能合约关注点是"自动执行"，智能合约技术不可撤销、不可更改等特点限制了复杂的意思表示制度所能发挥的作用，特别是在合约的撤回与撤销、承诺的撤回等方面产生较大影响，这会导致减损乃至危及合同制度一直提倡的当事人意思自治和选择自由[2]。也有法律人士认为，智能合约不应被视为法律意义上的合同，应当被视为是合同履行工具，或者视为合同条款补充。智能合约能否成为法律上的合同尚存争议，如若法律不承认智能合约的合同地位，智能合约就不受《民法典（合同编）》的规范，也难以依据上述法律厘清当事人之间的权利义务关系。

2. 智能合约当事人面临的法律困境

一份有效的智能合约并不一定对应着法律意义上有效的合同，不是所有的智能合约都对当事人有法律上的约束力。例如，如果智能合约的内容不符合法律规定和公序良俗规则，那么这类智能合约并不受法律保护。即使将一份智能合约认定为法律意义上有效的合同，也对传统救济体系等方面产生了新挑战。例如，合同的核心问题是意思表示，发生争议时该如何通过代码探求交易双方意思表示真正的内容，也是一个操作难题；又例如，智能合约可以是匿名的，当匿名的智能合约出现法律争议时，难以确定争议的另一方，所以很难通过传统的诉讼方式解决争议。

10.1.2　区块链的安全监管问题

区块链技术的数据、代码及安全协议均可能存在漏洞，遭到黑客攻击后容易引发网络安全问题等技术风险，可能给社会主体的合法权益造成重大损失。况且，由于没有一个中心服务器进行管理，传统法律对代码漏洞等技术风险难以有效规制，也引发了归责与风险划分的难题。其典型风险事例是 The DAO 项目。

案例分析：The DAO 被黑客攻击，逾 5000 万美元的以太币被转移

第 9 章曾经介绍过 The DAO，除了分布式治理方面，在监管方面也值得一谈。The DAO 智能合约被黑客攻击损失超 5000 万美元。该智能合约被黑客攻击是其本身脚本漏洞被利用所引发，平台本身并无过错，但是却因为合约的错误遭受名誉和经济损失。事件导致以太坊分叉，出现了以太坊（ETH）和以太经典（ETC）两条公有链。在攻击结束后，攻击者对外宣称，他是"合法且正当"的利用 The DAO 获取以太币的，无论以太坊基金会所采取的软分叉行为或者硬分叉行为都是侵犯其"合法并正当取得以太币"的权益，他给出这样的理由是：①这并不是他的过错，而是"DAO 代码自身就拥有的属性和功能"，因此这种行为不是盗窃，而是"合法且正当"；②并没有任何一个智能合约代码或者任何一个文本限定 DAO 不能设定代码以外的东西。

事件发生后，尤其是在一些公有链并无特定责任承担人的前提下，风险如何划分以及如何科学归责成了对现行法律的巨大挑战。例如，智能合约编撰程序员或者是基础设施链的提供方是否是在"故意或者重大过失"的前提下才需要承担责任？如果要由编撰智能合约方或者基础设施链的提供方来承担相应责任，举证责任又该如何承担[3]？

10.1.3　区块链金融和数字资产监管问题

现阶段区块链技术在金融领域的应用最为广泛，产生的风险也最为典型和集中。

1. 区块链与虚拟货币的概念混淆

区块链的应用场景非常丰富，数字货币也是区块链技术的应用之一。在中国的监管文件中一般将私人部门发行的数字货币称为虚拟货币。随着比特币等虚拟货币的不断升温，许多人将区块链等同于数字货币，这种观点实际上是对区块链的错误解读。

区块链不等同于数字货币，但区块链的确是数字货币的底层技术。尤其是对于公有链来说，为了激励生态进行治理通常需要发行通证，其也是数字货币的一种。如比特币是一种区块链应用，也是比特币系统的激励手段，通过吸引矿工、开发者、用户以维持网络稳定运行，并推动社区发展。

虚拟货币主要存在两类风险：一是匿名性。以比特币为代表的众多公有链的虚拟货币往往无须和真实的身份相对应，其区块链地址可随意在本地创建，地址持有人的真实身份难以探知。二是价值的波动性。虚拟货币由私人部门发行，且目前大部分没有价值锚定。其不同于央行的数字货币，也并非真正的"货币"。央行发行的数字货币属于央行负债，具有国家信用背书，与法定货币等值，其功能属性与现金一样，但是为数字化形态。国家信用是现代货币发行的基础，而私人部门发行的虚拟货币如果缺乏国家信用支撑或价值锚定物的价格支撑，其价值就必然具有较强的波动性，难以像法币一样履行商品交换媒介职能 [4]。

实践中，一些不法分子多利用"区块链技术""虚拟货币投资"等热点概念进行炒作，借投资者的投机心理实施进行传销、诈骗等犯罪活动。较为常见的犯罪行为模式与涉嫌罪名包括：不法分子大肆宣传虚构某种"虚拟货币"的价值，以多至百倍收益的"高额返利"为噱头，不断吸纳会员会费达到敛财目的，此类行为涉嫌《中华人民共和国刑法》第二百二十四条第一款规定的组织、领导传销活动罪。不法分子以非法占有为目的，通过发行所谓"虚拟货币"等方式吸收资金，通过幕后操纵虚拟货币价格走势、设置获利和提现门槛等手段非法牟取暴利，此类行为涉嫌《中华人民共和国刑法》第一百九十二条规定的集资诈骗罪。

2. 洗钱与恐怖主义融资犯罪

数字货币具有点对点、匿名性、跨国性、非接触性、流动性强等特点，容易为洗钱、恐怖主义融资提供便利，使得为传统的反洗钱和反恐怖融资监管制度趋于失灵，其主要原因包括：

1）"匿名性"便于隐藏犯罪者的真实身份。以比特币为例，在比特币交易活动中，比特币在不同的地址间转移，每笔交易仅包含来源地址、目的地址及交易数量等信息。比特币的交易各方可通过随意变化收款地址来隐藏自己的真实身份，因而从本质上来讲是匿名的，很难通过一笔交易中的地址识别交易客户的身份信息。犯罪者身份的确认困难使得相关责任难以通过诉讼的形式得以追究。

2）数字货币的流通性较高，易于转移。例如，比特币能按一定的兑换率被快速变现为相应数量的法币，在短时间内完成大量复杂的资金流转，呈现出类货币性质及金融属性。

3）"点对点""跨境性"导致虚拟货币的流动难以被干涉。传统的反洗钱、反恐怖主义融资模式常借助银行进行资金流动，司法机关可以责令银行配合各种反洗钱、反恐怖主义融资工作，包括提供涉案账户信息记录、冻结账户等。数字货币可完全脱离传统的金融系统，所以司法机关很难从外部干涉它的运转。同时，因其交易的跨境性十分明显，跨国追踪数字货币的路线往往需要多个国家的司法机关进行联动，这无疑又给反洗钱、反恐怖主义融资工作增添了不

少难度 [5]。

10.2　区块链应用领域的监管方法与趋势

近年来，国际组织和许多国家的金融监管机构普遍对分布式账本、区块链等新技术在金融业的应用与潜在风险予以密切关注，并加强跟踪研究。一些国家监管机构普遍遵循"技术中立"原则，按照金融本质，而不是技术形式实施监管，纳入了现行金融监管体系。经梳理，各国监管政策，区块链监管领域的方法和趋势如下。

1. 严守法律底线要求，纳入现行监管体系

区块链产业属于新业态，新的针对性立法通常需要较长周期。因此，美国、新加坡等一些国家将这些新的金融形式纳入传统金融法规中加以调整，严守底线监管，避免法律真空与监管空白。同时，识别新事物本质属性，通过类型化监管将其纳入现行监管体系。

无论区块链技术带来的是什么样的潜在金融风险，都必然是触及一些传统金融监管中已有的底线要求。因此，在区块链相关的监管政策中，必然包括反洗钱、反恐怖主义融资、严格执行用户识别机制、客户权益保护等传统金融的监管原则。目前，区块链领域的风险监管重点主要围绕数字货币以及提供相应服务的机构展开，包括数字货币项目发行方、交易数字货币的场所、投资数字货币的机构等。比如，监管者对交易场所的监管，侧重于检查有无操纵市场、内幕交易、违反外汇相关的法律规定等行为。同时，监管层也注重识别各类新型数字货币的本质，并将其纳入现行法律监管体系。例如，以新加坡、瑞士和美国为代表的不少国家会在识别虚拟货币的本质后将其纳入类型化监管；瑞士金融市场监督管理局根据通证潜在的不同经济功能，将其区分为支付类通证（Payment Token）、应用类通证（Utility Token）、资产类通证（Asset Token），并将纳入相应的法律调整范围 [6]。

这些国家大多将高风险类型的数字货币（主要是具有证券性质的数字货币）作为监管重点，严格监管其发售或发行过程；而对其他类型的数字货币，在防范金融欺诈等风险的前提下，一般都降低要求，鼓励行业创新。例如，在美国开展首次代币融资项目，发行人往往需要进行豪威测试（Howey Test）。豪威测试是判断某种金融工具是否为"证券"的有效手段，若被判定为投资合同，则被定义为证券，需要按照美国证券法的规定注册。在豪威测试中，以下四个判断条件是非常重要的。

1）利用金钱投资（Investment of Money）。

2）投资于一个共同的企业（Common Enterprise）。

3）期望使自己获得利润（Expectation of Profits）。

4）仅由发起人或第三方努力（From the Efforts of Others）。

满足上述四个条件，即可认定发行的代币为投资合同，属于证券。如果加密货币通过豪威测试，则必须根据规定在美国证券交易委员会（the U.S. Securities and Exchange Commission, SEC）加以登记，除非能够举证该证券或该交易满足相关法规指定的豁免条件 [7]。

2. 创新监管机制，鼓励金融创新

区块链应用领域的快速分化组合，与法制的固化、滞后之间存在着永恒矛盾。部分国家通过降低金融科技公司获得许可证的门槛来鼓励技术创新，监管沙盒是监管政策与监管手段创新的典型代表。

监管沙盒是英国首创的监管工具，其概念最早由英国政府提出。2015 年 11 月，英国金融行为监管局（Financial Conduct Authority，FCA）发布《监管沙盒报告》，介绍监管沙盒制度及其可行性。它提供一个安全环境，允许进入其中的金融科技公司测试其创新产品、服务以及商业模式，旨在促进英国金融科技的有效竞争，鼓励企业创新、激发市场活力、保障消费者权益[8]。

监管沙盒是一项新的市场与监管实验，也是金融科技领域的重要监管创新，通过法规豁免或者限制性授权的方式为申请者提供一个相对宽容的试错平台。许多国家将"监管沙盒"这一柔性监管模式对区块链企业开放，鼓励区块链企业进行创新并进行适当引导。以新加坡的监管沙盒为例，如果区块链企业申请进入监管沙盒获批，其金融监管机构——新加坡金融管理局将为企业提供适当政策支持，放松具体法律或监管要求，具体评估标准可参照《新加坡金融科技沙盒监管指导方针》（*FinTech Regulatory Sandbox Guidelines*）[9]。

3. 形成多层次，多主体参与的监管体系和标准制定

监管者与从业者、行业协会之间有着良好沟通与协商机制，共同探讨监管规则的制定。例如，美国国会多次为区块链召开专题的听证会模式，召开听证会的价值在于，通过充分论证或辩论，可以把立法机构、从业者以及研究专家的关注焦点和忧虑彻底表述出来，在论证过程中逐渐达成对同一问题的共识，有助于最后形成的政策与法律不过分偏离事实与时代趋势，使达成的政策或法律并非监管者一己之愿。

针对快速发展的区块链行业，我国的监管正在逐步吸引市场主体参与规则制定，做好自律规范与正式立法之间的良性互动，以应对技术的快速变革，削减未来的执法障碍。中国人民银行于 2020 年 2 月 5 日正式发布《金融分布式账本技术安全规范》（下文简称《规范》），该规范由多家单位共同参与起草，作为推荐性行业标准，规定了金融分布式账本技术的安全体系。由于区块链领域的技术标准仍处于探索之中，此规范目前的性质为推荐性行业标准，但不排除此标准经过实践检验后，最终上升为强制性行业标准，并与规范性法律文件、规章制度、法律法规之间进行良性互动。

4. 利用区块链技术进行区块链监管，推动"可信区块链"发展

区块链的本质是一个集体维护的数据账本，而且，由于区块链中联盟链或私有链数据可以根据权限实现分级共享，监管机构可以加入其中并接受账本数据。监管机构自身不必再收集、存储、协调和汇总数据。另外，区块链不仅包含一种存储信息和处理信息的机制，还可以利用区块链技术打造监管规则执行平台。通过区块链的智能合约和共识机制，监管机构可以在其系统中建立内置的预防性合规系统，比如反洗钱、欺诈预防等。

传统的监管解决方案可以解决很多市场紊乱问题，规范市场健康运行，但也存在监管效率不高、监管成本过高等问题。而通过区块链技术加强监管是一个非常重要的应用场景，因为人们在区块链上的所有操作都是可以被记录的，而且较难更改，利用区块链技术对区块链进行监管恰能解决市场监管中的很多问题。甚至可以大胆想象，人们或许会利用区块链技术建立分布式的监管机制——社会监管，"人人可监管、人人有奖励、人人有责任"的监管形态可能会成为监管新趋势。就如同监管对抗的不是区块链技术一样，区块链也不会对监管造成阻碍，还会成为监管的助力，让监管更容易。

英国、澳大利亚、新加坡等国家的监管机构正尝试用区块链监管区块链。由于在多种监管机构中，每个机构的监管规定有所差异。区块链的分布式记账技术可以使区块链项目方在不同监管机构下满足不同的监管要求，同时确保不同的监管机构共同享用一个数据账本。而区块链

技术带来的数据可追溯性和安全性，使监管能够对历史数据进行调阅，实现监管政策全覆盖。同时，智能合约技术又能实现监管的智能化。

通过技术手段来改变监管方式，提高监管效率，降低监管成本，提升自身的服务能力，基于区块链的规制系统将有助于提高监管的有效性，用区块链技术来监管区块链市场是未来监管的新方向。

本章小结

本章介绍了区块链给传统监管和法律带来的挑战。区块链技术由于其技术概念新，应用和行业秩序都在早期发展阶段，所以出现了当前法律无法定性，监管难以触达等问题，也因早期数字货币的匿名性等问题带来了一定的金融风险。针对以上挑战，各国监管机构都在探索相应的监管方法，目前已有了主要的监管思路，包括纳入现行监管规则、创新监管方法（如监管沙盒）、丰富监管体系与行业标准，以及使用区块链技术去监管区块链行业。

思考题与习题

10-1 区块链技术为何需要法律规制？

10-2 世界各国对待区块链技术分别采取了哪些规制手段？

10-3 简述私人数字货币与央行数字货币各自的特点与区别。

10-4 能否列举几种区块链应用领域的监管方法？

10-5 豪威测试的应用场景与判断条件是什么？

10-6 监管沙盒作为一种创新监管机制，其内涵与目标是什么？

10-7 日常生活中与"区块链"概念紧密联系的犯罪行为与涉嫌罪名有哪些？

参考文献

[1] 赵磊，孙琦．私法体系视角下的智能合约 [J]．经贸法律评论，2019（3）：16-32．

[2] 蔡一博．智能合约与私法体系契合问题研究 [J]．东方法学，2019（2）：68-81．

[3] 邓建鹏，孙朋磊．区块链国际监管与合规应对 [M]．北京：机械工业出版社，2019．

[4] 盛松成，张璇．虚拟货币本质上不是货币——以比特币为例 [J]．中国金融，2014（1）：39-41．

[5] 时延安，王熠珏．比特币洗钱犯罪的刑事治理 [J]．国家检察官学院学报，2019,27（2）：47-62．

[6] 邓建鹏，孙朋磊．通证分类与瑞士 ICO 监管启示 [J]．中国金融，2018,892（22）：89-91．

[7] 邓建鹏．美国区块链监管机制及启示 [J]．中国经济报告，2019（1）：125-130．

[8] 邓建鹏，李雪宁．监管沙盒的国际实践及其启示 [J]．陕西师范大学学报（哲学社会科学版），2019,48（5）：62-76．

[9] 马文洁，邓建鹏．新加坡的区块链监管政策与借鉴 [J]．当代金融家，2018（12）：100-102．

[10] 邓建鹏．ICO 与非法集资的法律风险——兼论刑法视野下的区块链数字资产 [C]// 北京：中国法学会银行法学研究会，2017：376-387．